U0626444

职业教育建筑类专业"互联网+"创新教材

建筑工程施工技术

主　编　杨　莹

副主编　常　沙　刘　露　张　莹

参　编　韩丽丹　康英杰　姚梦佳　庞　勃

主　审　吴　宇

机械工业出版社

本书以项目教学、任务驱动的教学方式，将施工技术课程教学要求中的所有知识点全面覆盖，知识面广；在每个学习任务的内容前翻转式地以"问题引入"的方式提出相关问题。全书注重知识介绍的深入浅出，内容通俗易懂，注重实践，将传统建筑施工技术与施工新技术有机结合，将行业专家的观点融入编写的过程中，使内容更加贴近实际，更加符合建筑企业对施工现场技术人才的需求。每个项目后均有学习鉴定，以考查学生对所学知识的掌握情况。

本书既可作为职业教育土木建筑类建筑工程施工专业的教材，也可作为其他相关专业以及工程技术人员的学习参考用书。

为方便教学，本书还配有电子课件及相关资源，凡使用本书作为教材的教师可登录机械工业出版社教育服务网 www.cmpedu.com 注册下载。机工社职教建筑群（教师交流 QQ 群）：221010660。咨询电话：010-88379934。

图书在版编目（CIP）数据

建筑工程施工技术 / 杨莹主编.—北京：机械工业出版社，2022.8（2025.6重印）

职业教育建筑类专业"互联网+"创新教材

ISBN 978-7-111-71312-8

Ⅰ.①建⋯　Ⅱ.①杨⋯　Ⅲ.①建筑工程 – 工程施工–高等职业教育–教材　Ⅳ.①TU74

中国版本图书馆CIP数据核字（2022）第135093号

机械工业出版社（北京市百万庄大街22号　邮政编码100037）
策划编辑：王莹莹　　　　　　　责任编辑：陈将浪
责任校对：陈　越　贾立萍　　　封面设计：马精明
责任印制：刘　媛
北京富资园科技发展有限公司印刷
2025年6月第1版第3次印刷
184mm × 260mm · 20.25印张 · 502千字
标准书号：ISBN 978-7-111-71312-8
定价：49.80元

电话服务　　　　　　　　　　网络服务
客服电话：010-88361066　　机 工 官 网：www.cmpbook.com
　　　　　010-88379833　　机 工 官 博：weibo.com/cmp1952
　　　　　010-68326294　　金 书 网：www.golden-book.com
封底无防伪标均为盗版　　机工教育服务网：www.cmpedu.com

"建筑施工技术"是建筑施工专业的核心课之一，是一门职业技术课程。它主要研究建筑工程各主要分部工程的施工工艺、施工技术和方法。"建筑施工技术"课程具有实践性较强、知识面广、综合性较强、发展较快的特点，必须结合实际情况，综合运用相关学科的基本理论知识，采用新技术和新成果来解决生产实践问题。

本书按照职业院校土木建筑类施工技术课程大纲，并结合我国职业教育特点编写而成。编者将多年的教学经验和当前职业院校学生的学习情况相结合，以此为基础广泛征求了同行和建筑企业专家的意见、建议，并根据当今建筑施工工艺快速发展的趋势，增加了装配式建筑及大模板的施工工艺介绍。全书以项目教学的形式，介绍了建筑工程施工的技术和方法。同时，本着知识与能力并存、过程与方法共学、情感态度与价值观同步培养的目的，本书加入了素养目标、素养案例、思维导图和微课视频，构建起"互联网+"创新教材新体系，创新了教材的设计和编排，将施工技术整体知识构架形象化地展示给学生。

本书具有以下特点：

1. 专业与素养有效融合

本书进行了创新设计，采用理论知识与素养目标、素养案例相结合的方式，强调专业与素养的联系，促进学生形成正确的价值观、人生观、职业观，保证了专业知识与素养元素的有效融合。

2. 注重培养学生主动学习

本书根据职业院校学生的学习特点，在每个学习任务的内容前翻转式地以"问题引入"的方式提出相关问题，让学生能够在课前预习，带着问题上课，使专业课的学习更加有针对性。从"课前预习"到"课上学习"，再到每个项目后面的"学习鉴定"，使"三位一体"的教学体系得到巩固，搭建了适合师生交流的平台，通过大量翻转课堂的实践与问题引入，以及每个项目的思维导图的总结归纳，锻炼了学生的自学能力，提高了学生的学习兴趣。

3. 创新教材信息化呈现手段，多层次构建学生的自主学习能力

创新的信息化教学理念，重视以学生为学习主体，教材要体现出学生的主体性，从内容到形式要适应学生自学的需求。本书注重构建学生的自主学习能力，各种形式的微课视频能有效地激发学生的自主学习兴趣。本书的配套教学资源全面、丰富，并力求做到教材不只是教师的教本，更是学生自学的学本，或是以后的工作手册。

本书建议学时如下：

内容	建议学时	
	理论学时	实践学时
项目1 土方工程施工	4	2
项目2 基础工程施工	8	4
项目3 钢筋混凝土结构工程施工	10	6
项目4 预应力混凝土工程施工	8	4
项目5 结构吊装工程施工	6	2
项目6 砌体工程施工	6	2
项目7 装配式混凝土建筑施工	4	4
项目8 防水工程施工	6	4
项目9 装饰装修工程施工	4	2
项目10 墙体保温工程施工	4	2
项目11 冬期与雨期施工	4	2
项目12 大模板施工	4	2

本书由天津市建筑工程学校杨莹担任主编并负责统稿工作，天津市建筑工程学校常沙、天津市建筑工程学校刘露、海南省交通学校张莹担任副主编，全书由天津六建建筑工程有限公司吴宇主审。参加编写的人员还有天津市建筑工程学校的韩丽丹、康英杰、姚梦佳、庞勃。

由于编者水平有限，书中不足之处在所难免，恳请读者提出宝贵意见。

编 者

（续）

页　码	图　形	页　码	图　形
68	电阻点焊	127	分件吊装
71	钢筋弯曲	130	钢柱的吊装
72	梁钢筋绑扎	131	钢屋架的吊装
72	板钢筋绑扎	152	扣件式脚手架施工
97	先张法	155	连墙件施工
101	后张法	155	剪刀撑施工
120	单机旋转法吊升	158	悬挑式脚手架施工
120	单机滑行法吊升	162	一顺一丁 240 砖墙的砌筑

（续）

页码	图形	页码	图形
162	砖墙三顺一丁砌法	216	陶瓷内墙面砖施工
163	砌筑方法	217	外墙饰面砖施工
167	砌块施工	219	石材湿挂法（锚固灌浆法）
173	装配式混凝土建筑基本构件	222	壁纸饰面施工
192	屋面卷材防水施工	226	轻钢龙骨纸面石膏板隔墙施工
201	地下室卷材防水施工	227	铝合金隔墙施工
203	后浇带施工	232	大理石地面施工
212	内墙抹灰施工	237	轻钢龙骨纸面石膏板吊顶施工

（续）

页　码	图　形	页　码	图　形
246	玻璃幕墙安装施工	258	EPS 模块外保温现浇混凝土系统
253	复合保温外模板生产及施工工艺动画演示	273	冬季施工的技术措施
254	胶粉聚苯颗粒保温砂浆施工方案	308	大模板施工

目 录

土方工程施工

素养目标：

在土方工程施工中存在着很多风险因素，容易导致土方坍塌事故并造成人身伤害，因此要特别注意安全文明施工。通过本项目学习，学生可以了解不同施工环境下的技术和设备，有效提高施工的规范性，加强学生的法治意识、规则意识、程序意识，从而培养工匠精神，树立为社会主义建设奋斗终生的远大目标。

教学目标：

1. 了解土方工程的施工内容及施工特点。
2. 掌握土的工程性质。
3. 了解土方工程量的计算。
4. 掌握基坑排水、降水的方法，能根据具体条件正确选择使用。
5. 了解土方施工机械的工作性能，能正确选用土方施工机械。
6. 掌握常见基坑支护方法的施工方法及特点。
7. 掌握填方土料的选择及填方施工方法。
8. 熟悉土方工程质量标准与安全技术。

问题引入：

土方工程是建筑工程施工过程中的第一道工序，是不可缺少的施工过程，在学习土方工程施工前，先思考以下问题：

1. 土方工程包含哪些施工过程？
2. 土方工程施工过程中有哪些安全技术要点？

1.1 土方工程基本知识

1.1.1 土方工程及其施工特点

土方工程是建筑工程、道路工程、桥梁工程、水利工程、地下工程等土木工程施工的主要分部工程之一，包括场地平整、基坑（槽）开挖、土方填筑与压实，以及相关的运输等施工过程；另外，还包括场地清理、测量放线、排水疏干、降低水位、土壁支护等准备工作和辅助工作。土方工程的施工质量直接影响后续施工的正常进行。

土方工程施工具有工程量大、施工工期长、施工条件复杂、劳动强度大等特点，其不可确定的因素也较多，施工中直接受到气候、水文、地质等条件及周围环境的影响，施工条件极为复杂且存在较大的危险性。因此，在组织土方工程施工前，必须做好调查研究，编制施工组织设计，选择好施工方法和机械设备，制订合理的土方调配方案，实行科学管理，以保证工程质量与安全，获得较好的效益。

1.1.2 土的工程分类和性质

1. 土的工程分类

在土方施工中，一般根据土的坚硬程度和开挖的难易程度将土分为八类（表 1-1），前四类属于一般土，后四类属于岩土。土方施工与土的级别关系密切，级别不同，开挖的方法和手段、运用的机具、用工和费用都不同。土质越硬，消耗的机械作业量和人工劳动量越多，工程费用越高。

表 1-1 土的工程分类

类 别	土 的 名 称	可松性系数		坚实系数 f	密度 / (t/m^3)	开挖方法及工具
		K_s	K_s'			
一类 （松软土）	砂；粉土；冲积砂土层；种植土；泥炭（淤泥）	1.08~1.17	1.01~1.03	0.5~0.6	0.6~1.5	能用锹、锄头挖掘
二类 （普通土）	粉质黏土；潮湿的黄土；夹有碎石、卵石的砂；填筑土及粉土混卵（碎）石	1.14~1.28	1.02~1.05	0.6~0.8	1.1~1.6	用锹、锄头挖掘，少许用镐翻松
三类 （坚土）	中等密实黏土；重粉质黏土；粗砾石；干黄土及含碎石、卵石的黄土、粉质黏土；压实的填筑土	1.24~1.30	1.04~1.07	0.8~1.0	1.75~1.9	主要用镐挖掘，少许用锹、锄头挖掘，部分用撬棍挖掘
四类 （砂砾坚土）	坚硬密实的黏性土及含碎石、卵石的黏土；粗卵石；密实的黄土；天然级配砂石；软泥灰岩及蛋白石	1.26~1.32	1.06~1.09	1.0~1.5	1.9	先用镐、撬棍挖掘，然后用锹挖掘，部分用楔子及大锤挖掘
五类 （软石）	硬质黏土；中等密实的页岩、泥灰岩、白垩土；胶结不紧密的砾岩；软的石灰岩	1.30~1.45	1.10~1.20	1.5~4.0	1.1~2.7	用镐或撬棍、大锤挖掘，部分用爆破方法挖掘

（续）

类　别	土 的 名 称	可松性系数		坚实系数 f	密度 /（t/m³）	开挖方法及工具
		K_s	K'_s			
六类 （次坚石）	泥岩；砂岩；砾岩；坚实的页岩；泥灰岩；密实的石灰岩；风化花岗岩；片麻岩	1.30~1.45	1.10~1.20	4.0~10.0	2.2~2.9	用爆破方法开挖，部分用风镐挖掘
七类 （坚石）	大理岩；辉绿岩；玢岩；粗粒花岗岩、中粒花岗岩；坚实的白云岩、砂岩、砾岩、片麻岩、石灰岩；微风化的安山岩、玄武岩	1.30~1.45	1.10~1.20	10.0~18.0	2.5~3.1	用爆破方法开挖
八类 （特坚石）	安山岩；玄武岩；花岗片麻岩；坚实的细粒花岗岩、闪长岩、石英岩、辉长岩、辉绿岩、玢岩	1.45~1.50	1.20~1.30	18.0~25.0	2.7~3.3	用爆破方法开挖

注：K_s——最初可松性系数；K'_s——最终可松性系数。

2. 土的工程性质

土的工程性质对土方工程的施工方法、机械设备的选择、劳动力和机械台班的消耗，以及工程费用都有较大的影响，其基本的工程性质有：

（1）土的可松性与可松性系数　天然土经开挖后，其体积因松散而增加，虽经振动夯实，仍然不能完全复原，这种现象称为土的可松性。土的可松性用可松性系数表示，分为最初可松性系数和最终可松性系数。

最初可松性系数：

$$K_s = \frac{V_2}{V_1} \tag{1-1}$$

最终可松性系数：

$$K'_s = \frac{V_3}{V_1} \tag{1-2}$$

式中　K_s、K'_s——土的最初、最终可松性系数；

　　　V_1——土在天然状态下的体积（m³）；

　　　V_2——土经开挖后松散状态下的体积（m³）；

　　　V_3——土经压（夯）实后的体积（m³）。

可松性系数对土方的调配、计算土方运输量及计算运输工具数量都有影响。各类土的可松性系数见表1-1。

（2）土的天然含水率　在天然状态下，土中水的质量与固体颗粒质量之比的百分率称为土的天然含水率，反映了土的干湿程度，用 w 表示，即

$$w = \frac{m_w}{m_s} \times 100\% \tag{1-3}$$

式中　m_w——土中水的质量（kg）；

　　　m_s——土中固体颗粒的质量（kg）。

土的含水率影响土方施工方法的选择、边坡的稳定和回填土的质量，当地面土的含水率

超过 25% 时，就难以进行机械化施工；当地面土的含水率超过 20% 时，一般的运土汽车就容易打滑、陷车。在填土中需保持最佳含水率，以便在压实时获得最大干密度。

（3）土的天然密度和干密度　土在天然状态下单位体积的质量，称为土的天然密度（简称密度），按下式计算：

$$\rho = \frac{m}{V} \tag{1-4}$$

土的干密度是土的固体颗粒质量与总体积的比值，用下式表示

$$\rho_d = \frac{m_s}{V} \tag{1-5}$$

式中　ρ、ρ_d——分别为土的天然密度和干密度；

　　　　m——土的总质量（kg）；

　　　　V——土的体积（m^3）。

土的天然密度直接影响土的承载力、土压力及边坡的稳定性，土的干密度是检验填土压实质量的控制指标。

（4）土的渗透系数　土的渗透性系数表示单位时间内水穿透土层的能力，以 m/d 表示。它影响施工降（排）水的速度以及降水方案的选择。在土方填筑时，需根据不同土的渗透系数确定填铺顺序。不同的土质，其渗透系数有较大的差异，一般土的渗透系数见表 1-2。

表 1-2　土的渗透系数

土 的 名 称	渗透系数 $K/$(m/d)	土 的 名 称	渗透系数 $K/$(m/d)
黏土	<0.005	中砂	5.00~20.00
粉质黏土	0.005~0.10	均质中砂	35~50
粉土	0.10~0.50	粗砂	20~50
黄土	0.25~0.50	圆砾石	50~100
粉砂	0.50~1.00	卵石	100~500
细砂	1.00~5.00		

练习作业

　　1. 什么是土的可松性？其对土方施工有什么影响？

1.2　土方量计算

土方工程中土方量的计算主要包括场地平整土方量计算、基坑（槽）土方量计算以及边坡土方量计算，然后根据计算所得的挖（填）土方量确定平衡调配方案；根据工程规模、施工期限、现场机械设备条件选用土方机械并拟订施工方案。

1.2.1 场地平整土方量计算

建筑工程开工前，先要进行场地平整，将现场平整成施工要求的设计平面。场地平整土方量计算具体步骤如下：

1. 确定场地设计标高

场地设计标高是进行场地平整和土方量计算的依据，也是总施工图规划和土方竖向设计的依据。合理确定场地的设计标高，对减少土方量、节约土方运输费用、加快施工速度等具有重要的意义。

场地设计标高一般应在设计文件上规定，若设计文件对场地设计标高无明确规定和特殊要求，对中小型场地可采用"挖（填）土方量平衡法"确定；对大型场地宜作竖向规划设计，采用"最佳平面设计法"（一般采用最小二乘法，使挖、填平衡且总土方量最小）确定。

一般情况下，先根据场地内挖（填）方平衡的原则，对场地设计标高进行初步计算，再考虑实际因素（如土的可松性、泄水坡度等）对设计标高进行调整。

2. 场地平整土方量计算

场地平整土方量的计算方法通常有方格网法和断面法两种。断面法由于计算精度较低，多用于地形起伏变化较大的地区；对于地形较为平坦、面积较大的场地，通常采用方格网法。

用方格网法计算时，先根据方格网各方格角点的自然地面标高和实际采用的设计标高，算出相应的角点填（挖）高度（施工高度）；然后计算每一方格的土方量，并算出场地边坡的土方量，这样便可求得整个场地的填（挖）土方总量。方格网法计算方法相对复杂，但精度较高。

1.2.2 基坑（槽）土方量计算

施工的土方工程外形有时很复杂，几何形状不规则，要做到精确计算比较困难。工程中，常将其划分成一定的几何形状，采用既具有一定精度而又和实际情况近似的方法进行计算。

1. 基坑土方量计算

基坑土方量可按立体几何中的柱体体积公式计算（图1-1），即

$$V=\frac{H}{6}(A_1+4A_0+A_2) \tag{1-6}$$

式中　H——基坑深度（m）；

A_1、A_2——基坑上、下底面面积（m²）；

A_0——基坑中截面面积（m²）。

式（1-6）中的 A_0 一般情况下不等于 A_1、A_2 之和的一半，而应按侧面几何图形的边长计算出中位线的长度，然后再计算中截面面积 A_0。

2. 基槽土方量计算

基槽和路堤管沟的土方量可以沿长度方向分段后，再用同样方法计算（图1-2），即

$$V_i=\frac{L_i}{6}(A_1+4A_0+A_2) \tag{1-7}$$

式中 V_i——第 i 段的土方量（m³）；

L_i——第 i 段的长度（m）。

将各段土方量相加即得总土方量 $V_总$，有

$$V_总 = \sum V_i \tag{1-8}$$

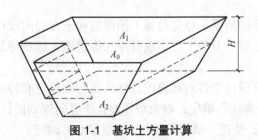

图 1-1 基坑土方量计算　　　　　　图 1-2 基槽土方量计算

3. 边坡土方量计算

为了防止塌方，保证施工安全，在基坑（槽）开挖深度超过一定限度时，土壁应做成有斜率的边坡。

（1）土方边坡

土方边坡的坡度是以土方挖方深度 H 与放坡宽度 B 之比表示（图 1-3），即

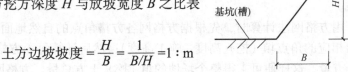

$$土方边坡坡度 = \frac{H}{B} = \frac{1}{B/H} = 1 : \text{m}$$

上式中的 $m=B/H$ 称为边坡系数。

图 1-3 边坡的表示方法

（2）边坡土方量计算

根据地形图和边坡竖向布置图或现场测绘，边坡的土方量可以划分为两种近似几何形体计算：一种为三角棱锥体（图 1-4 中的①～③、⑤～⑪），另一种为三角棱柱体（图 1-4 中的④），其计算如下：

1）三角棱锥体边坡体积（图 1-4 中的①）计算式如下：

$$V_1 = \frac{1}{3} A_1 l_1 \tag{1-9}$$

式中 l_1——边坡①的长度；

A_1——边坡①右端横截面面积，即

$$A_1 = \frac{h_2 \times (mh_2)}{2} = \frac{mh_2^2}{2} \tag{1-10}$$

式中 h_2——角点的挖土高度；

m——边坡的坡度系数。

2）三角棱柱体边坡体积（图 1-4 中的④）计算式如下：

$$V_4 = \frac{A_1 + A_2}{2} l_4 \tag{1-11}$$

在两端横截面面积相差很大的情况下，则有

$$V_4 = \frac{l_4}{6} (A_1 + 4A_0 + A_2) \tag{1-12}$$

式中　l_4——边坡④的长度；

A_1、A_2、A_0——边坡④两端及中部的横截面面积，算法同式（1-10）。

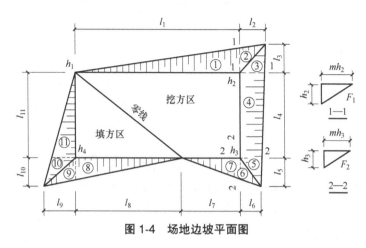

图 1-4　场地边坡平面图

1.2.3　土方调配

土方量计算完成后，还应进行挖（填）方平衡计算，综合考虑土方运距最短、运程合理和各个工程项目的合理施工程序等，做好土方平衡调配，减少重复挖运，从而达到缩短工期、降低成本、方便施工的目的。

1. 土方调配原则

1）挖方与填方应基本平衡，且应就近调配；挖方量与运距的乘积之和应尽可能最小，即土方运输量或费用最小。

2）考虑近期施工与后期利用相结合的原则以及分区与全场相结合的原则，还应尽可能与大型地下建筑物的施工相结合，以避免重复挖运和调度混乱。

3）合理布置挖（填）方分区线，选择恰当的调配方向、运输线路，使土方机械和运输车辆的性能得到充分发挥。

4）好土用在回填质量要求高的地区。

5）土方平衡调配应尽可能与城市规划和农田水利相结合，将余土一次性运到指定弃土场，做到文明施工。

总之，进行土方调配，必须根据现场具体情况、有关技术资料、工期要求、土方施工方法与运输方法综合考虑，并按上述原则经计算比较后选择经济合理的调配方案。

2. 土方调配表的编制

场地土方调配需做成相应的土方调配图，如图1-5所示，其编制的方法如下：

1）划分调配区。划分调配区应注意下列几点：

① 调配区的划分应该与工程建（构）筑物的平面位置相协调，满足工程施工顺序和分期分批施工的要求，使近期施工与后期利用相协调。

② 调配区的大小应使土方机械和运输车辆的功效得到充分发挥。

③ 调配区的范围应该和方格网协调，通常可由若干个方格组成一个调配区。

④ 当土方运距较大或场地范围内土方不平衡时，可根据附近地形考虑就近取土或就近

弃土，每一个借土区或弃土区均可作为一个独立的调配区。

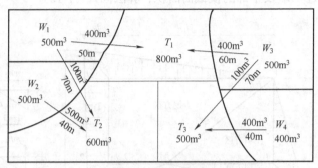

图 1-5　土方调配图

注：箭头上面数量表示土方标配量（m³），箭头下面数量表示平均运距（m）；

W 为挖方区，T 为填方区。

2）计算土方量并标明在图上。

3）计算调配区之间的平均运距。平均运距是指挖方区土方重心至填方区土方重心的距离。因此，确定平均运距需先求出各个调配区的土方重心。取场地或方格网中的纵、横两边为坐标轴，分别求出各区土方的重心位置，即

$$\overline{X}=\frac{\sum x_i V_i}{\sum V_i};\quad \overline{Y}=\frac{\sum y_i V_i}{\sum V_i} \tag{1-13}$$

式中　$\overline{X}$、$\overline{Y}$——挖方或填方调配区的重心坐标；

V_i——各个方格的土方量；

x_i、y_i——各个方格的重心坐标。

为了简化计算，可用作图法近似地求出形心位置来代替重心位置。重心求出后，标于相应的调配区图上，然后用比例尺量出每对调配区之间的平均运距。

4）确定土方最优调配方案。确定土方最优调配方案，是以线性规划为理论基础，常用表上作业法求解。

5）绘制土方调配图、土方量调配平衡表。根据表上作业法求得的土方最优调配方案，在场地地形图上绘出土方调配图，图上应标出土方调配方向、土方数量及平均运距，如图 1-5 所示。

除土方调配图外，还应列出土方量调配平衡表，表 1-3 是按图 1-5 编制的土方量调配平衡表。

表 1-3　土方量调配平衡表

挖方区编号	挖方数量 /m³	各填方区填方数量 /m³						
		T_1		T_2		T_3	合计
		800		600		500	1900
W_1	500	400	50	100	70		
W_2	500			500	40		

（续）

挖方区编号	挖方数量/m³	各填方区填方数量/m³			
		T_1	T_2	T_3	合计
		800	600	500	1900
W_3	500	400　60		100　70	
W_4	400			400　40	
合计	1900				

注：表中土方数量栏右上角小方格内的数字是指平均运距，也可是土方的单方运价。

1.3　基坑（槽）支护

在基坑（槽）开挖过程中，要求基坑（槽）土壁稳定，主要是依靠土体的内摩擦力和黏结力来平衡土体的下滑力，保持土壁稳定。一旦土体在外力作用下失去平衡，就会出现土壁坍塌或滑坡事故，不仅会妨碍土方工程施工、造成人员伤亡，还会危及附近建筑物、道路及地下管线的安全，后果很严重。为了防止土壁坍塌或滑坡，对挖方或填方的边缘一般应做成一定坡度的边坡。当场地受限无法放坡时，应设置基坑（槽）支护结构等有效的防护措施。

1.3.1　土方边坡与防护

土方边坡的大小主要与土质、开挖深度、开挖方法、边坡留置时间、边坡附近的各种荷载状况及排水情况有关。边坡可做成直线形、折线形、分级形和梯形（图1-6）。

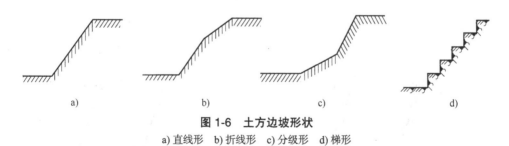

图1-6　土方边坡形状
a) 直线形　b) 折线形　c) 分级形　d) 梯形

当地质条件良好、土质均匀且地下水位低于基坑（槽）或管沟底面标高时，可既不放坡也不设支撑，但挖方深度不宜超过表1-4的规定。

永久性挖方边坡应按设计要求放坡。对临时性挖方边坡可按照《建筑地基基础工程施工质量验收标准》（GB 50202—2018）第9.2.4条的规定执行（表1-5）。

对留设的边坡，当使用时间较长时，应做好坡面的保护。常用的坡面保护方法包括薄膜或砂浆覆盖法、挂网或挂网抹面法、喷射混凝土或混凝土护面法、土袋或砌石压坡法等（图1-7）。

表 1-4 不设支撑时的允许挖方深度

土 的 种 类	允许深度 /m
密实、中密的砂土和碎石土类（充填物为砂土）	1.00
硬塑、可塑的粉质黏土及粉土	1.25
硬塑、可塑的黏土和碎石类土（充填物为黏性土）	1.50
坚硬的黏土	2.00

表 1-5 临时性挖方工程的边坡坡率允许值

土 的 类 别		边坡坡率（高：宽）
砂土	不包括细砂、粉砂	1:1.25~1:1.50
黏性土	坚硬	1:0.75~1:1.00
	硬塑、可塑	1:1.00~1:1.25
	软塑	1:1.50 或更缓
碎石土	充填坚硬黏土、硬塑黏土	1:0.5~1:1.00
	充填砂土	1:1.00~1:1.50

注：1. 设计有要求时，应符合设计标准。

2. 采用降水或其他加固措施时，可不受本表限制，但应计算复核。

3. 一次开挖深度，软土不应超过 4m，硬土不应超过 8m。

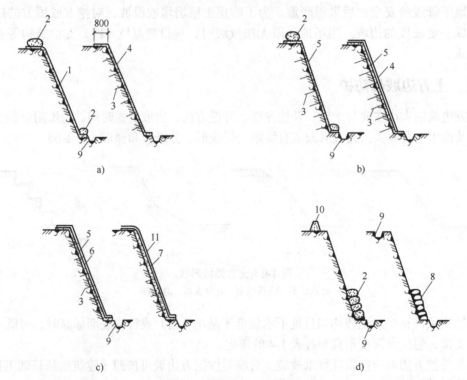

图 1-7 基坑边坡护面方法

a）薄膜或砂浆覆盖法　b）挂网或挂网抹面法　c）喷射混凝土或混凝土护面法　d）土袋或砌石压坡法

1— 塑料薄膜　2—草袋或编织袋装土　3—插筋 $\phi 10 \sim \phi 12$　4—抹 M5 水泥砂浆

5—20 号钢丝网　6—C15 喷射混凝土　7—C15 细石混凝土　8—M5 砂浆砌石

9—排水沟　10— 土堤　11—$\phi 4 \sim \phi 6$ 钢筋网片

1.3.2 浅基坑（槽）支护

当开挖基坑（槽）的土体含水率较大且不稳定，或基坑较深，或受到周围场地限制需用较陡的边坡或直立开挖而土质较差时，应采取措施对基坑（槽）进行支护才能保证土方开挖施工安全顺利进行。

对宽度不大、深 5m 以内的浅沟（槽），一般宜设置简单的横撑式支撑，其形式需根据实际开挖深度、土质条件、地下水位、施工时间、施工季节、当地气象条件、施工方法、相邻建（构）筑物情况进行选择。基坑（槽）、管沟的常见支撑方法见表 1-6。

表 1-6 基坑（槽）、管沟的常见支撑方法

支撑方式	简图	支撑方法及适用条件
间断式水平支撑		两侧挡土板水平放置，用工具式横撑或木横撑加木楔顶紧，每挖一层土就支顶一层 适用于能保持立壁的干土或天然湿度的黏土类土，要求地下水很少且深度在 2m 以内
断续式水平支撑		挡土板水平放置，中间留出间隔，并在两侧同时对称立竖方木，再用工具式横撑或木横撑上、下顶紧 适用于能保持立壁的干土或天然湿度的黏土类土，要求地下水很少且深度在 3m 以内
连续式水平支撑		挡土板水平连续放置，不留间隔，两侧同时对称立竖方木，上、下各顶一根撑木，端头加木楔顶紧 适用于较松散的干土或天然湿度的黏土类土，要求地下水很少且深度为 3～5m
连续或断续式垂直支撑		挡土板垂直放置，可连续或留适当间隙，然后每侧上、下各水平顶一根方木，再用横撑顶紧 适用于较松散或天然湿度很高的土，要求地下水较少，地下水深度不限
水平垂直混合式支撑		沟（槽）上部设连续式水平支撑，下部设连续式垂直支撑 适用于沟（槽）深度较大，下部有含水层的情况

一般浅基坑（槽）常见支撑方法见表 1-7。

表 1-7　一般浅基坑（槽）常见支撑方法

支撑方式	简　图	支撑方法及适用条件
斜柱支撑	柱桩　斜撑　短桩　回填土　挡板	水平挡土板钉在柱桩内侧，柱桩外侧用斜撑支顶，斜撑底端支在木桩上，在挡土板内侧回填土 适用于开挖较大型、深度不大的基坑或使用机械挖土时
锚拉支撑	柱桩　拉杆　回填土　挡板	水平挡土板支在柱桩的内侧，柱桩一端打入土中，另一端用拉杆与锚桩拉紧，在挡土板内侧回填土 适用于开挖较大型、深度不大的基坑或使用机械挖土不能安设横撑时

1.3.3　深基坑支护

基坑支护结构一般根据地质条件、基坑开挖深度、对周边环境保护要求及降水情况等选用。在支护结构设计中首先要考虑安全可靠，其次要满足工程地下结构施工的要求，并应尽可能降低造价和便于施工。

1. 混凝土灌注桩支护

混凝土灌注桩支护（图 1-8）是指在待开挖基坑的周围用钻机钻孔或人工挖孔，然后下钢筋笼，现场灌注混凝土成桩，形成排桩，作为挡土支护。排桩式支护结构挡土能力强、适用范围广；但一般无阻水功能，为了防止桩间土塌落流失，可在桩间外侧再加做钢丝网并喷射水泥砂浆或混凝土，以保护桩间土层，并起一定的阻水作用。混凝土灌注桩的排列方式如图 1-9 所示。

图 1-8　混凝土灌注桩支护

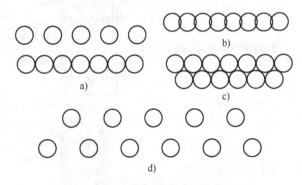

图 1-9　混凝土灌注桩的排列方式
a）一字相接排列　b）一字搭接排列
c）交错相接排列　d）交错相间排列

钻孔灌注桩支护是混凝土灌注桩中应用最多的一种，其挡墙抗弯能力强、变形相对较小、经济效益较好；但施工很难做到桩与桩相切，多为间隔排列式，故不具备挡水功能。钻孔灌注桩支护适用于地下水位较深、土质较好的地区。在地下水位较高的地区应用钻孔灌注桩支护时，则需另做挡水帷幕。

2. 钢板桩支护

钢板桩支护是指用一种特制的钢板，相互连接打入土层中，构成一道连续的板墙，主要作为深基坑开挖的临时挡土、挡水围护结构。钢板桩在软土地区打设较方便，施工速度快且简便，有一定的挡水能力，可重复使用；但由于一次性投资较高，多以租赁方式租用，用完后拔出归还。

3. SMW 工法桩支护

SMW 工法桩支护是指通过多轴型钻掘搅拌机将水泥系强化剂与地基土反复混合搅拌，并采用 H 型钢或钢板作为应力补强材料，形成具有足够强度和刚度的、连续无接缝的地下墙体。SMW 工法桩支护施工扰动小，不会产生邻近地面沉降、房屋倾斜、道路裂损及地下设施移位等危害；同时，H 型钢可以重复使用（一般至少可使用四次），减少了钢材消耗。

4. 地下连续墙支护

地下连续墙支护是指分槽段用专用机械成槽、浇筑钢筋混凝土形成的连续地下墙体。土方开挖时，地下连续墙可用作支护结构，既挡土又挡水；还可以同时用作建筑物的承重结构，缩短工期并降低工程造价。

5. 内支撑系统支护

当基坑深度较大，悬臂式挡土墙的强度和变形无法满足要求时，可在坑内采用内支撑系统支护，常用的形式有钢支撑、钢筋混凝土支撑、钢与混凝土的混合支撑。钢支撑的形式主要有对撑和角撑（图 1-10），对撑的间距较大时，可设置腹杆形成桁架式支撑。钢筋混凝土支撑（图 1-11）刚度大、变形小，能有效控制挡土墙和周围地面的变形，可在挖土的同时逐层就地现浇，形式可随基坑形状而变化，适用于周围环境要求较高的深基坑。

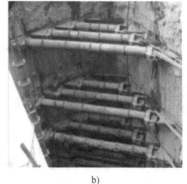

a)   b)

图 1-10 钢支撑

a) 对撑   b) 角撑

图 1-11　钢筋混凝土支撑

1.4　施工排水与降水

土方开挖过程中，当基坑或沟槽底面标高低于地下水位时，由于土的含水层被切断，地下水会不断地渗入坑内；雨期施工时，地面水也会流入坑内。为了保证施工正常进行，防止边坡塌方和地基承载能力下降，必须在基坑土方开挖前和开挖过程中，根据工程地质和地下水文情况，采取有效措施做好降水和排水工作，降低地下水位，或设置止水帷幕，使地下水位在基坑底面以下。

基坑开挖深度较浅时，可边开挖边用排水沟和集水井进行集水明排。在软土地区，基坑开挖深度超过 3m 时，一般要用井点降水。当因降水危及基坑及周边环境安全时，可采用截水或回灌方法。无论采用哪种方法，降水工作应持续到基础施工完毕并回填土后才可停止。

1.4.1　集水明排

在基坑或沟槽开挖时，可采用集水明排的方法来进行排水。施工时，在基坑的两侧或四周设置排水明沟，在基坑四角或每隔 30~40m 设置集水井，使基坑内的水经排水沟流向集水井，然后用水泵将其排到基坑外（图 1-12）。

明排水法

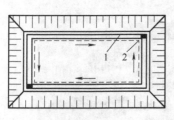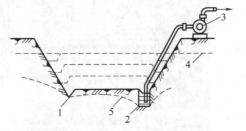

图 1-12　集水明排

1—排水明沟　2—集水井　3—离心式水泵　4—原地下水位线　5—降低后地下水位线

排水明沟、集水井随基础开挖逐层设置，并设置在距拟建建筑基础边 0.4m 以外；明沟边缘距边坡坡脚应不小于 0.3m；排水明沟的纵向坡度宜控制在 0.2%~0.3%；排水明沟的底面应比挖土面低 0.3~0.5m，集水井底面应比明沟底面低 0.5m 以上，并随基坑的挖深而加深，以保持水流通畅，同时井底需铺设 0.3m 左右厚的碎石滤水层，以免抽水时将泥沙抽走，并可防止井底土被扰动。排水时集水井内水位应低于设计要求水位不小于 0.5m。

集水井排水设备简单、排水方便、费用较低，应用较为普通，宜用于粗粒土层和渗水量较小的黏性土。当土层为细砂和粉砂时，地下水渗流会带走细砂，易导致边坡坍塌或流砂现象；当地下水位较高且基底为黏土层时，易引起坑底隆起，这两种情况下不宜采用集水井。

在基坑开挖中，防治流砂的原则是"治流砂必治水"，主要途径有消除、减少或平衡动水压力或改变其方向。防治流砂的具体措施有打板桩法、地下连续墙法、抢挖法、水下挖土法、枯水期施工法、人工降低地下水位法等。

1.4.2 人工降低地下水位

人工降低地下水位，即井点降水，是指在基坑开挖前，预先在基坑四周埋设一定数量的滤水管（井），利用抽水设备从中抽水，使地下水位降落在坑底以下，直至施工结束为止。人工降低地下水位不仅是一种施工措施，也是一种地基加固方法。人工降低地下水位的方法有轻型井点（包括单层、多层）、喷射井点、电渗井点、深井井点等。具体方法可根据土的渗透系数、降低水位的深度、工程特点、设备及经济技术等具体条件，并参照表 1-8 选用。

表 1-8　各类井点的适用范围

井 点 类 别	土层渗透系数 /(m/d)	降低水位深度 /m
单层轻型井点	0.01~20	≤ 6
多层轻型井点	0.01~20	≤ 12
喷射井点	0.1~20	≤ 20
电渗井点	≤ 0.1	≤ 6
深井井点	10~250	不限

1. 轻型井点降水

轻型井点降水是在基坑的外围竖向埋设一系列井点管深入含水层内，井点管的上端通过弯联管与总管相连接，利用抽水设备将地下水从井点管内不断抽出，以达到降水的目的（图 1-13）。轻型井点的设备主要由管路系统和抽水设备两部分组成，管路系统主要包括滤管、井点管、弯联管及总管等；抽水设备由真空泵、离心泵和水气分离器等组成。

人工降低地下水位

（1）轻型井点的布置　轻型井点的布置，应根据基坑大小与深度、土质、地下水位高度与流向、降水深度要求等确定，包括平面布置和高程布置两方面。

井点管距离基坑一般不宜小于 0.7m，以防局部发生漏气。井点管间距一般为 0.8~1.6m，或根据土质、降水深度、工程性质等按计算或经验确定。在靠近河流及总基坑转角部位，井点应适当加密。

采用多套抽水设备时，井点系统应分段，各段长度应大致相等。分段地点宜选择在基坑转弯处，以减少总管弯头数量和水流阻力，提高水泵抽吸能力。抽水设备宜设置在各段总管的中部，使两边水流平衡。分段处应设阀门或将总管断开，以免管内水流紊乱，影响抽水效果。

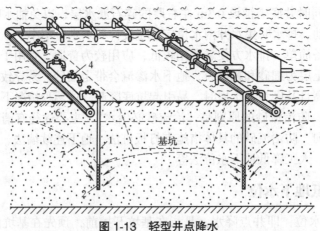

图 1-13 轻型井点降水

1— 井点管 2— 滤管 3— 总管 4— 弯联管 5— 水泵房
6— 原有地下水位线 7— 降低后地下水位线

集水总管标高宜尽量接近地下水位线，并沿抽水水流方向有 0.25%~0.5% 的上仰坡度；水泵轴心标高宜与总管齐平或略低于总管。井点管的埋设深度应根据降水深度及含水层所在位置决定，一般必须将滤水管埋入含水层内，并且比开挖基坑（槽）底深 0.9m 以上。当井点管的埋置深度大于 6m 时，则应降低井点管的埋置面（但以不低于地下水位为准），以满足降水深度的要求，井点管一般要露出地面 0.2~0.3m。

当一级井点系统达不到降水深度要求时，可根据具体情况采用其他降水方法。如上层的土质较好时，可先用集水井排水法挖去一层土后再布置井点系统；也可采用多级井点。

（2）轻型井点的施工　轻型井点施工工艺为：放线定位→挖井点沟槽→铺设总管→冲孔→安装井点管、灌填砂砾滤料、上部填黏土密封→用弯联管将井点管与总管接通→安装抽水设备→安装集水箱和排水管→再开动真空泵排气、再开动离心水泵试抽→抽水。

井点管的埋设质量是保证轻型井点顺利抽水、降低地下水位的关键，其埋设一般用水冲法施工，分为冲孔和埋管两个过程（图 1-14）。

冲孔时，先用起重设备将冲管吊起并插在井点的位置上，然后开动高压水泵，将土冲松，冲管则边冲边沉。冲孔直径一般为 300mm，以保证井管四周有一定厚度的砂滤层；冲孔深度宜比滤管底深 0.5~1m，以防冲管拔出时，部分土颗粒沉于底部而触及滤管底部。

井孔冲成后，立即拔出冲管，插入井点管，并在井点管与孔壁之间迅速填灌砂滤层，以防孔壁塌土。砂滤层的填灌质量是保证轻型井点顺利抽水的关键，一般宜选用干净的中粗砂，填灌要均匀，并填至滤管顶面以上 1~1.5m，以保证水流畅通。

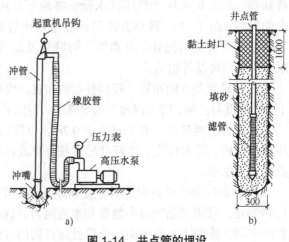

图 1-14 井点管的埋设
a）冲孔　b）埋管

井点填砂后，在地面以下 0.5~1.0m 范围内须用黏土封口，以防漏气。

井点系统埋设完毕后应进行试抽，检查有无漏水、漏气，出水是否正常，有无淤塞等现象。

轻型井点在使用时，一般应连续抽水（特别是开始阶段），若时抽时停易堵塞滤网，使出水浑浊并引起附近建筑物由于土颗粒流失而沉降、开裂；同时，由于中途停抽，地下水回升，也可能引起边坡塌方等事故。抽水过程中应按时检查观测井中水位下降情况，随时调节离心泵的出水阀以控制出水量，使排水均匀，做到细水长流，保持水位面稳定在要求位置。正常出水规律是"先大后小，先浑后清"，如不上水或水一直较浑浊，或水流变清后又浑浊，应立即检查纠正。抽水时还需要经常观测真空泵的真空度，以判断井点系统工作是否正常，真空度一般应不低于 66.7kPa。如真空度过低，通常是由于管路漏气，应及时检查管路系统连接处及井点管埋设的密封情况，并采取措施。若井点管淤塞，一般可以通过听管内水流声响、手摸管壁感到有振动、手触摸管壁有冬暖夏凉的感觉等简便方法检查。如果有较多井点管发生堵塞，严重影响降水效果，应逐根用高压水反冲洗或拔出重埋。为观察地下水位的变化，可在井点管影响半径内设观察孔。

地下基础工程（或构筑物）竣工并回填土后，方可拆除井点系统，所留井孔用砂砾石材填密实，地面以下 2m 范围内用黏土填实。

2. 喷射井点降水

喷射井点降水是在井点管内部装设特制的喷射器，用高压水泵或空气压缩机通过井点管中的内管向喷射器输入高压水（喷水井点）或压缩空气（喷气井点），形成水气射液，将地下水经井点外管与内管之间的间隙抽出排走。这种方法使用设备较简单，排水深度大，基坑土方开挖量较少，施工速度快，费用较低。

喷射井点管布置、井点管的埋设等与轻型井点相同，基坑面积较大时，采用环形布置；基坑宽度小于 10m 时，采用单排线型布置；基坑宽度大于 10m 时，采用双排线型布置。井点间距一般为 2.0~3.5m；采用环形布置时，施工设备进出口（道路）处的井点间距为 5~7m。喷射井点的冲孔直径为 400~600mm，深度比滤管底深 1m 以上。

3. 电渗井点降水

电渗井点降水是在轻型井点或喷射井点的管内侧加设电极，通以直流电，利用黏土的电渗现象和电泳特性，使渗透系数较小的黏土的空隙中水流加速，从而使地基排水效率得到提高。

4. 深井井点降水

深井井点降水是在深基坑的周围埋置深于基底的井管，通过设置在井管内的潜水泵将地下水抽除，使地下水位低于坑底。这种方法排水量大，降水深度大，井点间距大，对平面布置的干扰较小，不受土层限制，井点制作、降水设备、操作工艺、维护均较简单，施工速度快，井点管可以整根拔出重复使用；但一次性投入较大，对成孔质量要求严格。

1.4.3　回灌和截水

降低地下水位时，由于土颗粒流失或土层压缩，易引起周围地面沉降；又由于土层的不均匀性和降水后地下水位呈漏斗曲线，四周土层不均匀沉降，可能导致周围的建筑物倾斜下沉、道路房屋开裂或管线断裂。因此，为防止或减少降水对周围环境的影响，避免产生过大的地面沉降，可采取下列技术措施。

1）回灌井点法。回灌井点法是指在降水井点与需保护的建（构）筑物之间设置一排井点，在降水井点抽水的同时通过回灌井点向土层内灌入适量的水（经过处理的降水井点抽出的水），形成一道隔水帷幕，从而阻止或减少回灌井点外侧被保护的建（构）筑物基础的地下水流失，使既有建筑物下部仍保持较高的地下水位，以减小其沉降程度。

2）砂沟、砂井回灌。砂沟、砂井回灌是指在降水井点与被保护的建（构）筑物之间设置砂井作为回灌井，并沿砂井布置一排砂沟，将降水井点抽出的水适时、适量地排入砂沟，再经砂井回灌到地下。

3）截水。截水是指利用截水帷幕，切断基坑外的地下水流入基坑内部（图1-15）。截水帷幕通常用注浆法、旋喷法、深层搅拌水泥土桩墙等形成。

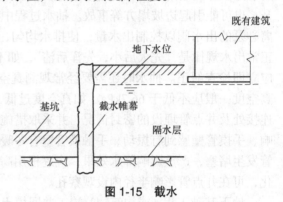

图 1-15　截水

1.5　土方机械化施工

在土方施工中一般采用机械开挖、人工修整的方式。人工开挖只适用于小型基坑（槽）、管沟及土方量较少的场所；对大量土方应尽可能采用机械化和先进的作业方法，以减轻繁重的体力劳动，加快施工速度，提高生产效率。土方施工常用机械有推土机、铲运机、挖掘机、装载机和压实机械等。

1.5.1　常用土方施工机械

1. 推土机

推土机（图1-16）一般由拖拉机和推土铲刀组成，能够独立完成挖土、运土和卸土工作，施工时操作灵活、运转方便、所需工作面较小、行驶速度较快、易于转移、可爬较小的缓坡，多用于场地清理、平整，可开挖深度1.5m以内的基坑，可填平沟坑，并可配合铲运机、挖掘机进行协同作业。

推土机的生产效率主要取决于推土铲刀前推土的体积，以及操作中切土、推土、回程等工作的循环时间。为了减少推运过程中土体的散失，提高推土机的效率，可采取下坡推土法（图1-17）、分批集中一次推送法（图1-18）、沟槽推土法（图1-19）、并列推土法（图1-20）等。

图 1-16　推土机

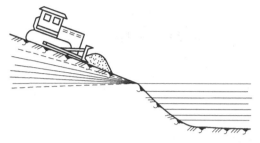

图 1-17　下坡推土法

图 1-18　分批集中一次推送法

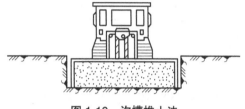

图 1-19　沟槽推土法

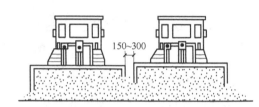

图 1-20　并列推土法

2. 铲运机

铲运机是一种能综合完成全部土方施工工序（挖土、装土、运土、卸土、平土）的土方机械，按行走方式分为自行式（图 1-21）和拖式（图 1-22）两种。

图 1-21　自行式铲运机

图 1-22　拖式铲运机

铲运机对行驶道路要求较低，并且行驶速度快、操纵灵活、运转方便、生产效率高，常用于坡度在 20° 以内的大面积场地平整，开挖大型基坑、沟槽以及填筑路基、堤坝等工程。

3. 挖掘机

挖掘机（图 1-23）是基坑（槽）土方开挖的常用机械。按工作装置的不同，挖掘机分为正铲、反铲、拉铲和抓铲四类（图 1-24）。

图 1-23　挖掘机

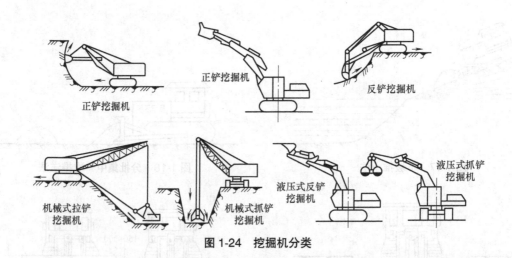

正铲挖掘机

正铲挖掘机

反铲挖掘机

机械式拉铲
挖掘机

机械式抓铲
挖掘机

液压式反铲
挖掘机

液压式抓铲
挖掘机

图 1-24　挖掘机分类

4. 装载机

装载机按行走方式分为履带式和轮胎式两种类型（图 1-25），按工作方式分为单斗式、链式和轮斗式三种类型。装载机既适用于装卸土方和散料，也可用于松软土的表层剥离、地面平整和场地清理等工作。

a)　　　　　　　　　　　　　b)

图 1-25　装载机

a）履带式装载机　b）轮胎式装载机

5. 压实机械

压实机械根据压实的原理不同，分为冲击式、碾压式和振动式三大类。

（1）冲击式压实机械　冲击式压实机械是利用夯锤下落的冲击力来夯实土壤，主要有蛙式打夯机和内燃式打夯机两类（图 1-26）。这两种打夯机适用于狭小的场地和沟槽作业，也可用于室内地面的夯实及大型机械无法到达的边角处的夯实。

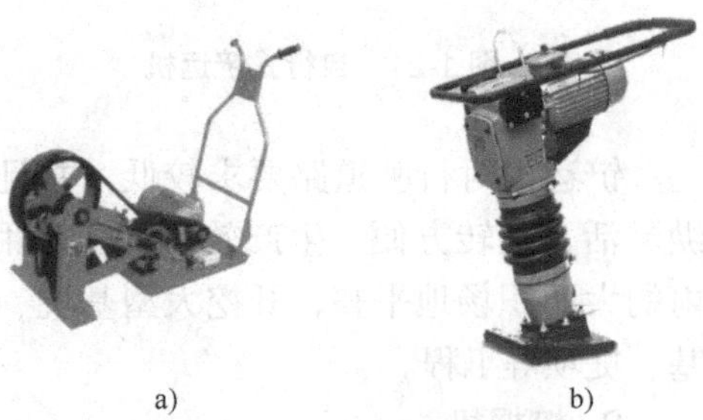

（2）碾压式压实机械　碾压式压实机械可以利用机械辊轮的压力压实土壤以达到所需的密实度，常用的有光面碾、羊足碾、气胎碾（图 1-27）。光面碾用于土方的回填压实；羊足碾适用于黏性土的回填压实，不能用在沙土和面层土的压实；气胎碾的弹性较好，压力均匀，碾压质量较好。

a)　　　　　b)

图 1-26　冲击式压实机械

a）蛙式打夯机　b）内燃式打夯机

图 1-27 碾压式压实机械

a）光面碾 b）羊足碾 c）气胎碾

（3）振动式压实机械 振动式压实机械（图 1-28）是借助机械激振力使土颗粒发生相对位移而达到密实，适用于非黏性土压实。振动式压实机械具有生产效率高、压实效果好、能压实多种性质的土等优点，因此主要用在工程量较大的大型土石方工程中。

图 1-28 振动式压实机械

a）振动平板夯 b）振动压路机 c）手持式振动碾

1.5.2 土方挖运机械的选择

为了充分提高机械效率，节省机械费用，要根据基础的形式、工程规模、开挖深度、地质情况、地下水情况、土方量、运距、现场条件、机械设备条件、工期要求及土方机械的特点等综合考虑选择土方挖运机械。在选择土方挖运机械时，有以下几个要点：

1）当地形起伏不大，坡度在 20° 以内，挖填平整土方的面积较大，土的含水率适当，平均运距较短（一般在 1km 以内）时，采用铲运机较为合适。如果土质坚硬或冬季冻土层厚度超过 100mm 时，必须由其他机械辅助翻松土层后再铲运。当一般土的含水率大于 25%，或坚硬的黏土含水率超过 30% 时，铲运机会陷车，必须疏干水后再施工。

2）地形起伏较大的丘陵地带，平均挖土高度在 3m 以上，运输距离超过 1km，工程量较大且又集中时，可采用下述三种方式进行挖土和运土：

① 正（反）铲挖掘机配合自卸汽车进行施工，并在弃土区配备推土机平整场地。

② 当挖土厚度在 5m 以上时，可在挖土段的较低处设置倒土漏斗，用推土机将土推入漏斗，并用自卸汽车在漏斗下承土再运走。

③ 可以用挖掘机或推土机开挖土方并将土方集中堆放，再用装载机把土装到自卸汽车上运走。

3）开挖基坑时，如土的含水率较小，可结合运距、挖掘深度分别选用推土机、铲运机或正铲（或反铲）挖掘机配合自卸汽车进行施工；当基坑深度在 1~2m、基坑不太长时可采用推土机；长度较大、深度在 2m 以内的线状基坑，宜用铲运机开挖；当基坑较大、工程量集中时，可选用正铲挖掘机挖土。

4）开挖基坑时，如地下水位较高，又不方便采用降水措施，或土质松软，可能造成机械陷车时，则采用反铲挖掘机、拉铲挖掘机或抓铲挖掘机配以自卸汽车施工较为合适。

5）移挖作填以及基坑和管沟的回填，运距在 60~100m 时可用推土机。

1.6 基坑土方开挖

基坑开挖前应完成支护结构、地面排水、地下水控制、基坑及周边环境监测、施工条件验收和应急预案准备等工作的验收，合格后方可进行土方开挖。开挖过程中应随时检查平面位置、水平标高、边坡坡率、压实度、排水系统、地下水控制系统、预留土墩、分层开挖厚度、支护结构的变形，并随时观测周围环境变化。

1.6.1 基坑开挖方案

基坑工程的挖土方案，主要有放坡挖土、中心岛（墩）式挖土（图 1-29）和盆式挖土（图 1-30）。其中，放坡挖土是较为经济的挖土方案。当基坑开挖深度不大（软土地区挖深不超过 4m；地下水位低的土质较好地区挖深亦可较大）、周围环境又允许，经验算能确保土坡的稳定性时，均可采用放坡挖土。

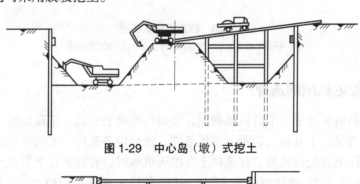

图 1-29 中心岛（墩）式挖土

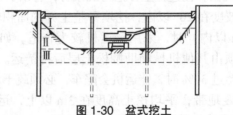

图 1-30 盆式挖土

1.6.2 土方开挖和支撑施工注意事项

土方开挖应遵循"开槽支撑、先撑后挖、分层开挖、严禁超挖"的原则。开挖基坑时应按规定的尺寸合理确定开挖顺序和分层开挖深度，应连续地进行施工，以加快施工速度，缩短基坑暴露时间。

基坑开挖应尽量防止对地基土的扰动，当基坑挖好后不能立即进行下道工序时，应预留15~30cm的一层土不挖，待下道工序开始时再挖至设计标高。采用机械开挖基坑时，为避免破坏基底土，应在基底标高以上预留20~30cm的土层由人工挖掘修整。

采用横撑式支撑时，应随挖随撑，支撑要牢固。施工中应经常检查支撑，如有松动、变形等现象时，应及时加固或更换支撑。支撑的拆除应按回填顺序依次进行，多层支撑应自下而上逐层拆除，随拆随填。

1.7　土方回填与压实

土方回填时，应先低处后高处，逐层填筑。回填基底的处理应符合设计要求，在土方回填前应先清除基底处的垃圾、树根等杂物，抽除坑穴积水、淤泥，并对软土进行处理。填土区如遇有地下水或滞水时，必须采取排水措施以保证施工顺利进行；坡面有渗水时，应设置盲沟将渗水引出填筑体外。

填方土料及
压实方法

1.7.1　填方土料及压实方法

在土方回填中为保证填方工程满足强度、变形和稳定性方面的要求，必须正确选择填土的土料和填筑方法。

填方土料应符合设计要求，要保证填方的强度和稳定性。碎石类土、砂土和爆破石渣，可用作表层以下的填料，其最大粒径一般不得超过每层铺填厚度的3/4；含水率符合压实要求的黏性土可用作各层填料，含水率不符合要求时，要进行处理后再用于填土；淤泥和淤泥质土不宜作为填料。填方施工宜分层填土、分层压实，并尽量采用同类土。当采用不同的土填筑时，不能将各种土混合使用，应分层填筑并将透水性较小的土料填在上层，以免填方内形成"水囊"或因渗水而浸泡基础。

填土压实既可采用人工压实，也可采用机械压实，当压实量较大或工期要求比较紧张时一般采用机械压实，主要有碾压法、夯实法和振动压实法。

1.7.2　填土压实的影响因素

影响填土压实的因素有很多，主要有压实功、土的含水率以及每层铺土厚度。

1. 压实功的影响

填土压实质量与压实机械在其上所施加的功有一定的关系，土的密度与压实功的关系如图1-31所示。当土的含水率一定时，在开始压实时，土的密度急剧增加，待接近土的最大密度时，压实功虽然增加许多，但土的密度几乎没有变化。因此，在实际施工中，不要盲目增加压实遍数。一般情况下，对于砂土只需碾压2~3遍，对粉土只需碾压3~4遍，对粉质黏土或黏土只需碾压5~6遍。此外，松土不宜用重型碾压机械直接碾压，会导致土层起伏过于强烈，效率不高，可先用轻型碾压机械压实，再用重型碾压机械碾压。

2. 含水率的影响

在同一压实功条件下，填土的含水率对压实质量有直接影响。较干燥的土，由于土颗粒之间的摩擦阻力较大而不易被夯实；而含水率过高的土，土颗粒之间的孔隙由于被水填充而呈饱和状态，也不易被压实，并且容易形成"橡皮土"；只有当水的含水率适当时，水起着润滑作用和黏结作用，土颗粒之间的摩擦阻力减少，压实效果才较好。各种土壤都有其最佳含水率，土在这种含水率条件下，使用同样的压实功进行压实可以得到最大干密度（图1-32）。

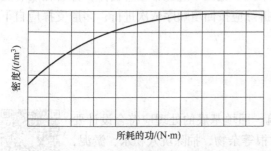

图 1-31　土的密度与压实功的关系示意

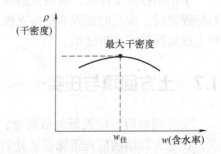

图 1-32　土的干密度与含水率的关系

各种土的最佳含水率和最大干密度可参考表1-9。施工现场黏性土的含水率一般以手握成团、落地开花为宜。当土过湿时，一般采取翻松晾晒或掺入同类干土或其他吸水性材料（生石灰）等措施；当土过干时，则应预先洒水润湿。

表 1-9　土的最佳含水率和最大干密度参考值

项　次	土 的 种 类	变 动 范 围	
		最佳含水率（%）（质量比）	最大干密度 / (g/cm³)
1	砂土	8~12	1.80~1.88
2	黏土	15~25	1.58~1.70
3	粉质黏土	12~15	1.85~1.95
4	粉土	16~22	1.61~1.80

3. 铺土厚度的影响

在压实功作用下，土中的应力随深度增加而逐渐减小，其影响深度与压实机械、土的性质和含水率等有关。铺土厚度应小于压实机械的有效作用深度，但其中还有最优土层厚度问题。土铺得过厚，需增加压实遍数才能达到规定的密实度；土铺得过薄，也需要增加机械的总压实遍数，最优的铺土厚度能使土方压实而机械的功耗最少。回填施工的压实系数应满足设计要求，当采用分层回填时，应在下层的压实系数经试验合格后再进行上层施工。填筑厚度及压实遍数应根据土质、压实系数及压实机具确定；无试验依据时，应符合表1-10的规定。

压实功、土的含水率以及每层铺土厚度之间是相互影响的，为了保证压实质量，提高压实机械的生产效率，重要工程应根据土质和所选用的压实机械在施工现场进行压实试验，以确定达到规定密实度所需的压实遍数、铺土厚度及最优含水率。

表 1-10 填土施工时的分层厚度及压实遍数

压 实 方 法	分层厚度 /mm	每层压实遍数
平碾压实	250~300	6~8
振动压实机压实	250~350	3~4
柴油打夯机压实	200~250	3~4
人工打夯	<200	3~4

1.8 土方工程质量标准与安全技术

1.8.1 质量标准

1）基坑、基槽和管沟基底的土质，必须符合设计要求，并严禁扰动基底土层。

2）填方的基底处理，必须符合设计要求或施工规范的规定。

3）填方柱基础、基坑、基槽、管沟回填的土料必须符合设计要求和施工规范的要求。

4）填方柱基础压实系数应符合设计要求。采用环刀法取样时，基坑和室内回填，每层按 100~500m² 取样 1 组，且每层不少于 1 组；柱基础回填，每层抽样柱基础总数的 10%，且不少于 5 组；基槽或管沟回填，每层按长度 20~50m 取样 1 组，且每层不少于 1 组；室外回填，每层按 100~500m² 取样 1 组，且每层不少于 1 组，取样部位应在每层压实后的下半部分。

土方开挖工程的质量检验标准应符合表 1-11 的规定。平整后的场地表面应逐点检查，土方工程的标高检查点为每 100m² 取 1 点，且不应少于 10 点；平面几何尺寸（长度、宽度等）应全数检查；边坡为每 20m 取 1 点，且每边不应少于 1 点；表面平整度检查点为每 100m² 取 1 点，且不应少于 10 点。

表 1-11 土方开挖工程质量检验标准

项目	序号	检 查 项 目	柱基础、基坑、基槽	挖方场地平整 人工	挖方场地平整 机械	管沟	地（路）面基层	检 查 方 法
主控项目	1	标高	0 -50	±30	±50	0 -50	0 -50	水准测量
主控项目	2	长度、宽度（由设计中心线向两边量测）	+200 -50	+300 -100	+500 -150	+100 0	设计值	全站仪或用钢尺测量
主控项目	3	坡率	设计值					目测法或用坡度尺检查
一般项目	1	表面平整度	±20	±20	±50	±20	±20	用 2m 靠尺
一般项目	2	基底土性	设计要求					目测法或土样分析

注：地（路）面基层的偏差只适用于直接在挖（填）方土上做地（路）面的基层。

填方施工结束后，应检查标高、边坡坡度、压实程度等，检验标准应符合表 1-12 的规定。

表 1-12　填方工程质量检验标准

项目	序号	检查项目	允许值或允许偏差 /mm			检查方法
			柱基础、基坑、基槽、管沟、地（路）面基层	场地平整		
				人工	机械	
主控项目	1	标高	0 −50	±30	±50	水准测量
	2	分层压实系数	不小于设计值			环刀法、灌水法、灌砂法
一般项目	1	回填土料	设计要求			取样检查或直接鉴别
	2	分层厚度	设计值			水准测量及抽样检查
	3	含水率	最优含水率 ±2%	最优含水率 ±4%		烘干法
	4	表面平整度	±20	±20	±30	用 2m 靠尺测量
	5	有机质含量	≤ 5%			灼烧减量法
	6	碾迹重叠长度	500~1000			用钢尺测量

1.8.2　安全技术

1）基坑开挖时，两人操作间距应大于 2.5m。多台机械开挖时，挖土机间距应大于 10m，在挖土机工作范围内不许进行其他作业。开挖应自上而下、逐层进行，严禁先挖坡脚或逆坡挖土。

2）机械多台阶同时开挖时，应验算边坡的稳定性，挖土机离边坡应有一定的安全距离，以防塌方。在有支撑的基坑（槽）中使用机械挖土时，应避免破坏支撑。在坑（槽）边使用机械挖土时，应计算支撑强度，必要时应加强支撑。

3）基坑（槽）和管沟回填时，下方不得有人，应检查打夯机的电器线路，防止漏电、触电。

4）拆除护壁支撑时，应按照回填顺序自下而上逐步拆除；更换支撑时必须先安后拆。

5）坑（槽）沟边 1m 以内不得堆土、堆料和停放机具；1m 以外堆土的，其高度不宜超过 1.5m。坑（槽）沟与附近建筑物的距离不得小于 1.5m，有危险时必须加固。

学 习 鉴 定

思维导图

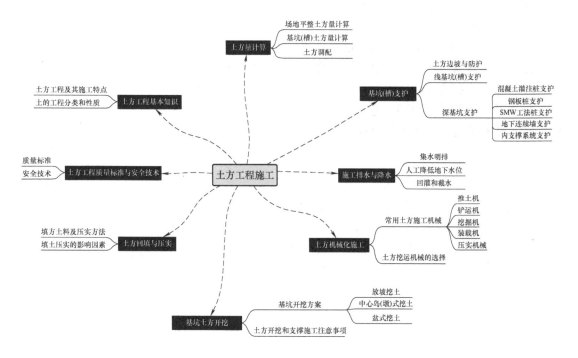

一、名词解释

1. 土的可松性
2. 土的渗透系数
3. SMW 工法
4. 集水明排
5. 最佳含水率

二、填空题

1. 从建筑施工的角度，根据土的_____和_____可将土分为八类。

2. 场地平整土方量的计算方法通常有_____和_____两种。

3. 在基坑或沟槽开挖时，一般采用_____、_____、_____的方法来进行排水。

4. 轻型井点的井点管发生淤塞时，一般可以通过_____、_____、_____等简便方法检查。

5. 使用轻型井点系统时，正常出水规律是_____。

6. 为了减少推土机推运过程中土体的散失，提高推土机的效率，可采取_____、_____、_____、_____等方法。

7. 基坑工程的挖土方案，主要有_____、_____、_____，其中_____是最经济的挖土方案。

8. 土方开挖应遵循_____、_____、_____、_____的原则。

9. 在填方工程中，当采用不同的土填筑时，不能将各种土混合使用，应_____并将透水性较小的土料填在_____。

10. 影响填土压实的主要因素有_____、_____、_____。

三、问答题

1. 土方工程中需计算哪些土方量？

2. 土方边坡有哪些形式？对于留设的边坡有哪些保护措施？

3. 深基坑支护有哪些方法？

4. 简述防治流砂的原则、途径和具体措施。

5. 简述轻型井点施工工艺流程。

基础工程施工

素养目标：

学习新技术、新工艺、新材料、新设备，关注行业热点；养成遵守行业标准、规范的习惯，增强遵纪守法意识；养成具体问题具体分析、实事求是、不怕繁琐、精益求精、一丝不苟的工作作风；养成爱护公共财物的习惯。

教学目标：

1. 掌握地基的加固处理方法、适用范围、施工要点和质量检查要求。
2. 掌握浅埋式基础的施工要点。
3. 理解桩基础的施工工艺、质量要求。
4. 掌握桩基础的质量验收标准及检测方法。

问题引入：

基础作为建筑物的最下面部位，承受着建筑物的全部荷载，并将这些荷载传递给承载力较大的土层，是建筑物的重要组成部分。一般工业与民用建筑在基础设计中多采用天然浅基础。在学习基础工程施工前，先思考以下问题：

1. 常用的浅基础类型有哪些？
2. 各基础的施工工艺及要点是什么？

2.1 地基处理与加固

任何建筑物必须有可靠的地基和基础，建筑物的全部质量（包括各种荷载）最终通过基础传给地基，所以对地基的处理及加固是基础工程施工中的一项重要内容。在施工过程中如发现地基土质过软或过硬，不符合设计要求时，应本着使建筑物各部位沉降尽量趋于一致，以减小地基不均匀沉降的原则对地基进行处理。

在软弱地基上建造建筑物或构筑物，利用天然地基有时不能满足设计要求时，需要对地基进行人工处理，以满足结构对地基的要求，常用的人工地基处理方法有换填法、强夯法、振冲法、砂桩挤密法、深层搅拌法、堆载预压法、化学加固法等。

2.1.1 换填法

换填法是将基础底面处理范围内的天然软土全部挖除或部分挖除，用砂、石、灰土、素土或其他性能稳定、无侵蚀性、强度较高的材料分层回填，并夯（压、振）实至设计要求的密实度，作为地基的持力层使用。

1. 适用范围

换填法地基常用于荷载不大的建筑、地坪、堆料场地和道路工程的地基处理，适用于淤泥地基、淤泥质土地基、湿陷性黄土地基、膨胀土地基、素填土地基、季节性冻土地基及暗沟、暗塘等的浅层处理。应根据建筑物的体形、结构特点、荷载情况和地质条件，并综合考虑施工机械设备及当地材料来源，选择换填材料和施工方法。

2. 施工要点

换填垫层的施工方法一般有机械碾压法、重锤夯实法、平板振动法、水撼法等方法，施工的关键是将砂、石等填料振实到设计要求的密实度。

（1）砂和砂砾石垫层

1）铺设垫层前应验槽，将浮土清除干净。基坑边坡必须稳定，防止振捣时坍塌。槽底或槽两侧如有空洞、沟、墓穴等，应在垫层施工前加以处理。如垫层下有厚度较小的淤泥或淤泥质土层，在碾压荷载下抛石能挤入该层底面时，可采取挤淤处理，即先在软弱土面上堆填块石、片石等，然后将其压入以置换和挤出软弱土，然后再进行垫层铺设。

2）垫层底面标高不同时，土面应挖成阶梯或斜坡搭接，应按先深后浅的顺序施工，搭接处应夯压密实。分层分段铺设时，接头应制成斜坡或阶梯形搭接，每层应错开 0.5~1.0m，并应充分捣实。

3）人工级配的砂砾石，应先将砂、卵石拌和均匀后再铺设、压实。

4）垫层铺设时，严禁扰动垫层下卧层及侧壁的软弱土层，同时要防止被践踏、受冻或受浸泡。对基坑下灵敏度大的地基，在垫层最下一层只能用木夯夯实，以免破坏基底的土体结构。

5）垫层应分层铺设、分层夯实或压实。基坑内预先设置 5m×5m 网格标桩，以控制每层砂垫层的铺设厚度。夯实要做到交叉重叠 1/3，以防止漏振、漏压。夯实（碾压）遍数、振动时间应通过试验确定。在下层密度经检验合格后，方可进行上层施工。

6）当地下水较高、在饱和的软弱地基上铺设垫层时，应加强基坑内外及四周的排水工作，防止砂垫层泡水；或采取降低地下水位措施，使地下水位降低到基坑底 500mm 以下。

7）垫层铺设完毕后应立即进行下道工序施工，严禁小车及人在垫层上面行走，必要时应在垫层上铺板行走。在邻近区域进行低于砂垫层顶面的开挖时，应采取措施保证砂垫层稳定。

（2）灰土垫层

1）施工前应先验槽，清除松土，槽底如有积水、淤泥应清除后晾干，槽底要求平整干净。

2）在灰土垫层拌和灰土时，应根据气温和土料的湿度搅拌均匀，灰土的颜色应一致，含水率宜控制在最优含水率 ±2% 的范围（最优含水率可通过室内击实试验求得，一般为 14%~18%）。

3）填料时应分层回填，其厚度宜为 200~300mm，夯实机具可根据工程量和现场机具条件确定，可参照表 2-1 选用。夯（压）遍数应按设计要求的干密度由夯实试验确定，一般不少于 4 遍。

4）当日铺填的灰土当日压实，且压实后三日内不得受水浸泡。

5）雨期施工时，应适当采取防雨、排水措施，保证在无水状态下施工。

6）冬期施工，必须在基层不受冻的状态下进行，应采取有效的防冻措施。

表 2-1 灰土最大虚铺厚度

序号	夯实机具	质量/t	最大虚铺厚度/mm	备 注
1	石夯、木夯	0.04~0.08	200~250	人力送夯，落距为 400~500mm，每夯搭接半夯
2	轻型夯实机械	—	200~250	蛙式打夯机或柴油打夯机
3	压路机	6~10	200~300	双轮压路机

（3）素土垫层

1）土料的施工含水率应控制在最优含水率 ±2% 的范围内，最优含水率可通过室内击实试验求得（相应于土达到最大干密度时的含水率），也可按当地经验取用。一般黏性土的最优含水率在 19%~21%。当土料含水率过大时，应晾晒风干；如土料含水率过小，应淋水湿润。

2）填土时应从基坑的最低处开始分层填料压实，不宜任意分段留缝。

3）如垫层下方的土质差异较大使垫层底部标高不一致时，基坑（槽）底面宜挖成阶梯形，每阶宽度不少于 500mm，施工时按先深后浅的顺序进行铺填，并应注意搭接处的质量。

4）每铺设并碾压完一层后应进行质量检验，检验合格后方可进行下一层施工。施工时应先在该层表面用推土机拉毛，然后继续填土，以保证上下层结合良好。

5）上下相邻土层接槎应错开，其间距不应小于 500mm。接槎不得在基础下、墙角、柱墩等部位，在接槎 500mm 范围内应增加夯实遍数。

6）分层填土的厚度和夯实遍数，一般根据所选择的夯实机具和设计要求的密实度进行现场夯实试验确定。

7）施工中每班铺平的土料必须当班夯实，不得隔天夯实。

3. 质量验收标准和方法

垫层的质量检验必须分层进行，检验每层的平均压实系数和干密度。素土、灰土及砂垫层可用环刀法和贯入法检验（砂垫层也可用钢筋贯入代替），并均应通过现场试验，以控制压实系数所对应的贯入度为合格标准。压实系数的检验必须用环刀法或其他的标准方法。

（1）环刀法 将容积不小于 200cm³ 的环刀压入垫层中，在每层的 2/3 处取样，测取干密度和压实系数。若以干密度作为检测指标，则以不小于砂料在中密状态时的干密度为合格，中砂的干密度为 1.55~1.6t/m³；粗砂的干密度可根据经验适当提高，一般为 1.7t/m³；卵石、碎石的干密度一般为 2.0~2.2t/m³；对碎石、干渣等粗粒料，也可用沉陷差值作为检测指标。

在粗粒土（如碎石、卵石）垫层中可设置纯砂检验点，在相同的检验条件下用环刀法测其干密度。或采用灌砂法、灌水法检验其试坑尺寸，见表 2-2。

表 2-2 试坑尺寸

试样最大粒径	试 坑 尺 寸		试样最大粒径	试 坑 尺 寸	
	直径 /mm	深度 /mm		直径 /mm	深度 /mm
5~20	150	200	60	250	300
40	200	250			

（2）贯入法　检验前先将垫层表面的砂刮去 3 cm 左右，再用贯入仪、钢筋或钢叉等以贯入度来定性地检验砂垫层的质量，以不大于通过相关试验所确定的贯入度为合格。也可根据砂垫层的控制干密度预先进行小型试验来确定相关的合格贯入度。

钢筋贯入法所用的钢筋为直径 20mm、长 1.25m 的平头钢筋，垂直距离砂垫层表面 70cm 时自由下落，测其贯入度。

钢叉贯入法所用钢叉和水撼法施工垫层的钢叉相同，从 50cm 高度处自由落下测其贯入度。

（3）检验数量　当采用贯入法或动力触探检验时，每分层检验点的间距应小于 4m；当采用环刀法检验时，大基坑每 50~100m² 不应少于 1 个检验点或每 100m² 不少于 2 个检验点；对于基槽每 10~20m 不应少于 1 个检验点，每施工段设 2 个检验点；独立基础不应少于 1 个检验点；管道基础下每 50m 设一个检验点，每施工段设 2 个检验点。

地基强度或承载力检验，可选用标准贯入试验、静（动）力触探检验、十字板剪切强度试验和静荷载试验等方法。每单位工程不应少于 3 个测点；1000m² 以上工程，每 100m² 至少应有 1 个测点；3000m² 以上工程，每 300m² 至少有 1 个测点；独立基础下至少应有 1 个测点。

（4）质量检验标准

1）灰土垫层。地基的材料以及配合比应符合设计要求，灰土应搅拌均匀；施工过程中应检查分层铺设的厚度、分段施工时上下两层的搭接长度、夯实时的加水量、夯实遍数、压实系数；施工结束后应检查灰土地基的承载力。灰土地基质量检验标准应符合表 2-3 的规定。

表 2-3 灰土地基质量检验标准

项　目	序　号	检查项目	允许值或允许偏差		检查方法
			单　位	数　值	
主控项目	1	地基承载力	不小于设计值		静载试验
	2	配合比	设计值		检查拌和时的体积比
	3	压实系数	不小于设计值		环刀法
一般项目	1	石灰粒径	mm	≤ 5	筛析法
	2	土料有机质含量		≤ 5%	灼烧减量法
	3	土颗粒粒径	mm	≤ 15	筛析法
	4	含水率	最优含水率 ±2%		烘干法
	5	分层厚度	mm	± 50	水准测量

2）砂和砂石垫层。砂和砂石材料以及配合比应符合设计要求，砂和砂石应搅拌均匀；施工过程中应检查分层铺设的厚度、分段施工时上下两层的搭接长度、夯实时的加水量、夯实遍数、压实系数；施工结束后应检查砂和砂石地基的承载力。砂和砂石地基质量检验标准应符合表 2-4 的规定。

表 2-4　砂和砂石地基质量检验标准

项　目	序　号	检查项目	允许值或允许偏差		检查方法
			单　位	数　值	
主控项目	1	地基承载力	不小于设计值		静载试验
	2	配合比	设计值		检查拌和时的体积比或质量比
	3	压实系数	不小于设计值		灌砂法、灌水法
一般项目	1	砂石料有机质含量	≤ 5%		灼烧减量法
	2	砂石料含泥量	≤ 5%		水洗法
	3	砂石料粒径	mm	≤ 50	筛析法
	4	分层厚度	mm	± 50	水准测量

2.1.2　强夯法

对地基土的碾压与夯实，最早使用的方法多是机械碾压、振动压实、重锤夯实等，这些方法所使用机械设备的能量相对较小，因此压实、夯实的影响深度都较小，一般在 1.5m 以内。后来在 20 世纪 60 年代出现了强夯法，该法采用高能量的夯击作用改变原地基土的压实机理，使夯击密实的影响深度及效果有了很大的提高。

为了达到较好的夯实效果，可考虑预先在土中设置沙井，再进行强夯。或者采用动力置换，是指先在软土上面做砂垫层，然后在夯坑中填入砂石等填料，再将填料夯成粗短的砂石桩（长度可达 4m 以上），通过砂石井排除土中孔隙水，使土体产生动力固结。

强夯法主要适用于处理碎石土、砂土、低饱和度的粉土及黏性土、湿陷性黄土、杂填土、素填土等地基；对高饱和度的粉土及黏性土地基，当采用在夯坑内回填碎石等粗颗粒材料进行强夯置换时，应通过现场试验确定其适用性。

1. 机具设备

强夯法的施工机械设备很简单，主要由夯锤、起重机、自动脱钩装置三部分组成。

2. 施工要点

（1）技术要求

1）强夯法的有效加固深度。强夯法的有效加固深度由表 2-5 确定。

2）夯点的平面布置。夯点的平面布置应根据建筑物的基底平面形状确定，常采用等边三角形、等腰三角形或正方形布置形式。

对大面积基础，宜采用正方形布置；对条形基础，可采用点线插档法布置；对于柱基础，既可采用点夯法夯击，也可沿柱列线布置。每个基础或纵、横墙的交接处应设置对称夯点，故常采用三角形布置，如图 2-1 所示。

表 2-5　强夯法的有效加固深度　　　　　　　　　　　　　（单位：m）

单击夯击能/（kN·m）	碎石土、砂土等粗颗粒土	粉土、粉质黏土、湿陷性黄土等细颗粒土
1000	4.0~5.0	3.0~4.0
2000	5.0~6.0	4.0~5.0
3000	6.0~7.0	5.0~6.0
4000	7.0~8.0	6.0~7.0
5000	8.0~8.5	7.0~7.5
6000	8.5~9.0	7.5~8.0
8000	9.0~9.5	8.0~8.5
10000	9.5~10.0	8.5~9.0
12000	10.0~11.0	9.0~10.0

注：强夯法的有效加固深度应从最初起夯面算起；单击夯击能大于 12000kN·m 时，强夯的有效加固深度应通过试验确定。

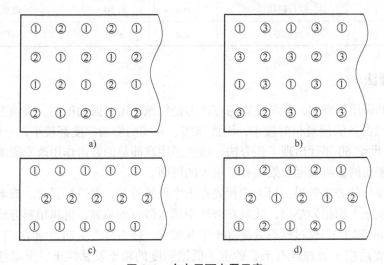

图 2-1　夯点平面布置示意

a）矩形 2 遍布置　b）矩形 3 遍布置　c）三角形 2 遍隔排布置　d）三角形 2 遍布置

　　强夯夯击范围应大于建筑物基础的范围，每边超出基础外沿的宽度宜为处理深度的 1/3~1/2，并不宜小于 3m。

　　3）夯点的间距布置。根据实际工程经验，一般情况下第一遍夯点间距可取夯锤直径的 2.5~3.5 倍，第二遍夯点位于第一遍夯击点之间，以后各遍夯点间距可适当减小。对于处理深度较深或单点夯击力较大的工程，第一遍夯点间距应适当加大，宜为 5~9m；对土层较薄的砂土或回填土，第一遍夯点间距最大，以后每遍夯点间距既可与第一遍相同，也可适当减小。

　　4）夯击遍数。可根据地基土的性质与夯击功能量及有效加固深度确定夯击遍数，大多数工程可采用 2~3 遍，黏性土的夯击遍数可适当增加，最后再以低能量锤满夯两遍（如图 2-1 所示，序号为①的是第一遍夯击，第二遍与第一遍的夯距相同，置于第一遍的中间点。空白处为最后用低能量锤满夯的部位）。一般情况下，对颗粒较粗、渗透性较强的地基土，夯击遍数可少一些；对颗粒较细、渗透性较差的地基土，夯击遍数可多一些。

5）每一夯点的击数。每遍每一夯点的夯击次数应通过现场试夯确定，一般情况为 4~8 击。每点的夯击数应满足最后两击的平均夯沉量要求，即当单击夯击能量小于 4000kN·m 时不应大于 50mm；单击夯击能量为 4000~6000kN·m 时不应大于 100mm；当单击夯击能量大于 6000kN·m 时不应大于 200mm。

6）间隔时间。间隔时间主要取决于土中孔隙水压力的消散时间，对于砂土地基，由于孔隙水压力的消散时间很短，可以连续夯击；对于渗透性较差的黏性土地基，一般相隔 15~30d 为宜。

（2）施工顺序

1）测放第一遍夯点位置，测量场地高程。

2）起重机械就位。

3）夯锤对准夯点位置。

4）将夯锤吊起到预定高度后脱钩，使夯锤自由下落夯击地面。

5）按规定的夯击次数及控制标准完成一个夯点施工。

6）移动到下一夯点，重复以上步骤，完成第一遍全部夯点的夯击。

7）用推土机将夯坑填平，测量场地高程。

8）按规定的间隔时间，按上述步骤完成第 2 遍夯击。

9）用低能量锤满夯施工场地 2 遍，将场地表层松土夯实，并测量场地的最终高程。

3. 质量检验标准和方法

施工前应检查夯锤的质量、尺寸，以及落距控制手段、排水设施及被夯地基的土质。施工中应检查落距、夯击遍数、夯点位置、夯击范围。施工结束后检查被夯地基的强度并进行承载力检验。强夯地基质量检验标准见表 2-6。

表 2-6 强夯地基质量检验标准

项 目	序号	检查项目	允许值或允许偏差		检查方法
			单 位	数 值	
主控项目	1	地基承载力	不小于设计值		静载试验
	2	处理后地基土的强度	不小于设计值		原位测试
	3	变形指标	设计值		原位测试
一般项目	1	夯锤落距	mm	±300	钢索标志
	2	夯锤质量	kg	±100	称重
	3	夯击遍数	不小于设计值		计数法
	4	夯击顺序	设计要求		检查施工记录
	5	夯击击数	不小于设计值		计数法
	6	夯点位置	mm	±500	用钢尺测量
	7	夯击范围（超出基础范围距离）	设计要求		用钢尺测量
	8	前后两遍间歇时间	设计值		检查施工记录
	9	最后两击平均夯沉量	设计值		水准测量
	10	场地平整度	mm	±100	水准测量

2.1.3 振冲法

采用振冲法施工的振冲地基，又称为振冲桩复合地基，施工时以起重机吊起振冲器，起动潜水电动机带动偏心块，使振冲器产生高频振动；同时开动水泵，通过喷嘴喷射高压水流成孔；然后分批填以砂石骨料形成桩体，桩体与原地基构成复合地基，可以提高地基的承载力，减少地基的沉降和沉降差。振冲法具有技术可靠、机具设备简单、操作技术易于掌握、施工简便、节省材料、加固速度快、地基承载力高等特点。

振冲法按加固机理和效果的不同，可分为振冲置换法和振冲密实法两类。前者适用于处理不排水、抗剪强度小于 20kPa 的黏性土、粉土、饱和黄土及人工填土等地基；后者适用于处理砂土和粉土等地基，不加填料的振冲密实法仅适用于处理黏土粒含量小于 10% 的粗砂、中砂地基。

1. 机具设备

振冲法施工的主要设备是振冲器、起重设备、供水泵、填料设备等。

2. 施工要点

（1）施工前准备

1）施工前应收集各种工程资料，掌握现场的水文地质资料，熟悉图纸和施工技术。

2）平整场地达到"三通一平"；放线、布桩并确定打桩方法；布置现场的堆料场及排污沟等。

3）振冲法的成孔顺序一般有帷幕法、排孔法、跳打法等，如图 2-2 所示，施工前可根据具体情况选用。

① 帷幕法。帷幕法适用于大面积满堂布桩工程，施工时先完成外圈 2~3 圈（排），然后完成内圈，一般采用隔一圈成一圈的跳打法，逐渐向中心区收缩，如图 2-2a 所示。

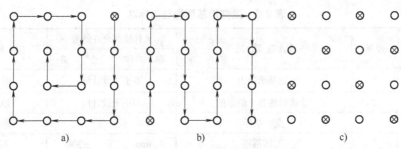

图 2-2 振冲法成孔顺序

a）帷幕法　b）排孔法　c）跳打法

② 排孔法。施工时根据布桩平面，从一端开始依照相邻桩顺序成桩到另一端，如图 2-2b 所示。

③ 跳打法。同一排孔采用隔一桩打一桩的施工工艺，并隔排成孔，如图 2-2c 所示。

（2）施工工艺顺序　振冲法施工工艺（图 2-3）：

1）振冲器定位：振冲器用起重机就位，使振冲器对准桩位，误差应小于 10mm。

2）振冲造孔：起动电动机和高压射水泵，在高频振动和高压射水的共同作用下使振冲器下沉，下沉速度控制在 1.0~2.0m/min，水压控制在 200~600kPa，水量控制在 200~400L/min。

3）注水清孔：振冲器沉入土中到设计深度以上 0.3~0.5m 处留振 30s，然后提升振冲器至井口，重复下沉、提升 1~2 次，用循环水带出孔中较稠的泥浆进行清孔。

4）边振边提：清孔后向孔内逐段填入砂石料，一边喷水一边振动使填料密实，直到"密实电流"达到规定值时为止，表明填料已经振实。之后逐段填料振密，逐段提升振冲器，每次振冲器上提 0.3~0.5m。

5）完成制桩：重复 4）步骤直至振冲器回到地面，形成砂石桩。

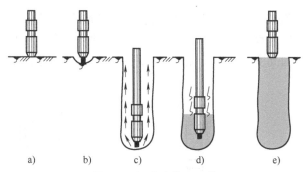

图 2-3　振冲法施工工艺

a）振冲器定位　b）振冲造孔　c）注水清孔　d）边振边提　e）完成制桩

3. 质量检验标准和方法

对振冲法加固的砂土地基，如不加填料，主要检验地基的密实度，可用标准贯入、动力触探等方法进行检验，但选点应在具有代表性的地段，宜由设计单位、施工单位、监理单位（或建设单位）共同确定位置后进行检查，并满足表 2-7 要求。

表 2-7　振冲法施工质量检验标准

项目	序号	检查项目	允许偏差或允许值		检查方法
			单位	数值	
主控项目	1	填料粒径	设计要求		抽样检查
	2	密实电流（黏性土）（功率 30kW 振冲器）	A	50~55	电流表读数
		密实电流（黏性土或粉土）（功率 30kW 振冲器）	A	40~50	电流表读数
		密实电流（其他类型振冲器）	A	1.5~2.0	电流表读数为空振电流
	3	地基承载力	设计要求		按规定方法
一般项目	1	填料含泥量	<5%		抽样检查
	2	振冲器喷水中心与孔径中心偏差	mm	≤50	用钢尺测量
	3	成孔中心与设计孔位中心偏差	mm	≤100	用钢尺测量
	4	桩体直径	mm	<50	用钢尺测量
	5	孔深	mm	±200	量测钻杆或用重锤测量

2.2 浅基础

一般工业与民用建筑在基础设计中多采用天然浅基础，常用的浅基础类型有条形基础、杯形基础、筏形基础和箱形基础等。

2.2.1 条形基础施工

条形基础包括柱下钢筋混凝土独立基础（图2-4）和墙下钢筋混凝土条形基础（图2-5）。条形基础的抗弯和抗剪性能良好，可在竖向荷载较大、地基承载力不高以及承受水平力和力矩等荷载情况下使用；因高度不受台阶宽高比的限制，故也适宜于需要"宽基浅埋"的场合下采用。

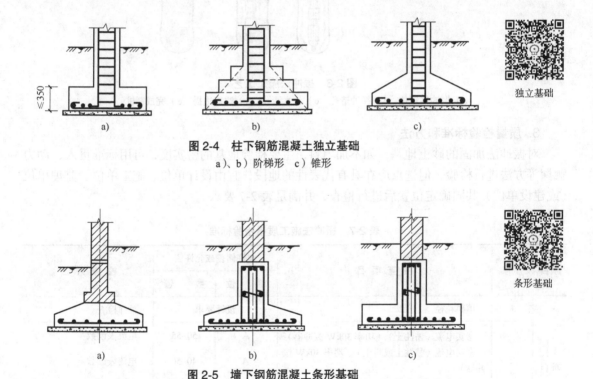

图 2-4 柱下钢筋混凝土独立基础

a）、b）阶梯形 c）锥形

图 2-5 墙下钢筋混凝土条形基础

a）板式 b）、c）梁、板结合式

条形基础施工要点如下：

1）基坑（槽）应进行验槽，局部软弱土层应挖去，用灰土或砂砾分层回填并夯实至与基底相平。基坑（槽）内的浮土、积水、淤泥、垃圾、杂物等应清除干净。验槽后应立即浇筑地基混凝土，以免地基土被扰动。

2）垫层达到一定强度后，在其上弹线、支模。铺放钢筋网片时底部用与混凝土保护层同厚度的水泥砂浆垫塞，以保证位置正确。

3）在浇筑混凝土前，应清除模板上的垃圾、泥土和钢筋上的油污等杂物，模板应浇水加以湿润。

4）基础混凝土宜分层连续浇筑完成。阶梯形基础的每一台阶高度内应分层浇捣，每浇筑完一层台阶应稍停 0.5~1.0h，待其初步沉实后再浇筑上一层台阶，以防止下层台阶混凝土溢出在上层台阶的根部出现"烂脖子"。浇筑完的台阶表面应基本抹平。

5）锥形基础的斜面部分模板应随混凝土浇捣分段支设并顶紧，以防模板上浮变形，边角处的混凝土应注意捣实。严禁采用斜面部分不支模而用铁锹拍实的错误施工方法。

6）基础上有插筋时要加以固定，保证插筋位置的正确，防止浇捣混凝土时发生移位。混凝土浇筑完毕，外露表面应覆盖浇水养护。

2.2.2 杯形基础施工

杯形基础常用作钢筋混凝土预制柱基础，基础中预留凹槽（即杯口），然后插入预制柱，临时固定后即可在四周空隙中灌注细石混凝土。其形式有一般杯口基础、双杯口基础和高杯口基础等（图 2-6）。

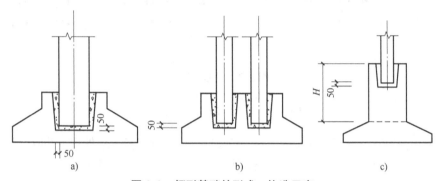

图 2-6 杯形基础的形式、构造示意
a）一般杯口基础 b）双杯口基础 c）高杯口基础
H—短柱高度

杯形基础除参照条形基础的施工要点外，还应注以下几点：

1）混凝土应按台阶分层浇筑，对高杯口基础的高台阶部分按整段分层浇筑。

2）杯口模板可做成二半式的定型模板，中间各加一块楔形板。拆模时，先取出楔形板；然后分别将两半杯口模板取出。为便于模板周转，宜做成工具式模板，支模时的杯口模板要固定牢固并压浆。

3）浇筑杯口混凝土时，应注意四侧要对称均匀进行，避免将杯口模板挤向一侧。

4）施工时应先浇筑杯底混凝土并振实，注意在杯底一般有 50mm 厚的细石混凝土找平层，应仔细留出。待杯底混凝土沉实后，再浇筑杯口四周混凝土。基础浇捣完毕，在混凝土初凝后、终凝前将杯口模板取出，并将杯口内侧表面混凝土凿毛。

5）施工高杯口基础时，可采用后安装杯口模板的方法施工，即当混凝土浇捣接近杯口底时，再安装和固定杯口模板，继续浇筑杯口四周混凝土。

2.2.3 筏形基础施工

筏形基础由钢筋混凝土底板、梁等组成，适用于地基承载力较低而上部结构荷载很大的场合。其外形和构造像倒置的钢筋混凝土楼盖，整体刚度较大，能有效地将各柱子的沉降调整得较为均匀。筏形基础一般可分为梁板式和平板式两类（图 2-7）。

筏形基础施工要点如下：

1）施工前，如地下水位较高，可采用人工降低地下水位至基坑底不少于 500mm，以保证在无水情况下进行基坑开挖和基础施工。

筏形基础

2）施工时，既可先在垫层上绑扎底板、梁的钢筋和柱子的锚固插筋，然后浇筑底板混凝土，待达到 25% 设计强度后再在底板上支梁模板，继续浇筑梁部分混凝土；也可将底板和梁模板一次同时支好，混凝土一次连续浇筑完成，梁侧模板采用支架支撑并固定牢固。

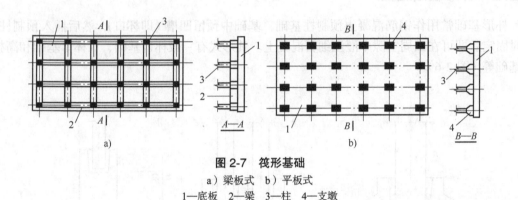

图 2-7 筏形基础

a）梁板式 b）平板式

1—底板 2—梁 3—柱 4—支墩

3）混凝土浇筑时一般不留施工缝，必须留设时，应按施工缝要求处理，并应设置止水带。

4）基础浇筑完毕，表面应覆盖并进行洒水养护，但要防止地基被水浸泡。

2.2.4 箱形基础施工

箱形基础是由钢筋混凝土底板、顶板、外墙以及一定数量的内隔墙构成的封闭箱体（图 2-8），基础中部可在内隔墙上开门洞作为地下室。该基础具有整体性好、刚度大、调整不均匀沉降能力及抗震能力强、可消除因地基变形使建筑物开裂的可能性、减少基底处原有地基自重应力、降低总沉降量等特点，适

箱形基础

用作软弱地基上的面积较小、平面形状简单、上部结构荷载较大且分布不均匀的高层建筑物的基础，以及对沉降有严格要求的设备基础或特种构筑物基础。

箱形基础施工要点如下：

1）基坑开挖时，如地下水位较高，应采取措施降低地下水位至基坑底以下 500mm 处，并尽量减少对基坑底土的扰动。当采用机械开挖基坑时，位于基坑底面以上 200~400mm 厚的土层应用人工挖除并清理干净，基坑验槽后应立即进行基础施工。

2）施工时，基础底板、内外墙和顶板的支模，钢筋绑扎和混凝土浇筑，可采取分块进行，其施工缝的留设位置和处理应符合钢筋混凝土工程施工及验收规范的有关要求，外墙接缝应设止水带。

3）基础的底板、内外墙和顶板宜连续浇筑完毕。为防止出现温度收缩裂缝，一般应设置贯通后浇带，后浇带宽度不宜小于 800mm，在后浇带处钢筋应贯通。顶板浇筑后，相隔 2~4 周，再用比设计强度提高一级的细石混凝土将后浇带填灌密实，并加强养护。

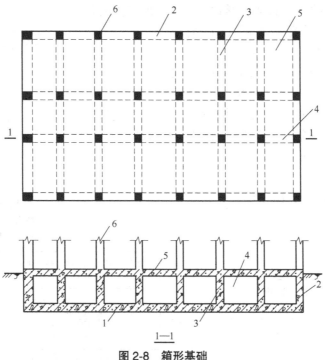

图 2-8　箱形基础
1—底板　2—外墙　3—内墙隔墙　4—内纵隔墙　5—顶板　6—柱

4）基础施工完毕，应立即进行回填土作业。停止降水时，应验算基础的抗浮稳定性，抗浮稳定系数不宜小于 1.2；如不能满足时，应采取有效措施（例如继续抽水），直至上部结构荷载能满足抗浮稳定系数要求为止；或在基础内采取灌水或加重物等方法，防止基础上浮或倾斜。

2.3　桩基础

桩是深入土层的柱状构件，桩与连接桩顶的承台组成深基础，称为桩基础。其作用是将上部结构的荷载，通过较软弱地层传递到深部较坚硬的、压缩性较小的土层或岩层。

在一般房屋基础工程中，桩主要承受垂直的轴向荷载，但在河港、桥梁、高耸的塔形建筑、近海钻采平台、支挡建筑以及抗震建筑等工程中，桩还需承受来自侧向的风力、波浪作用力、土压力和地震作用力等水平荷载。桩基础通过作用于桩端的地层阻力和桩周围的摩阻力来支撑轴向荷载，依靠桩侧土层的侧向阻力来支撑水平荷载。

2.3.1　桩基础工程基本知识

1. 基本概念

由桩身和连接于桩顶的承台共同组成，用以承受和传递上部荷载的基础形式，称为桩基础。

桩基础是常用的一种深基础形式。当浅层地基土的强度和变形不能满足设计要求时，往往采用桩基础。

2. 桩基础的组成

桩基础由承台和桩身两大部分组成（图2-9）。

1）承台：承受全部结构的质量，并把荷载传递给桩。

2）桩身：是基础中的柱状构件，其作用在于穿过软弱土层，把承台传来的全部荷载传递到较坚硬、较密实、压缩性较小的土层或岩石上。

3. 桩基础的分类

桩基础的分类如图2-10所示。

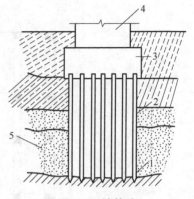

图2-9 桩基础

1—持力层 2—桩身 3—承台
4—上部建筑物 5—软弱层

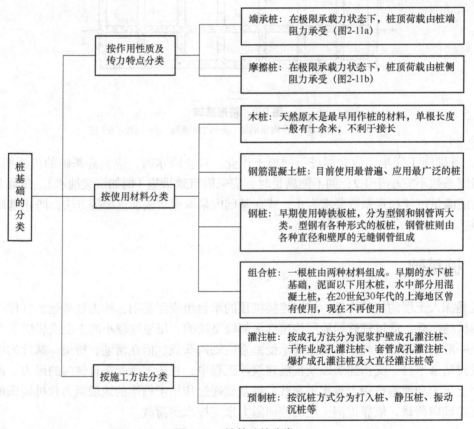

图2-10 桩基础的分类

2.3.2 钢筋混凝土预制桩施工

钢筋混凝土预制桩施工的施工方法主要有打入法和静压法。打入法（锤击法）是指利用桩锤落到桩顶上的冲击力来克服土对桩的阻力，使桩沉到预定的深度或达到持力层。静压法是指利用无噪声、无振动的静压力将桩压入土中，常用于土质均匀的软土地基的沉桩施工。

静力压桩

1. 施工准备

1）场地平整及周边障碍物处理。

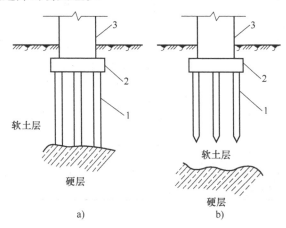

图 2-11 端承桩与摩擦桩

a）端承桩　b）摩擦桩

1—桩　2—承台　3—上部结构

2）定桩位及埋设水准点。依据施工图设计要求，把桩基础定位轴线的位置在施工现场准确地测定出来，并做出明显的标志。在打桩现场附近设置 2~4 个水准点，用于抄平场地和作为检查桩入土深度的依据。桩基础定位轴线的定位点及水准点，应设置在不受打桩影响的地方。

3）桩帽、垫衬和送桩设备准备。

2. 桩的制作、运输、堆放

（1）预制桩的制作场地　管桩及长度在 10m 以内的方桩在预制厂制作，更长的方桩在打桩现场制作。

（2）预制桩的模板制作　桩顶面模板应与桩的轴线垂直；桩尖四棱锥面应呈正四棱锥体，且桩尖位于桩的轴线上；底模板、侧模板及采用叠层法生产时，各桩面之间均应涂刷隔离层，不得黏结。

（3）预制桩的钢筋骨架制作　钢筋骨架的主筋连接宜采用对焊；主筋接头配置在同一截面内的数量不超过接头总数的 50%；同一根钢筋两个接头的距离应大于 30 倍的钢筋直径并不小于 500mm。桩顶和桩尖直接受到冲击力易产生很高的局部应力，故桩顶和桩尖钢筋应作特殊处理。

（4）预制桩的混凝土浇筑　混凝土制作宜用机械搅拌、机械振捣；浇筑混凝土过程中应严格保证钢筋位置正确，桩尖应对准纵轴线，纵向钢筋顶部保护层不宜过厚，钢筋网片的距离应正确，以防锤击时桩顶被破坏及桩身混凝土发生剥落破坏。采用叠层法生产时，上层桩和邻桩浇筑，必须在下层和邻桩的混凝土强度达到设计强度的 30% 以后才能进行。浇筑完毕后，立即加强养护，防止由于混凝土收缩产生裂缝，养护时间不少于 7d。

（5）预制桩的质量检验　预制桩的质量检验见表 2-8。

（6）预制桩的吊装强度　钢筋混凝土预制桩应达到设计强度的 70% 后才可起吊；达到 100% 设计强度后才能运输和打桩。若提前吊运，必须采取措施并经过验算合格后方可进行。

（7）预制桩的起吊搬运　预制桩的起吊搬运如图 2-12 所示。

表2-8　预制桩的质量检验

序号	检 查 项 目		允许偏差或允许值		检 查 方 法
1	砂、石、水泥、钢筋等原材料		符合设计要求		抽样送检
2	混凝土配合比及强度		符合设计要求		检查称量记录及试块记录
3	成品桩外形		表面平整、颜色均匀、掉角深度<10mm，蜂窝面积小于总面积的0.5%		外观检查
4	成品桩裂缝		深度<20mm，宽度<0.25mm，横向裂缝不超过边长的一半		裂缝测定仪
5	成品桩尺寸	横截面边长	mm	±5	用钢尺测量
		桩顶对角线差	mm	<10	用钢尺测量
		桩尖中心线	mm	<10	用钢尺测量
		桩身弯曲矢高	—	<L/1000	用钢尺测量
		桩顶平整度	mm	<2	用钢尺测量

注：L 为桩长。

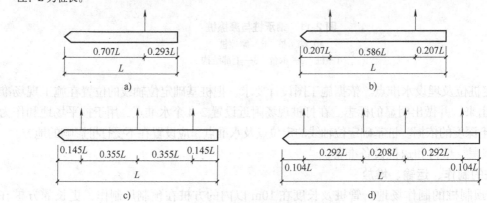

图2-12　预制桩的起吊搬运

a）1个吊点　b）2个吊点　c）3个吊点　d）4个吊点

注：L 为桩长。

3. 打入法施工工艺

打入法是钢筋混凝土预制桩常用的沉桩方法，它施工速度快、机械化程度高、适用范围广；但施工时有冲撞噪声和振动荷载，在城区和夜间施工有所限制。

（1）打桩设备及选择

1）桩锤：桩锤可选用落锤、蒸汽锤、柴油锤和振动锤。锤重的选择应根据地质条件、工程结构、桩的类型、桩的密集程度及施工条件等选用。

2）桩架：根据桩的长度、桩锤的高度及施工条件等选择桩架并确定桩架高度。桩架高度＝桩长＋桩锤高度＋滑轮组高。履带式桩架如图2-13所示。

3）动力装置：打桩机械的动力装置是根据所选桩锤确定的。

（2）打桩顺序的确定　根据桩的密集程度（桩距大小）、

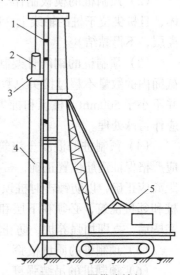

图2-13　履带式桩架

1—导架　2—桩锤　3—桩帽　4—桩
5—起重机

桩的规格、桩的长度、桩的设计标高、工作面布置、工期要求等综合考虑打桩顺序（图2-14）。根据基础的设计标高和桩的规格，宜按先深后浅、先大后小、先长后短的顺序进行打桩。

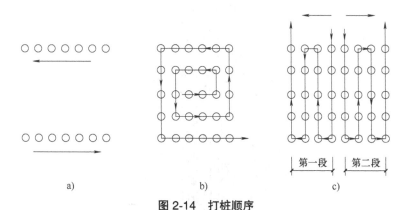

a)　　　　　　　　b)　　　　　　　　c)

图 2-14　打桩顺序
a）逐排打设　b）自中部向四周打设　c）由中间向两侧打设

（3）打桩　打桩施工工艺流程：就位→移桩架于桩位处→用卷扬机提升桩→桩送入龙门导管内，安放桩尖→桩顶放置弹性垫层→放桩帽和垫木→试打。

打桩机就位时，桩架应垂直平稳，导杆中心线与打桩方向应一致。桩开始打入时，应控制锤的落距，应采用短距轻击的方式施工；待桩入土一定深度（1~2m）并稳定以后，再以规定落距施打。

（4）打桩施工常见问题的分析

1）桩顶破碎：桩顶钢筋网片配置不当、混凝土保护层过厚、桩顶平面与桩的中心轴线不垂直及桩顶不平整等制作质量问题都会引起桩顶破碎。在沉桩工艺方面，若桩垫材料选择不当、厚度不足，桩锤施打偏心或施打落距过大等也会引起桩顶破碎。

2）桩身被打断：制作时，桩身有较大的弯曲凸肚，局部混凝土强度不足；在沉桩时桩尖遇到硬土层或孤石等障碍物，增大落距，反复过度冲击等都可能引起桩身断裂。

3）桩身位移、扭转或倾斜：桩尖四棱锥制作偏差较大，桩尖与桩中心线不重合的制作原因；桩架倾斜，桩身与桩帽、桩锤不在同一垂线上的施工操作原因；桩尖遇孤石等都会引起桩身位移、扭转或倾斜。

4）桩锤回跃，桩身回弹严重：桩锤过轻，能引起较大的桩锤回跃；桩尖遇到坚硬的障碍物时，桩身会严重回弹。

4. 静压法施工工艺

（1）特点及原理　静压法是指在软土地基上，利用静力压桩机或液压压桩机施加无振动的静压力（自重和配重）将预制桩压入土中，在我国沿海软土地基上有较为广泛的应用。与打入法相比，它具有施工无噪声、无振动、节约材料、降低成本、提高施工质量、沉桩速度快等特点，特别适宜于扩建工程和城市内桩基础工程施工。其工作原理是通过安置在压桩机上的卷扬机的牵引，由钢丝绳、滑轮及压梁将整个桩机的自重力（800~1500kN）反压在桩顶上，以克服桩身下沉时与土的摩擦力，迫使预制桩下沉。

（2）压桩机械设备　压桩机有两种类型：一种是机械静力压桩机（图2-15），另一种是液压静力压桩机（图2-16）。

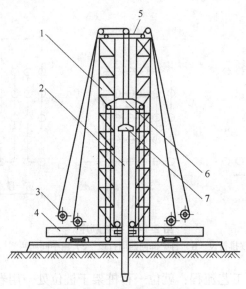

图2-15　机械静力压桩机
1—桩架　2—桩　3—卷扬机　4—底盘
5—顶梁　6—压梁　7—桩帽

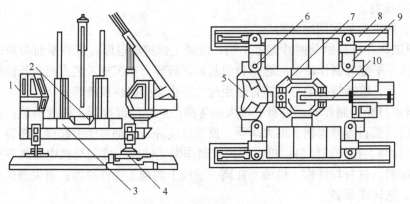

图2-16　液压静力压桩机
1—操作室　2—夹持与压桩机构　3—配重铁块　4—回转机构　5—电控系统
6—液压系统　7—导向架　8—行走机构　9—支腿式底盘结构　10—液压起重机

（3）压桩工艺方法

1）静压法的施工程序为：测量定位→桩机就位→吊桩、插桩→桩身对中调直→静压沉桩→接桩→再静压沉桩→终止压桩→切割桩头。

2）压桩方法。用起重机将预制桩吊运或用汽车运至桩机附近，再利用桩机自身设置的起重机将其吊入夹持器中，夹持液压缸将桩从侧面夹紧，压桩液压缸做伸程动作，把桩压入土层中。伸长完成后，夹持液压缸回程松夹，压桩液压缸回程，重复上述动作，可实现连续压桩操作，直至把桩压入预定深度土层中。

3）桩拼接的方法。钢筋混凝土预制长桩在起吊、运输时受力极为不利，因而一般先将长桩分段预制，然后在施工过程中接长。常用的接头拼接方法有以下两种：

① 浆锚接头（图2-17）：用硫黄水泥或环氧树脂配制成黏结剂，把上段桩的预留插筋黏结于下段桩的预留孔内。

② 焊接接头（图2-18）：在每段桩的端部预埋角钢或钢板，施工时与上下段桩身相接触，用扁钢贴焊连成整体。

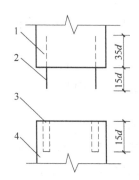

图2-17 桩拼接的浆锚接头
1—上节桩 2—锚筋 3—锚筋孔
4—下节桩
注：d 为钢筋直径。

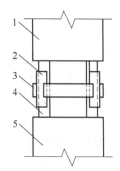

图2-18 桩拼接的焊接接头
1—上节桩 2—连接角钢 3—拼接板
4—与主筋连接的角钢 5—下节桩

（4）压桩施工要点

1）压桩应连续进行，因故停歇时间不宜过长，否则压桩力将大幅度增长而导致桩压不下去或桩机被抬起。

2）压桩的终压控制很重要。一般对于纯摩擦桩，终压时以设计桩长为控制条件；对长度大于21m的端承摩擦型静压桩，应以设计桩长控制为主，终压力值作对照；对一些设计承载力较高的桩基础，终压力值宜尽量接近压桩机满载值；对14~21m长度的静压桩，应以终压力达满载值为终压控制条件；对桩周土质较差且设计承载力较高的桩基础，宜复压1~2次为佳；对长度小于14m的桩，宜连续多次复压，特别是对长度小于8m的短桩，连续复压的次数应适当增加。

3）静力压桩的单桩竖向承载力，可通过桩的终止压力值大致判断。如判断的终止压力值不能满足设计要求，应立即采取送桩加深处理或补桩，以保证桩基础的施工质量。

2.3.3 灌注桩施工

现浇混凝土桩（灌注桩）是一种直接在现场桩位上使用机械或人工等方法成孔，然后在孔内安装钢筋笼，浇筑混凝土制成的桩。按其成孔方法不同，可分为钻孔灌注桩、沉管灌注桩、人工挖孔灌注桩等。

1. 钻孔灌注桩

钻孔灌注桩是指利用钻孔机械钻出桩孔，并在孔中浇筑混凝土（或先在孔中吊放钢筋笼）制成的桩。根据钻孔机械的钻头是否在土壤的含水层中施工，又分为泥浆护壁成孔和干作业成孔两种施工方法。

（1）泥浆护壁成孔灌注桩　泥浆护壁成孔灌注桩适用于地下水位较高的地质条件，按设备不同有冲抓成孔法、冲击回转钻成孔法及潜水钻成孔法，前两种方法适用于碎石土、砂土、黏性土及风化岩地基；后一种方法则适用于黏性土、淤泥、淤泥质土及砂土地基。

正循环钻孔
灌注桩施工

钻机钻孔前，应做好场地平整、挖设排水沟、设泥浆池制备泥浆、做试桩成孔、设置桩基础轴线定位点和水准点、放线定桩位及其复核等施工准备工作。钻孔时，先安装桩架及水泵设备，桩位处挖土埋设孔口护筒，起定位、保护孔口、存储泥浆等作用。桩架就位后，钻机进行钻孔。钻孔时应在孔中注入泥浆，并始终保持泥浆液面高于地下水位 1.0m 以上，起护壁、携渣、润滑钻头、降低钻头温度、减少钻进阻力等作用。如在黏土、亚黏土地层中钻孔时，可注入清水以原土造浆护壁、排渣。钻孔进尺速度应根据土层类别、孔径、钻孔深度和供水量确定，对于淤泥和淤泥质土不宜大于 1m/min，其他土层以钻机不超负荷为准，风化岩或其他硬土层以钻机不产生跳动为准。

反循环钻孔
灌注桩施工

钻孔深度达到设计要求后，必须进行清孔。对以原土造浆的钻孔，可使钻机空转不进尺，同时注入清水，等孔底残余的泥块已磨成浆，排出泥浆密度降至 1.1g/cm³ 左右时（以手触泥浆无颗粒感觉），即可认为清孔已合格。对注入制备泥浆的钻孔，可采用换浆法清孔，至换出泥浆密度小于 1.25g/cm³ 为合格。

清孔完毕后，应立即吊放钢筋笼和浇筑水下混凝土。钢筋笼埋设前应在其上设置定位钢筋环、混凝土垫块或在孔中对称设置 3~4 根导向钢筋，以确保保护层厚度。水下浇筑混凝土通常采用导管法施工。

（2）干作业成孔灌注桩　干作业成孔灌注桩适用于地下水位以上的干土层中桩基础的成孔施工。

钻机钻孔前，应做好现场准备工作，钻孔场地必须平整、碾压或夯实，雨期施工时需要加生石灰碾压以保证钻孔行车安全。钻机按桩位就位时，钻杆要垂直对准桩位中心，放下钻机使钻头触及土面。钻孔时，开动转轴旋动钻杆钻进，钻进时要先慢后快，避免钻杆发生摇晃，并随时检查钻孔偏移，有问题应及时纠正。施工中应注意钻头在穿过软、硬土层交界处时应保持钻杆垂直，要缓慢进尺。在含砖头、瓦块的杂填土或含水率较大的软塑黏性土层中钻进时，应尽量减小钻杆晃动，以免扩大孔径及增加孔底虚土。当出现钻杆跳动、机架摇晃、钻不进等异常现象时，应立即停钻检查。钻进过程中应随时清理孔口积土，遇到地下水、缩孔、坍孔等异常现象时，应会同有关单位研究处理。

钻孔至要求深度后，如孔底虚土超过允许厚度，可用钻机在原处空转清土，然后停止回转，提升钻杆卸土。也可用辅助掏土工具或二次投钻清底。清孔完毕后应用盖板盖好孔口。

桩孔钻成并清孔后，先吊放钢筋笼，后浇筑混凝土。为防止孔壁坍塌及避免雨水冲刷，成孔经检查合格后，应及时浇筑混凝土。若土层较好且没有雨水冲刷，从成孔至混凝土浇筑的时间间隔不得超过 24h。灌注桩的混凝土强度等级不得低于 C15，坍落度一般采用 80~100mm；混凝土应连续浇筑、分层捣实，每层的高度不得大于 1.50m。当混凝土浇筑到桩顶时，应适当超过桩顶标高，以保证在凿除浮浆层后，使桩顶标高和质量能符合设计要求。

（3）施工中常遇问题及处理

1）孔壁坍塌。钻孔过程中，如发现排出的泥浆中不断出现气泡，或泥浆突然漏失，这表示有孔壁坍塌现象。孔壁坍塌的主要原因是土质松散，泥浆护壁不好，护筒周围未用黏土紧密填封以及护筒内水位不高。钻进时如出现孔壁坍塌，首先应保持孔内水位并加大泥浆比重以稳定钻孔的护壁。如坍塌严重，应立即回填黏土，待孔壁稳定后再钻。

2）钻孔偏斜。钻杆不垂直，钻头导向部分压短、导向偏差，土质软硬不一，或者遇到孤石等，都会引起钻孔偏斜。防治措施有：除严格要求钻头加工精确及钻杆安装垂直度外，操作时还要注意经常观察，钻孔偏斜时，可提起钻头，上下反复扫钻几次，以便削去硬土；如纠正无效，应往孔中回填黏土至偏斜处 0.5m 以上，再重新钻进。

3）孔底虚土。干作业施工中，由于钻孔机械结构所限，孔底常残存一些虚土，它来自扰动了的残存土、孔壁落土以及孔口落土。施工时，孔底虚土较规范要求多时必须清除干净，以免影响承载力。目前常用的治理虚土的方法是用 20kg 重铁饼人工辅助夯实，但效果不理想。也可用孔底夯实机夯实。

4）断桩。水下灌注混凝土桩的质量除混凝土本身质量外，是否断桩也是鉴定其质量的关键，预防时要注意三方面问题：一是力争首批混凝土浇灌一次成功；二是分析地质情况，研究解决对策；三是要严格控制现场混凝土配合比。

2. 沉管灌注桩

沉管灌注桩是指利用锤击打桩法或振动打桩法，将带有活瓣式桩靴或预制钢筋混凝土桩尖的钢管沉入土中，然后边浇筑混凝土（或先在管内放入钢筋笼）边锤击或振动拔管制成。前者称为锤击沉管灌注桩，后者称为振动沉管灌注桩。

（1）锤击沉管灌注桩　锤击沉管灌注桩采用落锤、蒸汽锤或柴油锤将钢套管沉入土中成孔，然后灌注混凝土或钢筋混凝土，抽出钢管制成。

施工时，先将桩机就位，吊起桩管，垂直套入预先埋好的预制混凝土桩尖，压入土中。桩管与桩尖接触处应垫以稻草绳或麻绳垫圈，以防地下水渗入管内。当检查桩管与桩锤、桩架等在同一垂直线上（偏差 ≤ 0.5%），即可在桩管上扣上桩帽，起锤沉管。先用低锤轻击，观察无偏移后方可进入正常施工，直至符合设计要求深度；然后检查管内有无泥浆或水进入，无异常后即可灌注混凝土。桩管内混凝土应尽量灌满，然后开始拔管。拔管要均匀，第一次拔管高度控制在能容纳第二次所需灌入的混凝土量以内，不宜拔管过高。拔管时应保持连续密锤低击不停，并控制拔出速度，对一般土层，以不大于 1m/min 为宜；在软弱土层与软硬土层的交界处，应控制在 0.8m/min 以内。桩锤冲击频率根据锤的类型确定：单动蒸汽锤采用倒打拔管，桩锤冲击频率不低于 70 次/min，自由落锤轻击不得少于 50 次/min。在管底未拔到桩顶设计标高之前，倒打或轻击不得中断。拔管时应注意使管内的混凝土量保持略高于地面，直到桩管全部拔出地面为止。

上面所述的施工工艺称为单打灌注桩施工。为了提高桩的质量和承载能力，常采用复打扩大灌注桩。其施工方法是在第一次单打法施工完毕并拔出桩管后，清除桩管外壁上和桩孔周围地面上的污泥，立即在原桩位上再次安放桩尖，再作第二次沉管，使未凝固的混凝土向四周挤压扩大桩径；然后灌注第二次混凝土，拔管方法与第一次相同。复打施工时要注意前后两次沉管的轴线应重合，复打必须在第一次灌注的混凝土初凝之前进行。

（2）振动沉管灌注桩　振动沉管灌注桩采用激振器或振动冲击锤将钢套管沉入土中成孔制成，其沉管原理与振动沉桩完全相同。振动沉管灌注桩桩机如图 2-19 所示。

施工时，先安装好桩机，将桩管下端活瓣合起来之后对准桩位，徐徐放下桩管压入土中，注意不得偏斜，即可开动激振器开始沉管。当桩管下沉到设计要求的深度后停止振动，立即利用混凝土吊斗向管内灌满混凝土，并再次开动激振器边振动边拔管，同时在拔管过程中继续向管内浇筑混凝土。如此反复进行，直至桩管全部拔出地面后即形成混凝土桩身。

振动沉管灌注桩可采用单振法、反插法或复振法施工。

1）单振法。在沉入土中的桩管内灌满混凝土，开动激振器 5~10s，开始拔管，边振边拔；每拔 0.5~1.0m 就停拔振动 5~10s，如此反复，直到桩管全部拔出。在一般土层内的拔管速度宜为 1.2~1.5m/min；在较软弱土层中，拔管速度不得大于 0.8m/min。单振法施工速度快，混凝土用量少；但桩的承载力较低，适用于含水率较少的土层。

2）反插法。在桩管内灌满混凝土后，先振动，再开始拔管。每次拔管高度为 0.5~1.0m，向下反插深度为 0.3~0.5m，如此反复进行并始终保持振动，直至桩管全部拔出地面。反插法能扩大桩的截面，从而提高桩的承载力；但混凝土用量较大，一般适用于饱和软土层。

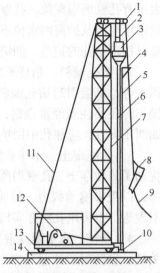

图 2-19　振动沉管灌注桩桩机
1—导向滑轮　2—滑轮组　3—激振器　4—混凝土漏斗　5—桩管　6—加压钢丝绳　7—桩架　8—混凝土吊斗　9—回绳　10—桩尖　11—揽风绳　12—卷扬机　13—钢管　14—枕木

3）复振法。复振法的施工方法及要求与锤击沉管灌注桩的复打法相同。

（3）施工中常遇问题及处理

1）断桩。断桩一般发生在地面以下软、硬土层的交接处，并多数发生在黏性土中，砂土及松土中则很少出现。产生断桩的主要原因是桩距过小，受邻桩施打时挤压的影响；桩身混凝土终凝不久就受到振动和外力作用；软、硬土层之间传递水平力的大小不同，对桩产生剪应力等。处理方法是经检查有断桩后，应将断桩段拔去，略增大桩的截面面积或加装箍筋后，再重新浇筑混凝土。或者在施工过程中采取预防措施，如施工中控制桩中心距不小于 3.5 倍桩径，采用跳打法或控制时间间隔的方法，使邻桩混凝土达设计强度等级的 50% 后再施打中间的桩等。

2）瓶颈桩。瓶颈桩是指桩的某处直径缩小形似"瓶颈"，其截面面积不符合设计要求。瓶颈桩多数发生在黏性土土层，以及土质软弱、含水率高，特别是饱和的淤泥或淤泥质软土层中。产生瓶颈桩的主要原因是在含水率较大的软弱土层中沉管时，土受挤压产生很高的孔隙水压，拔管后便挤向新灌的混凝土中造成缩颈。拔管速度过快，混凝土用量偏少、和易性差、出管后扩散性差等原因也会造成缩颈现象。处理方法是施工中应保持管内混凝土略高于地面，使其有足够的扩散压力；拔管时采用复打法或反插法，并严格控制拔管速度。

3）吊脚桩。吊脚桩是指桩的底部混凝土隔空或混进泥沙后形成松散层部分。其产生的主要原因是预制钢筋混凝土桩尖承载力或钢活瓣桩尖刚度不够，沉管时被破坏或变形，使得水或泥沙进入桩管；拔管时桩靴未脱出或活瓣未张开，混凝土未及时从管内流出等。处理方法是应拔出桩管，填砂后重打；或者采取密振慢拔的施工方法，开始拔管时先反插几次，之后再正常拔管。

4）桩尖进水进泥。桩尖进水进泥常发生在地下水位较高或含水率较大的淤泥和粉泥土土层中。产生的主要原因是钢筋混凝土桩尖与桩管的接合处或钢活瓣桩尖闭合不紧密；钢筋混凝土桩尖被打破或钢活瓣桩尖变形等。处理方法是将桩管拔出，清除管内泥沙，修整桩尖钢活瓣的变形缝隙，用砂回填桩孔后再重打；若地下水位较高，待沉管至地下水位时，先在桩管内灌入 0.5m 厚度的水泥砂浆作封底，再灌入 1m 高度的混凝土增压，然后再继续下沉桩管。

学 习 鉴 定

思维导图

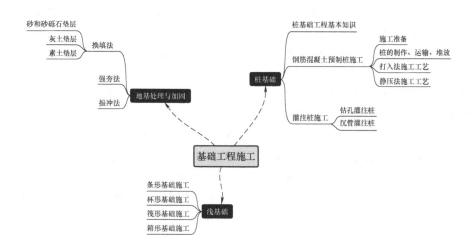

一、名词解释

1. 换填法
2. 振冲地基
3. 桩基础
4. 现浇混凝土桩
5. 钻孔灌注桩
6. 沉管灌注桩

二、填空题

1. 常用的人工地基处理方法有_____、_____、_____、_____、_____、_____、_____等。

2. 强夯法施工中，夯点的平面布置应根据建筑物的基底平面形状确定，常采用_____、_____或_____布置。

3. 常用的浅基础类型有_____、_____、_____和_____等。

4. 桩基础由_____和_____两大部分组成。

5. 钢筋混凝土预制桩施工的施工方法主要有_____和_____。

6. 现浇混凝土桩按其成孔方法不同，可分为_____、_____、_____等。

三、问答题

1. 简述强夯法施工工艺顺序。
2. 简述桩基础的分类。
3. 简述静力压桩施工的特点及原理。
4. 简述静力压桩的施工程序。
5. 钻孔灌注桩施工过程中常见的问题有哪些？简述其处理方法。

拓展知识

新工艺——水泥土复合管桩

2020 年 5 月，广西基础勘察工程有限责任公司承接的北海阳光城·悦江海项目三期（3#、9#、幼儿园、水泵房）桩基础工程正式开工。该项目位于北海市银海区海景大道北侧，临近海边。其中，3# 楼楼高 43 层，设地下室一层。

项目若采用传统的单一地基处理方式、常规混凝土灌注桩或预应力管桩施工，无法取得理想的技术、经济效益。为此，公司首次采用水泥土复合管桩（图 2-20），有效地提高了单桩承载力，减小了桩的沉降，节约了项目成本。据悉，水泥土复合管桩是采用高喷搅拌法施工的水泥土桩，在水泥土初凝前将管桩同心植入水泥土桩中，至设计标高后形成复合桩。

为了进一步熟悉这项工艺，公司组建了施工经验丰富、专业知识过硬的项目部，委派项目管理人员 6 人，施工工人 30 余人，投入 LGZ-40 型钻机 2 台、筒式柴油打桩锤 1 台、ZYJ960 型静压桩机 1 台、BZ30 水泥搅拌系统一套、注浆泵 2 台以及一系列配套设备。通过查询施工规范，结合前期试桩的参数，吸取"融创中国西南区域集团北海中加项目 3#、5# 楼水泥土复合管桩试桩"和"北海福达农产品冷链物流园 E1 冷库桩基工程"项目经验，项目部编制了完善的施工方案，对施工流程和工艺参数做了详尽的规定，对施工过程中出现的问题做了紧急预案，确保项目正常运行，取得了理想的技术、经济效益。

图 2-20　水泥土复合管桩施工

钢筋混凝土结构工程施工

素养目标：

逐步培养学生良好的职业素养，爱岗敬业，树立正确的世界观、人生观、价值观；加强学生社会公德认知，培养学生民族自豪感和自尊心。

教学目标：

1. 掌握模板工程的施工工艺和检查验收要求，能够进行模板工程验收工作。
2. 掌握钢筋工程的施工工艺和检查验收要求，能够进行钢筋工程验收工作，能计算简单构件的钢筋下料长度，会编制钢筋绑扎施工方案。
3. 掌握混凝土工程的施工工艺和检查验收要求，能进行混凝土工程质量控制和验收，会编制混凝土浇筑施工方案和常见质量通病防治措施及处理方案。

问题引入：

混凝土结构是以混凝土为主要材料制成的结构，按施工方法可以分为现浇混凝土结构和装配式混凝土结构。混凝土结构子分部工程主要有模板工程、钢筋工程、混凝土工程、预应力工程等。在学习钢筋混凝土结构工程施工前，先思考以下问题：

1. 模板的种类有哪些？各有何特点？
2. 如何计算钢筋下料长度？如何编制钢筋配料单？钢筋加工工序以及绑扎、安装的要求有哪些？
3. 混凝土浇筑的基本要求有哪些？施工缝留设有何要求？继续浇筑混凝土时，对施工缝如何处理？

3.1 模板工程

模板是指使钢筋混凝土结构和构件按所要求的几何尺寸成型的模型板。模板工程的工程量很大，材料和劳动力消耗较多，正确选择模板的形式、材料，以及合理组织施工对加快施工速度和降低工程造价具有重要意义。

3.1.1 模板的种类

1. 木模板

木模板一般是在木工车间或木工棚加工成基本组件（拼板），然后在现场进行拼板（拼装）。拼板（图 3-1）由板条用拼条钉成，板条厚度一般为 25~50mm，宽度不宜超过 200mm（工具式模板不超过 150mm）。拼板的拼条根据受力情况既可以平放也可以立放。拼条间距取决于所浇筑混凝土的侧压力和板条厚度，一般为 400~500mm。

2. 组合钢模板

组合钢模板由钢模板和配件两大部分组成，它可以拼成不同尺寸、不同形状的模板，以适应基础、柱、梁、板、墙施工的需要。组合钢模板尺寸适中、轻便灵活、装拆方便，既适用于人工装拆，也可预拼成大模板、台模等，然后用起重机吊运安装。

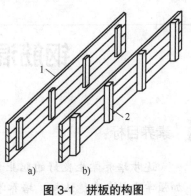

图 3-1 拼板的构图
a）拼条平放　b）拼条立放
1— 板条　2— 拼条

（1）钢模板　钢模板有通用模板和专用模板两类。通用模板包括平面模板、阴角模板、阳角模板和连接角模板；专用模板包括倒棱模板、梁腋模板、柔性模板、搭接模板、可调模板及嵌补模板。

（2）钢模配板　采用组合钢模板时，同一构件的模板展开可用不同规格的钢模板作多种方式的组合排列，因而可形成不同的配板方案。配板方案对支模效率、工程质量和工程经济效益有一定影响。合理的配板方案应是钢模板块数少、木模板嵌补量少，并能使支撑件布置简单、受力合理。

（3）支撑件　支撑件包括柱箍、梁托架、钢楞、桁架、钢管顶撑及钢管支架。

3. 大模板

大模板是一种大尺寸的工具式定型模板（图 3-2），一般一块墙面用一二块大模板。因其质量大，需起重机配合施工。

大模板施工关键在于模板制作，一块大模板由面板、加劲肋、竖楞、支撑机构、稳定机构及附件组成。

1）面板要求平整、刚度好，平整度按中级抹灰质量要求确定。

2）加劲肋的作用是固定面板，阻止其变形，并把混凝土传来的侧压力传递到竖楞上。

3）竖楞是与加劲肋相连接的竖直部件，它的作用是加强模板刚度，保证模板的几何形状，并作为穿墙螺栓的固定支点，承受由模板传来的水平力和垂直力。

4）支撑机构主要承受风荷载和偶然的水平力，防止模板倾覆。支撑机构一般用螺栓或竖楞连接在一起，以加强模板的刚度。

5）大模板的附件有操作平台、穿墙螺栓和其他附属连接件。

大模板也可用组合钢模板拼成，用完后拆卸下来仍可用于其他构件。

4. 早拆模板

早拆模板是指通过合理地支设模板，将较大跨度的楼盖通过增加支撑点（支柱）的形式缩小楼盖的跨度（≤2m），从而达到"早拆模板，后拆支柱"的目的。这样，可使龙骨和模板的周转速度加快，模板一次配置量可减少1/20~1/3。

滑升模板

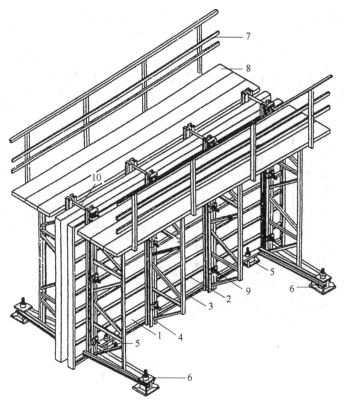

图3-2　大模板构造示意

1—面板　2—水平加劲肋　3—支撑桁架　4—竖楞　5—调整水平度的螺旋千斤顶
6—调整垂直度的螺旋千斤顶　7—栏杆　8—脚手板　9—穿墙螺栓　10—固定卡具

5. 滑升模板

滑升模板是一种工具式模板，适用于现场浇筑高耸的圆形结构、矩形结构、筒壁结构。滑升模板可以节约大量的模板材料和脚手架材料，可节省劳动力，并且施工速度快、工程费用较低、结构整体性较好；但模板一次投资多，钢材用量大，对建筑的立面和造型有一定的限制。

滑升模板由模板系统、操作平台系统和提升机具系统三部分组成。模板系统包括模板、围圈和提升架等，它的作用主要是成型混凝土。操作平台系统包括操作平台、辅助平台和外吊脚手架等，是施工操作的场所。提升机具系统包括支撑杆、千斤顶和提升操纵装置等，是滑升的动力。上述三个组成部分通过提升架连成整体，构成整套滑升模板装置，如图3-3所示。

6. 永久性模板

永久性模板在钢筋混凝土结构施工时起模板作用，而当浇筑的混凝土凝结后，模板不再取出，成为结构本身的组成部分。

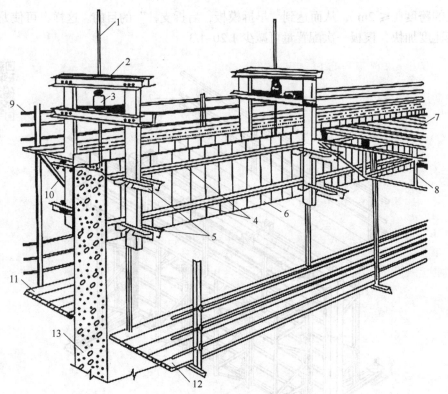

图 3-3　滑升模板组成示意

1—支撑杆　2—提升架　3—液压千斤顶　4—围圈　5—围圈支托　6—模板　7—操作平台　8—平台桁架
9—栏杆　10—外排三脚架　11—外吊脚手架　12—内吊脚手架　13—混凝土墙体

3.1.2　模板拆除

现浇钢筋混凝土结构模板的拆除日期取决于结构的性质、模板的用途和混凝土硬化速度。

1. 模板拆除的规定

1）非承重模板（如侧板），应在混凝土强度能保证其表面及棱角不因拆除模板而受损坏时，方可拆除。

2）承重模板应在与结构同条件养护的试块达到表 3-1 规定的强度后方可拆除。

表 3-1　承重模板拆除时所需的混凝土强度

项　次	结　构　类　型	结构跨度 /m	达到设计混凝土强度等级值的百分率（%）
1	板	≤ 2	≥ 50
		>2，≤ 8	≥ 75
		>8	≥ 100
2	梁、拱、壳	≤ 8	≥ 75
		>8	≥ 100
3	悬臂梁构件	—	≥ 100

注：如需预先估计拆模时间，可参考图 3-4。

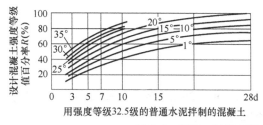 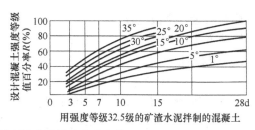

图 3-4　温度—龄期对混凝土强度的影响参考曲线

3）在拆除模板过程中，如发现混凝土有影响结构安全的质量问题时，应暂停拆除。经过处理后无质量问题，方可继续拆除。

4）已拆除模板及其支架的结构，应在混凝土强度达到设计强度后才允许承受全部的计算荷载。当承受施工荷载大于计算荷载时，必须经过核算后加设临时支撑。

2. 拆除模板应注意下列几点

1）拆模时不要用力过猛，拆下来的模板要及时运走、整理、堆放，以便再用。

2）模板及其支架拆除的顺序及安全措施应按施工技术方案执行。拆模顺序一般应是后支的先拆，先拆除非承重部分，后拆除承重部分。一般是谁安装谁拆除。重大复杂模板的拆除，事先应制订拆模方案。

3）拆除框架结构模板的顺序：首先是柱模板；然后是楼板底板，梁侧模板；最后是梁底模板。拆除跨度较大的梁下支柱时，应先从跨中开始，分别拆向两端。

4）楼层板支柱的拆除，应按下列要求进行：上层楼板正在浇筑混凝土时，下一层楼板的模板支柱不得拆除，再下一层楼板模板的支柱仅可拆除一部分；跨度 4m 及 4m 以上的梁下均应保留支柱，其间距不大于 3m。

3.1.3　模板工程施工质量检查验收

在浇筑混凝土之前，应对模板工程进行验收。模板及其支架应具有足够的承载能力、刚度和稳定性，能可靠地承受浇筑混凝土的质量、侧压力以及施工荷载。模板安装和浇筑混凝土时，应对模板及其支架进行观察和维护。

模板工程的施工质量检验应分成主控项目、一般项目进行检验。

1. 主控项目

1）安装现浇结构的上层模板及其支架时，下层楼板应具有承受上层荷载的承载能力，或加设支架；上下层支架的立柱应对准，并铺设垫板。

检查数量：全数检查。

检验方法：对照模板设计文件和施工技术方案观察。

2）在涂刷模板隔离剂时，不得沾染钢筋和混凝土的接槎处。

检查数量：全数检查。

检验方法：观察。

3）底模板及其支架拆除时的混凝土强度应符合规范要求。

检查数量：全数检查。

检验方法：检查同条件养护试件强度试验报告。

4）后浇带模板的拆除和支顶应按施工技术方案执行。

检查数量：全数检查。

检验方法：观察。

2. 一般项目

1）模板安装应满足下列要求：

① 模板的接缝不应漏浆；在浇筑混凝土前，木模板应浇水湿润，但模板内不应有积水。

② 模板与混凝土的接触面应清理干净并涂刷隔离剂，但不得采用影响结构性能或妨碍装饰工程施工的隔离剂。

③ 浇筑混凝土前，模板内的杂物应清理干净。

④ 对清水混凝土工程及装饰混凝土工程，应使用能达到设计效果的模板。

检查数量：全数检查。

检验方法：观察。

2）用作模板的地坪、胎模等应平整光洁，不得产生影响构件质量的下沉、裂缝、起砂或起鼓。

检查数量：全数检查。

检验方法：观察。

3）对跨度不小于 4m 的现浇钢筋混凝土梁、板，其模板应按设计要求起拱；当设计无具体要求时，起拱高度宜为跨度的 1/1000 ~3/1000。

检查数量：在同一检验批内，梁，应抽查构件数量的 10%，且不少于 3 件；板，应按有代表性的自然间抽查 10%，且不少于 3 间；大空间结构的板可按纵、横轴线划分检查面抽查 10%，且不少于 3 面。

检验方法：用水准仪或拉线、钢尺检查。

4）固定在模板上的预埋件、预留孔和预留洞均不得遗漏，且应安装牢固，其偏差应符合表 3-2 的规定。现浇结构模板安装的允许偏差及检验方法应符合表 3-3 的规定。

检查数量：在同一检验批内，对梁、柱和独立基础，应抽查构件数量的 10%，且不少于 3 件；对墙和板，应按有代表性的自然间抽查 10%，且不少于 3 间；对大空间结构的墙可按相邻轴线间高度 5m 左右划分检查面，对大空间结构的板可按纵、横轴线划分检查面，均抽查 10%，且均不少于 3 面。

表 3-2　预埋件和预留孔（洞）的允许偏差

项　　目		允许偏差 /mm
预埋钢板中心线位置		3
预埋管、预留孔中心线位置		3
插筋	中心线位置	5
	外露长度	0, +10
预埋螺栓	中心线位置	2
	外露长度	0, +10
预留孔（洞）	中心线位置	10
	尺寸	0, +10

注：检查中心线位置时，应沿纵、横两个方向量测，并取其中的较大值。

表 3-3　现浇结构模板安装的允许偏差及检验方法

项　目		允许偏差 /mm	检验方法
轴线位置		5	尺量检查
底模板上表面标高		±5	水准仪或拉线、尺量检查
模板内部尺寸	基础	±10	尺量检查
	柱、墙、梁	±5	尺量检查
	楼梯相邻踏步高差	±5	尺量检查
垂直度	柱、墙层高 ≤ 6m	8	经纬仪或吊线、尺量检查
	柱、墙层高 >6m	10	经纬仪或吊线、尺量检查
相邻两块模板表面高差		2	尺量检查
表面平整度		5	2m 靠尺和塞尺量测

注：检查轴线位置有纵、横两个方向时，沿纵、横两个方向量测，并取其中的较大值。

检验方法：钢尺检查。

5）预制构件模板安装的允许偏差应符合表 3-4 的规定。

检查数量：首次使用及大修后的模板应全数检查；使用中的模板应定期检查，并根据使用情况不定期抽查。

表 3-4　预制构件模板安装的允许偏差及检验方法

项　目		允许偏差 /mm	检验方法
长度	梁、板	±4	尺量两侧边，取其中较大值
	薄腹梁、桁架	±8	
	柱	−10，0	
	墙板	−5，0	
宽度	板、墙板	−5，0	尺量两端及中部，取其中较大值
	薄腹梁、桁架	−5，+2	
高（厚）度	板	−3，+2	尺量两端及中部，取其中较大值
	墙板	−5，0	
	梁、薄腹梁、桁架、柱	−5，+2	
侧向弯曲	梁、板、柱	$L/1000$ 且 ≤ 15	拉线、尺量最大弯曲处
	墙板、薄腹梁、桁架	$L/1500$ 且 ≤ 15	
板的表面平整度		3	2m 靠尺和塞尺量测
相邻两板表面高低差		1	尺量检查
对角线差	板	7	尺量两对角线
	墙板	5	
翘曲	板、墙板	$L/1500$	水平尺在两端量测
设计起拱	薄腹梁、桁架、梁	±3	拉线、尺量跨中

注：L 为构件长度。

6）拆除侧模板时的混凝土强度应能保证其表面及棱角不受损伤。模板拆除时，不应对楼层形成冲击荷载。拆除的模板和支架宜分散堆放并及时清运。

检查数量：全数检查。

检验方法：观察。

3.2 钢筋工程

3.2.1 材料种类及要求

钢筋混凝土结构及预应力混凝土结构常用的钢材有热轧钢筋、钢绞线、消除应力钢丝和热处理钢筋四类。

钢筋混凝土结构常用热轧钢筋。热轧钢筋按其强度和表面形状分为光圆钢筋和带肋钢筋，光圆钢筋的牌号主要是 HPB300；带肋钢筋的牌号主要有 HRB335E、HRB400E、HRB500E、HRBF335E、HRBF400E、HRBF500E。为满足抗震设防结构要求生产的专用带肋钢筋，在牌号后加有字母"E"，其表面轧有专用标志。

钢筋进场应有产品合格证、出厂检验报告，每捆（盘）钢筋均应有标牌，进场钢筋应按进场的批次和产品的抽样检验方案抽取试样进行力学性能和质量偏差检验，检验结果必须符合规定后方可使用，钢筋的计算截面面积及理论质量见表 3-5。钢筋在加工过程中出现脆断、焊接性能不良或力学性能显著不正常等现象时，还应进行化学成分检验或其他专项检验；同时，还应进行外观检查，要求钢筋应平直、无损伤，表面不得有裂纹、油污、颗粒状或片状老锈。钢筋在运输和储存时必须保留标牌，并按批分别堆放整齐，避免锈蚀和沾染杂物。

表 3-5 钢筋的计算截面面积及理论质量

公称直径 / mm	不同根数钢筋的计算截面面积 /mm²									单根钢筋理论质量 / （kg/m）
	1	2	3	4	5	6	7	8	9	
6	28.3	57	85	113	142	170	198	226	255	0.222
8	50.3	101	151	201	252	302	352	402	453	0.395
10	78.5	157	236	314	393	471	550	628	707	0.617
12	113	226	339	452	565	678	791	904	1017	0.888
14	154	308	461	615	769	923	1077	1231	1385	1.21
16	201	402	603	804	1005	1206	1407	1608	1809	1.58
18	255	509	763	1017	1272	1572	1781	2036	2290	2.00
20	314	628	942	1256	1570	1884	2199	2513	2827	2.47
22	380	760	1140	1520	1900	2281	2661	3041	3421	2.98
25	491	982	1473	1964	2454	2945	3436	3927	4418	3.85

(续)

公称直径 / mm	不同根数钢筋的计算截面面积 /mm²									单根钢筋理论质量 / (kg/m)
	1	2	3	4	5	6	7	8	9	
28	616	1232	1847	2463	3079	3695	4310	4926	5542	4.83
32	804	1609	2413	3217	4021	4826	5630	6434	7238	6.31
36	1018	2036	3054	4072	5089	6107	7125	8143	9161	7.99
40	1257	2513	3770	5027	6283	7540	8796	10053	11310	9.87
50	1964	3928	5892	7856	9820	11784	13748	15712	17676	15.42

3.2.2 钢筋的混凝土保护层

1. 混凝土结构的环境类别

混凝土结构的环境类别应按表 3-6 进行划分。

表 3-6 混凝土结构的环境类别

环境类别	条 件
一	室内干燥环境；永久的无侵蚀性静水浸没环境
二 a	室内潮湿环境；非严寒和非寒冷地区的露天环境；非严寒和非寒冷地区与无侵蚀性的水或土直接接触的环境；寒冷和寒冷地区的冰冻线以下与无侵蚀性的水或土直接接触的环境
二 b	干湿交替环境；水位频繁变动区环境；严寒和寒冷地区的露天环境；寒冷和寒冷地区冰冻线以上与无侵蚀性的水或土直接接触的环境
三 a	严寒和寒冷地区冬季水位变动区环境；受除冰盐影响环境；海风环境
三 b	盐渍土环境；受除冰盐作用环境；海岸环境
四	海洋环境
五	受人为或自然的侵蚀性物质影响的环境

注：1. 室内潮湿环境是指构件表面经常处于结露或湿润状态的环境。
　　2. 严寒和寒冷地区的划分应符合《民用建筑热工设计规范》（GB 50176—2016）的有关规定。
　　3. 海岸环境和海风环境宜根据当地情况，考虑主导风向及结构所处迎风、背风部位等因素的影响，由调查研究和工程经验确定。
　　4. 受除冰盐影响环境是指受到除冰盐盐雾影响的环境；受除冰盐作用环境是指被除冰盐溶液溅射的环境以及使用除冰盐地区的洗车房、停车楼等建筑。
　　5. 暴露的环境是指混凝土结构表面所处的环境。

2. 混凝土保护层厚度

混凝土保护层是指混凝土结构构件中，最外层钢筋的外缘至混凝土表面之间的混凝土层，称为保护层。

普通钢筋及预应力钢筋，其混凝土保护层厚度不应小于钢筋的公称直径，且应符合表 3-7 的规定。

表 3-7　混凝土保护层最小厚度　　　　　　（单位：mm）

环 境 类 别	一	二 a	二 b	三 a	三 b
板、墙、壳	15	20	25	30	40
梁、柱、杆	20	25	35	40	50

注：1. 混凝土强度等级不大于 C25 时，表中保护层厚度数值应增加 5mm。
　　2. 基础底面钢筋的保护层厚度，有垫层时应从垫层顶面算起，且不应小于 40mm；无垫层时不应小于 70mm。承台地面钢筋保护层厚度不应小于桩头嵌入承台内的长度。

3.2.3　钢筋配料

钢筋配料是现场钢筋的深化设计，根据结构配筋图先绘出各种形状和规格的单根钢筋简图，并加以编号；然后分别计算钢筋的下料长度和根数，填写配料单。

1. 钢筋下料长度计算

钢筋因弯曲或弯钩会使其长度发生变化，所以在配料中不能直接根据图纸中的尺寸下料，必须了解混凝土保护层、钢筋弯曲、钢筋弯钩等的规定，再根据图中尺寸计算其下料长度。

各种钢筋下料长度计算如下：

直钢筋下料长度 = 构件长度 – 保护层厚度 + 弯钩增加长度
弯起钢筋下料长度 = 直段长度 + 斜段长度 – 弯曲调整值 + 弯钩增加长度
箍筋下料长度 = 箍筋周长 ± 箍筋调整值

上述钢筋如需搭接，应增加钢筋搭接长度。

（1）弯钩增加长度　钢筋的弯钩形式有三种：半圆弯钩（图 3-5a）、直弯钩（图 3-5b）及斜弯钩（图 3-5c）。光圆钢筋的弯钩增加长度，按图 3-5 所示的简图（弯弧内直径为 2.5d、平直部分长度为 3d）计算，对半圆弯钩为 6.25d，对直弯钩为 3.5d，对斜弯钩为 4.9d。

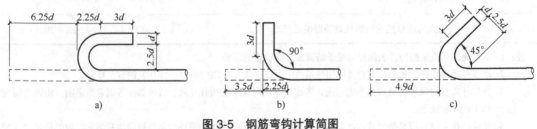

图 3-5　钢筋弯钩计算简图
注：d 为钢筋直径。

（2）弯曲调整值

1）钢筋弯曲后的特点：

① 沿钢筋轴线方向会产生变形，主要表现为长度的增加或减小，即以轴线为界，往外凸的部分（钢筋外皮）受拉伸而长度增加；往里凹的部分（钢筋内皮）受压缩而长度减小。

② 弯曲处形成圆弧（图 3-6）。

钢筋的测量方法一般是沿直线测量外包尺寸（图 3-7），因此弯曲钢筋的测量尺寸要大于下料尺寸，两者之间的差值称为弯曲调整值。

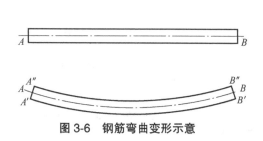

图 3-6 钢筋弯曲变形示意

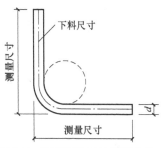

图 3-7 钢筋弯曲时的测量方法

2）钢筋末端弯曲各种角度的弯曲调整值。光圆钢筋末端应做 180° 弯钩，其弯弧内直径不应小于钢筋直径的 2.5 倍。当设计要求钢筋末端需做 135° 弯钩时，HRB335、HRB400、HRB500 钢筋的弯弧内直径不应小于钢筋直径的 4 倍。钢筋做不大于 90° 弯折时，弯折处的弯弧内直径不应小于钢筋直径的 5 倍。钢筋末端弯曲各种角度时的弯曲调整值见表 3-8。

表 3-8 钢筋末端弯曲各种角度时的弯曲调整值

弯折角度	钢筋牌号	弯曲调整值		弯弧直径 D
		计算式	取值	
30°	HPB300 HRB335 HRB400	$0.006D+0.274d$	$0.3d$	$D=5d$
45°		$0.022D+0.346d$	$0.55d$	
60°		$0.054D+0.631d$	$0.9d$	
90°		$0.215D+1.215d$	$2.29d$	
135°	HPB300 HRB335、HRB400	$0.822D-0.178d$	$0.38d$ $0.11d$	$D=2.5d$ $D=4d$

注：d 为钢筋直径。

3）弯起钢筋弯曲调整值。弯起钢筋的弯曲角度常用的有 30°、45°、60°，弯起钢筋弯曲调整值的计算简图如图 3-8 所示，其弯曲调整值见表 3-9。

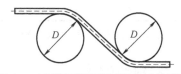

图 3-8 弯起钢筋弯曲调整值计算简图

表 3-9 弯起钢筋的弯曲调整值

弯折角度	钢筋牌号	弯曲调整值		弯弧直径 D
		计算式	取值	
30°	HPB300 HRB335 HRB400	$0.012D+0.284d$	$0.34d$	$D=5d$
45°		$0.043D+0.457d$	$0.67d$	
60°		$0.108D+0.685d$	$1.23d$	

（3）箍筋下料长度　由于箍筋弯钩形式较多，下料长度计算比其他类型的钢筋要复杂，在计算箍筋的下料长度时可采用表 3-10 的计算式进行计算。

表 3-10　箍筋下料长度计算

简　图	钢筋牌号	弯钩类型	下料长度计算式
		180°/180°	$a+2b+（6-2\times2.29+2\times8.25）d$ 或 $a+2b+17.9d$
		90°/180°	$2a+2b+（8-3\times2.29+8.25+6.2）d$ 或 $2a+2b+15.6d$
	HPB300	90°/90°	$2a+2b+（8-3\times2.29+2\times6.2）d$ 或 $2a+2b+13.5d$
		135°/135°	$2a+2b+（8-3\times2.29+2\times12）d$ 或 $2a+2b+25.1d$
		—	$（a+2b）+（4-2\times2.29）d$ 或 $a+2b+0.6d$
		90°/90°	$（2a+2b）+（8-3\times2.29+2\times6.2）d$ 或 $2a+2b+13.5d$

注：a、b 分别表示箍筋的长、宽尺寸。

2. 钢筋配料单

钢筋配料单是一种根据施工设计图纸标定钢筋的品种、规格、外形尺寸、数量进行编号，并计算下料长度，用表格的形式表达的技术文件。

1）钢筋配料单的作用。钢筋配料单是确定钢筋下料加工的依据，是提出材料计划、签发施工任务单和限额领料单的依据，是钢筋施工的重要工序性文件，合理的钢筋配料单能节约材料、简化施工操作。

2）钢筋配料单的形式。钢筋配料单一般用表格的形式反映，其内容由构件名称、钢筋编号、简图、直径等内容组成，见表 3-11。

表3-11 钢筋配料单

构件名称	钢筋编号	简　图	直径/mm	钢筋级别	下料长度/mm	单位根数	合计根数	质量/kg
L1梁共5根	①	6190	10	Φ	6315	2	10	39.0
	②	250 6190	25	Φ	6575	2	10	253.1
	③	250 265 4560 777	25	Φ	6959	2	10	266.1
	④	550 200	6	Φ	1651	32	160	58.6

除填写钢筋配料单外，还需将每一编号的钢筋制作相应的标牌与标志（料牌），作为钢筋加工的依据，并在安装中作为区别、核实工程项目钢筋的标志。钢筋料牌的形式如图3-9所示。

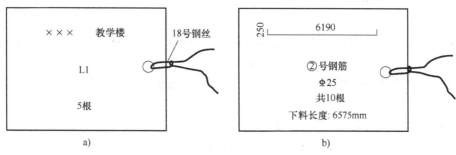

图3-9　钢筋料牌的形式

a）正面　b）反面

【例3-1】某教学楼一层共有5根L1梁，梁的钢筋如图3-10所示，梁混凝土保护层厚度取25mm，箍筋为135°斜弯钩，试编制该梁的钢筋配料单（HRB 335钢筋末端为90°弯钩，弯起直段长度250mm）。

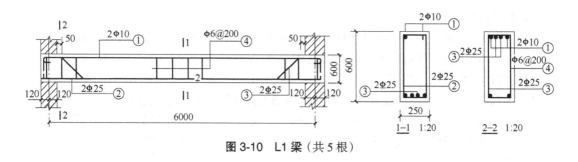

图3-10　L1梁（共5根）

【解】

（1）熟悉构件配筋图，绘出各钢筋简图，见表3-11。

（2）计算各钢筋下料长度：

1）①号钢筋为直钢筋，HPB300 钢筋，钢筋直径为 10mm，两端需做 180° 弯钩，每个弯钩长度增加值为 6.25d，两端保护层厚为 25mm。

$$钢筋下料长度 = 构件长 - 两端保护层厚度 + 弯钩增加长度$$
$$= 6000mm + 120 \times 2mm - 2 \times 25mm + 2 \times 6.25 \times 10mm$$
$$= 6315mm$$

2）②号钢筋为直钢筋，HRB335 钢筋，钢筋直径为 25mm，两端需做 90° 弯钩，每个弯钩的弯曲调整值为 2.29d，两端保护层厚为 25mm。

$$钢筋下料长度 = 构件长 - 两端保护层厚度 + 弯钩增加长度$$
$$= 6000mm + 120 \times 2mm - 2 \times 25mm + 2 \times 250mm - 2 \times 2.29 \times 25mm$$
$$= 6575.5mm，取 6575mm$$

3）③号钢筋为弯起钢筋，HRB335 钢筋，钢筋直径为 25mm，两端需做 90° 弯钩，每个弯钩的弯曲调整值为 2.29d，两端保护层厚为 25mm，弯起的角度为 45°，弯起处的弯曲调整值为 0.67d。

$$钢筋下料长度 = 直段长度 + 斜段长度 - 弯曲调整值 + 弯钩增加长度$$
$$直段长度 = 6000mm + 120 \times 2mm - 2 \times 25mm - 2 \times (600 - 2 \times 25)mm = 5090mm$$
$$斜段长度 = 1.414 \times (600 - 2 \times 25) \times 2mm = 1554mm$$
$$钢筋下料长度 = 5090mm + 1551mm - 4 \times 0.67 \times 25mm + 2 \times 250mm - 2 \times 2.29 \times 25mm$$
$$= 6959.5mm，取 6959mm$$

4）④号钢筋为箍筋，HPB300 钢筋，钢筋直径为 6mm，两端需做 135° 弯钩，通过查表 3-10 可得：

$$箍筋的下料长度 = 2a + 2b + 25.1d$$
$$= 2 \times (250 - 2 \times 25)mm + 2 \times (600 - 2 \times 25)mm + 25.1 \times 6mm$$
$$= 1650.6mm，取 1651mm$$
$$箍筋数量 = (构件长 - 保护层厚度) \div 箍筋间距 + 1$$
$$= (6240 - 2 \times 25) \div 200 + 1 = 31.95，取 32 根$$

该梁的钢筋配料单见表 3-11。

3.2.4 钢筋代换

1. 钢筋代换的原则

在施工中，已确认工地不可能供应设计图要求的钢筋品种和规格时，在征得设计单位的同意并办理设计变更文件后，方可允许根据库存条件进行钢筋代换。

钢筋代换应遵循以下原则：

1）等强度代换，当构件受强度控制时，钢筋可按强度相等的原则进行代换。

2）等面积代换，当构件按最小配筋率配筋时，钢筋可按面积相等的原则进行代换。

3）当构件受裂缝宽度或挠度控制时，代换后应进行裂缝宽度或挠度验算。

2. 代换方法

（1）等强度代换　建立钢筋代换公式的依据为：代换后的钢筋强度≥代换前的钢筋强度，即

$$n_2 A_{s2} f_{y2} \geqslant n_1 A_{s1} f_{y1} \tag{3-1}$$

将圆面积计算式：$A_s = \dfrac{\pi d_2}{4}$ 代入式（3-1），可得

$$n_2 d_2^2 f_{y2} \geq n_1 d_1^2 f_{y1} \tag{3-2}$$

式中　f_{y1}、f_{y2}——分别为原设计钢筋和拟代换钢筋的抗拉强度设计值（N/mm^2）；

$\quad\quad\ A_{s1}$、A_{s2}——分别为原设计钢筋和拟代换钢筋的计算截面面积（mm^2）；

$\quad\quad\ n_1$、n_2——分别为原设计钢筋和拟代换钢筋的根数；

$\quad\quad\ d_1$、d_2——分别为原设计钢筋和拟代换钢筋的直径（mm）；

$A_{s1} f_{y1}$、$A_{s2} f_{y2}$——分别为原设计钢筋和拟代换钢筋的钢筋抗力（N）。

（2）等面积代换　建立钢筋代换公式的依据为：代换后的钢筋面积≥代换前的钢筋面积，即

$$n_2 A_{s2} \geq n_1 A_{s1} \tag{3-3}$$

将圆面积计算式：$A_s = \dfrac{\pi d_2}{4}$ 代入式（3-3），可得

$$n_2 d_2^2 \geq n_1 d_1^2 \tag{3-4}$$

式中　A_{s1}、A_{s2}——分别为原设计钢筋和拟代换钢筋的计算截面面积（mm^2）；

$\quad\quad\ n_1$、n_2——分别为原设计钢筋和拟代换钢筋的根数；

$\quad\quad\ d_1$、d_2——分别为原设计钢筋和拟代换钢筋的直径（mm）。

3.2.5　钢筋接长

钢筋接长主要有机械连接、焊接、搭接三种形式。

1. 机械连接

钢筋的机械连接是通过连接件的直接或间接的机械咬合作用或钢筋端面的承压作用将一根钢筋中的力传递至另一根钢筋。钢筋机械连接适用于柱子纵向受力钢筋的连接，同时也用于梁受力钢筋接头的连接。

钢筋连接时，宜选用机械连接接头，并优先采用直螺纹接头。钢筋机械连接的方法及适用范围见表 3-12。

表 3-12　钢筋机械连接的方法及适用范围

机械连接的方法	适 用 范 围	
	钢 筋 牌 号	钢筋直径 /mm
钢筋套筒挤压连接	HRB335、HRB400 HRBF335、HRBF400 HRB335E、HRB400E HRBF335E、HRBF400E RRB400	16~40
钢筋镦粗直螺纹套筒连接	HRB335、HRB400 HRBF335、HRBF400 HRB335E、HRB400E HRBF335E、HRBF400E	16~40

(续)

机械连接的方法		适 用 范 围	
		钢 筋 牌 号	钢筋直径 /mm
钢筋辊轧直螺纹连接	直接辊轧	HRB335、HRB400 HRBF335、HRBF400	16~40
	挤肋辊轧	HRB335E、HRB400E HRBF335E、HRBF400E	16~40
	剥肋辊轧	RRB400	16~40

2. 焊接

钢筋焊接一般用于两个方面：一方面用于钢筋下料时的对焊连接，可以减少钢筋接头数量，达到节约钢筋的目的；另一方面用于钢筋安装的连接。

钢筋的焊接应采用闪光对焊、电弧焊、电渣压力焊和电阻点焊。钢筋与钢板的 T 形连接，宜采用埋弧压力焊或电弧焊。

钢筋焊接的接头形式、焊接工艺和质量验收应符合《钢筋焊接及验收规程》（JGJ 18—2012）的规定。钢筋焊接方法及适用范围见表 3-13。

闪光对焊

电弧焊

3. 搭接

钢筋搭接是指两根钢筋相互有一定的重叠长度，用扎丝绑扎连接起来，适用于较小直径的钢筋连接。钢筋搭接一般用于混凝土内的加强钢筋网的连接，沿纵向和横向均匀排列，不用焊接，只需用钢丝固定。

搭接位置应设置在钢筋受力较小处，且同一根钢筋上宜少设置连接。钢筋绑扎搭接接头的末端与钢筋弯起点的距离，不得小于钢筋直径的 10 倍。钢筋搭接处，应在中部和两端用钢丝扎牢。同一构件中相邻纵向受力钢筋的搭接位置宜相互错开。

电渣压力焊

电阻点焊

表 3-13 钢筋焊接方法及适用范围

焊 接 方 法	接 头 形 式	适 用 范 围	
		钢 筋 牌 号	钢筋直径 /mm
电阻点焊		HPB300	6~16
		HRB335、HRBF335	6~16
		HRB400、HRBF400	6~16
		HRB500、HRBF500	6~16
		CRB550	4~12
		CDW550	3~8
闪光对焊		HPB300	8~22
		HRB335、HRBF335	8~40
		HRB400、HRBF400	8~40
		HRB500、HRBF500	8~40
		RRB400W	8~32
箍筋闪光对焊		HPB300	6~18
		HRB335、HRBF335	6~18
		HRB400、HRBF400	6~18
		HRB500、HRBF500	6~18
		RRB400W	8~18

(续)

焊 接 方 法		接 头 形 式	适 用 范 围	
			钢 筋 牌 号	钢筋直径 /mm

焊 接 方 法		接 头 形 式	钢 筋 牌 号	钢筋直径 /mm
电弧焊	帮条焊	双面焊	HPB300	10~22
			HRB335、HRBF335	10~40
			HRB400、HRBF400	10~40
			HRB500、HRBF500	10~32
			RRB400W	10~25
		单面焊	HPB300	10~22
			HRB335、HRBF335	10~40
			HRB400、HRBF400	10~40
			HRB500、HRBF500	10~32
			RRB400W	10~25
	搭接焊	双面焊	HPB300	10~22
			HRB335、HRBF335	10~40
			HRB400、HRBF400	10~40
			HRB500、HRBF500	10~32
			RRB400W	10~25
		单面焊	HPB300	10~22
			HRB335、HRBF335	10~40
			HRB400、HRBF400	10~40
			HRB500、HRBF500	10~32
			RRB400W	10~25
	熔槽帮条焊		HPB300	20~22
			HRB335、HRBF335	20~40
			HRB400、HRBF400	20~40
			HRB500、HRBF500	20~32
			RRB400W	20~25
	坡口焊	平焊	HPB300	18~22
			HRB335、HRBF335	18~40
			HRB400、HRBF400	18~40
			HRB500、HRBF500	18~32
			RRB400W	18~25
		立焊	HPB300	18~22
			HRB335、HRBF335	18~40
			HRB400、HRBF400	18~40
			HRB500、HRBF500	18~32
			RRB400W	18~25
	钢筋与钢板搭接焊		HPB300	8~22
			HRB335、HRBF335	8~40
			HRB400、HRBF400	8~40
			HRB500、HRBF500	8~32
			RRB400W	8~25
	窄间隙焊		HPB300	16~22
			HRB335、HRBF335	16~40
			HRB400、HRBF400	16~40
			HRB500、HRBF500	18~32
			RRB400W	18~25

（续）

焊 接 方 法			接 头 形 式	适 用 范 围	
				钢筋牌号	钢筋直径/mm
电弧焊	预埋件钢筋	角焊		HPB300	6~22
				HRB335、HRBF335	6~25
				HRB400、HRBF400	6~25
				HRB500、HRBF500	10~20
				RRB400W	10~20
		穿孔塞焊		HPB300	20~32
				HRB335、HRBF335	20~32
				HRB400、HRBF400	20~32
				HRB500	20~28
				RRB400W	20~28
		埋弧压力焊		HPB300	6~22
		埋弧螺柱焊		HRB335、HRBF335	6~28
				HRB400、HRBF400	6~28
电渣压力焊				HPB300	12~22
				HRB335	12~32
				HRB400	12~32
				HRB500	12~32
气压焊		固态		HPB300	12~22
				HRB335	12~40
				HRB400	12~40
		熔态		HRB500	12~32

注：1. 电阻点焊时，适用范围的钢筋直径指两根不同直径钢筋交叉叠接中较小钢筋的直径。
2. 电弧焊含焊条电弧焊和二氧化碳气体保护电弧焊两种工艺方法。
3. 在生产中，对于有较高要求的抗震结构用钢筋，在牌号后加 E，焊接工艺可按同级别热轧钢筋施焊；焊条应采用低氢型碱性焊条。
4. 生产中，如果有 HPB235 钢筋需要进行焊接时，可按 HPB300 钢筋的焊接材料和焊接工艺参数，以及接头质量检验与验收的有关规定施焊。

规范规定，轴心受拉及小偏心受拉杆件的纵向受力钢筋不得采用绑扎搭接接头；当受拉钢筋的直径 >25mm 及受压钢筋直径 >28mm 的时候，不宜采用绑扎搭接接头。

3.2.6 钢筋加工

钢筋的加工包括调直、除锈、切断、弯曲等工作。

1. 调直

调直时钢筋应平直，无局部曲折。盘条钢筋在使用前应调直，调直可采用调直机调直和卷扬机冷拉调直两种方法。

除上述两种调直方法外，粗钢筋还可采用锤直和拔直的方法调直。

2. 除锈

钢筋的除锈宜在钢筋冷拉或钢丝调直的过程中进行，这对大批量钢筋的除锈较为经济。

一般采用机械方法除锈，如采用电动除锈机进行除锈，对钢筋的局部除锈效果较好。

3. 切断

钢筋下料时须按下料长度切断。钢筋可采用钢筋切断机或手动切断器切断。切断时应根据钢筋的下料长度统一排料，先断长料，后断短料，要减少短头、减少损耗。

4. 弯曲

钢筋下料之后应按钢筋配料单进行画线，以便将钢筋准确地加工成规定的尺寸。当弯曲形状比较复杂的钢筋时，可先放出实样，再进行弯曲。

钢筋弯曲

钢筋弯曲宜采用弯曲机，弯曲机可弯曲直径 6~40mm 的钢筋。

钢筋加工的允许偏差：受力钢筋顺长度方向全长的净尺寸偏差不应超过 ±10mm；弯起钢筋的弯折位置偏差不应超过 ±20mm；箍筋内净尺寸的偏差不应超过 5mm。

3.2.7　钢筋安装

1. 准备工作

1）熟悉设计图纸，并根据设计图纸核对钢筋的牌号、规格。根据下料单核对钢筋的规格、尺寸、形状、数量等。

2）准备好绑扎用的工具，主要包括钢筋钩或全自动绑扎机、撬棍、扳子、绑扎架、钢丝刷、石笔（粉笔）、尺子等。

3）绑扎用的钢丝一般采用 20~22 号镀锌钢丝，直径 ≤ 12mm 的钢筋采用 22 号钢丝，直径 >12mm 的钢筋采用 20 号钢丝。钢丝的长度只要满足绑扎要求即可，一般是将整捆的钢丝切割成 3~4 段。

4）准备好控制保护层厚度的砂浆垫块或塑料垫块、塑料支架等。

5）绑扎墙、柱钢筋前，先搭设好脚手架，既可作为绑扎钢筋的操作平台，又可用于对钢筋的临时固定，防止钢筋倾斜。

6）弹出墙、柱等结构的边线和标高控制线，用于控制钢筋的位置和高度。

2. 柱钢筋绑扎

1）根据柱边线调整钢筋的位置，使其满足绑扎要求。

2）计算好本层柱所需的箍筋数量，将所有箍筋套在柱的主筋上。

3）将柱子的主筋接长，并把主筋顶部与脚手架做临时固定，以保持柱主筋垂直。然后将箍筋从上至下绑扎完毕。

4）柱箍筋要与主筋相互垂直，矩形柱箍筋的端头应与模板面呈 135°。柱角部主筋的弯钩平面与模板面的夹角，对矩形柱，应为 45°；对多边形柱，应为模板内角的平分角；对圆形柱，钢筋的弯钩平面应与模板的切线垂直；中间钢筋的弯钩平面应与模板面垂直；当采用插入式振捣棒振捣小型截面柱时，弯钩平面与模板面的夹角不得小于 15°。

5）柱箍筋的弯钩叠合处，应沿受力钢筋方向错开设置，不得位于同一位置。

6）绑扎完成后，将保护层垫块或塑料支架固定在柱主筋上。

3. 墙钢筋绑扎

1）根据墙边线调整墙钢筋的位置，使其满足绑扎要求。

2）每隔 2~3m 绑扎一根竖向钢筋，在高度 1.5m 左右的位置绑扎一根水平钢筋。然后把其余竖向钢筋与墙钢筋连接，将竖向钢筋的上端与脚手架作临时固定并校正垂直。

3）在竖向钢筋上画出水平钢筋的间距，从下往上绑扎水平钢筋。墙的钢筋网，除靠近外围两行钢筋的相交点全部扎牢外，中间部分交叉点可间隔交错扎牢，但应保证受力钢筋不产生位置偏移；双向受力的钢筋，必须全部扎牢。绑扎应采用八字扣，绑扎用钢丝的多余部分应弯入墙内（特别是有防水要求的钢筋混凝土墙、板等结构，更应注意这一点）。

4）应根据设计要求确定水平钢筋是在竖向钢筋的内侧还是外侧，当设计无要求时，按竖向钢筋在里、水平钢筋在外布置。

5）墙拉结筋应勾在竖向钢筋和水平钢筋的交叉点上，并绑扎牢固。为方便绑扎，拉结筋一般做成一端 135° 弯钩、另一端 90° 弯钩的形状，所以在绑扎完后还要用钢筋扳子把 90° 的弯钩弯成 135°。

6）在钢筋外侧绑上保护层垫块或塑料支架。

4．梁、板钢筋绑扎

1）梁钢筋既可在梁侧模板安装前在梁底模板上绑扎，也可在梁侧模板安装完后在模板上方绑扎，绑扎成钢筋笼后再整体放入梁模板内。第二种绑扎方法一般只用于次梁或梁高较小的梁。

梁钢筋绑扎

2）梁钢筋绑扎前应确定好主梁和次梁钢筋的位置关系，次梁的主筋应在主梁的主筋上面，楼板钢筋应在主梁和次梁主筋的上面。

3）先穿梁上部钢筋，再穿下部钢筋，最后穿弯起钢筋；然后根据事先画好的箍筋控制点将箍筋分开，间隔一定距离先将其中的几个箍筋与主筋绑扎好，再依次绑扎其他箍筋。

板钢筋绑扎

4）梁箍筋的接头部位应在梁的上部，除设计有特殊要求外，应与受力钢筋垂直设置；箍筋弯钩叠合处，应沿受力钢筋方向错开设置。

5）梁端第一个箍筋应位于距支座边缘 50mm 处。

6）当梁主筋为双排或多排时，各排主筋间的净距不应小于 25mm，且不小于主筋的直径。现场可用短钢筋制作垫铁放在两排主筋之间，以控制其间距，短钢筋方向要与主筋垂直。当梁主筋最大直径不大于 25mm 时，采用 25mm 直径短钢筋制作垫铁；当梁主筋最大直径大于 25mm 时，采用与梁主筋规格相同的短钢筋制作垫铁。短钢筋的长度为梁宽减去两个保护层厚度。短钢筋不应伸入混凝土保护层内。

7）板钢筋绑扎前，先在模板上画出钢筋的位置，然后将主筋和分布筋摆在模板上，主筋在下、分布筋在上，调整好间距后依次绑扎。对于单向板钢筋，除靠近外围两行钢筋的相交点全部扎牢外，中间部分交叉点可间隔交错绑扎牢固，但应保证受力钢筋不产生位置偏移；双向受力的钢筋，必须全部扎牢。相邻绑扎扣应呈八字形，以防止钢筋变形。

8）板底层钢筋绑扎完后可穿插进行预留、预埋管线的施工，然后绑扎上层钢筋。

9）在两层钢筋之间应设置"马凳"（图 3-11），以控制两层钢筋之间的距离。

10）对楼梯钢筋，应先绑扎楼梯梁钢筋，再绑扎休息平台板和斜板的钢筋。绑扎休息平台板或斜板钢筋时，主筋在下、分布筋在上，所有交叉点均应绑扎牢固。

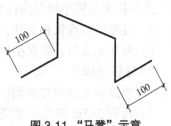

图 3-11 "马凳"示意

3.2.8　钢筋工程施工质量验收

1. 隐蔽工程验收

钢筋工程属于隐蔽工程，在浇筑混凝土前应对钢筋及预埋件进行隐蔽工程验收，并按规定做好隐蔽工程记录，以便查验。

钢筋隐蔽工程验收的内容主要有：

1）纵向受力钢筋的品种、规格、数量、位置等。

2）钢筋的连接方式、接头位置、接头数量、接头面积百分率等。

3）箍筋、横向钢筋的品种、规格、数量、间距等。

4）预埋件的规格、数量、位置等。

2. 钢筋连接验收

（1）主控项目　纵向受力钢筋的连接方式应符合设计要求。

检查数量：全数检查。

检验方法：观察。

在施工现场，应按《钢筋机械连接技术规程》（JGJ 107—2016）、《钢筋焊接及验收规程》（JGJ 18—2012）的规定抽取钢筋机械连接接头、焊接接头试件做力学性能检验，其质量应符合有关规程的规定。

对于直接承受动力荷载的结构，采用机械连接、焊接接头时应检查相应的专项试验报告。

检查数量：按有关规程确定。

检验方法：检查产品合格证、接头力学性能试验报告。

（2）一般项目　钢筋的接头宜设置在受力较小处。同一纵向受力钢筋不宜设置两个或两个以上接头。接头末端至钢筋弯起点的距离不应小于钢筋直径的 10 倍。

检查数量：全数检查。

检验方法：观察，钢尺检查。

在施工现场，应按《钢筋机械连接技术规程》（JGJ 107—2016）、《钢筋焊接及验收规程》（JGJ 18—2012）的规定抽取钢筋机械连接接头、焊接接头的外观进行检查，其质量应符合有关规程的规定。

检查数量：全数检查。

检验方法：观察。

3. 钢筋安装验收

（1）主控项目　钢筋安装时，受力钢筋的品种、级别、规格和数量必须符合设计要求。

检查数量：全数检查。

检验方法：观察，钢尺检查。

（2）一般项目　钢筋安装允许偏差和检验方法应符合表 3-14 的规定。

检查数量：在同一检验批内，对梁、柱和独立基础，应抽查构件数量的 10%，且不少于3 件；对墙和板，应按有代表性的自然间抽查 10%，且不少于 3 间；对大空间结构，墙可按相邻轴线之间的高度每 5m 左右划分检查面，板可按纵、横轴线划分检查面，均抽查 10%，且均不少于 3 面。

表 3-14　钢筋安装允许偏差和检验方法

项　目		允许偏差 /mm	检验方法
绑扎钢筋网	长、宽	±10	尺量检查
	网眼尺寸	±20	尺量连续三档，取最大偏差值
绑扎钢筋骨架	长	±10	尺量检查
	宽、高	±5	尺量检查
纵向受力钢筋	锚固长度	−20	尺量检查
	间距	±10	尺量两端、中间各一点，取最大偏差值
	排距	±5	
纵向受力钢筋、箍筋的混凝土保护层厚度	基础	±10	尺量检查
	柱、梁	±5	尺量检查
	板、墙、壳	±3	尺量检查
绑扎钢筋、横向钢筋的间距		±20	尺量连续三档，取最大偏差值
钢筋弯起点位置		20	沿纵、横两个方向量测，取最大偏差值
预埋件	中心线位置	5	尺量检查
	水平高差	0, +3	塞尺量测

3.3　混凝土工程

混凝土工程包括混凝土的配制、搅拌、运输、浇筑、振捣和养护等施工过程。

3.3.1　混凝土配制

1. 混凝土的原材料

（1）水泥　水泥是一种常用的水硬性胶凝材料，建筑工程中常用的是通用硅酸盐水泥（以下简称通用水泥）。

通用水泥分为硅酸盐水泥、普通硅酸盐水泥、矿渣硅酸盐水泥、火山灰质硅酸盐水泥、粉煤灰硅酸盐水泥、复合硅酸盐水泥。

水泥的品种与强度等级应根据设计、施工的要求以及工程所处环境确定，可按表 3-15选用。

表 3-15　水泥选用一般要求

工程特点或工程所处环境条件	优 先 选 用	可 以 使 用	不 得 使 用
在普通气候环境中的混凝土	普通硅酸盐水泥	矿渣硅酸盐水泥、火山灰质硅酸盐水泥、粉煤灰硅酸盐水泥	—

(续)

工程特点或工程所处环境条件	优 先 选 用	可 以 使 用	不 得 使 用
在干燥环境中的混凝土	普通硅酸盐水泥	矿渣硅酸盐水泥	火山灰质硅酸盐水泥、粉煤灰硅酸盐水泥
在高湿度环境中或永远处在水下的混凝土	矿渣硅酸盐水泥	普通硅酸盐水泥、火山灰质硅酸盐水泥、粉煤灰硅酸盐水泥	—
严寒地区的露天混凝土、严寒地区的处在水位升降范围内的混凝土	普通硅酸盐水泥	矿渣硅酸盐水泥	火山灰质硅酸盐水泥、粉煤灰硅酸盐水泥
受侵蚀性环境水或侵蚀性气体作用的混凝土	根据侵蚀性介质的种类、含量等具体条件按规定选用		
厚大体积的混凝土	粉煤灰硅酸盐水泥、矿渣硅酸盐水泥	普通硅酸盐水泥、火山灰质硅酸盐水泥	硅酸盐水泥

（2）石 石可分为碎石或卵石。制备混凝土拌合物时，宜选用粒形良好、质地坚硬、颗粒洁净的碎石或卵石。碎石或卵石宜采用连续粒级，也可用单粒级组合成满足要求的连续粒级。

（3）砂 按细度模数不同，砂分为粗砂、中砂、细砂和特细砂，砂的细度模数应符合表3-16的规定。

表3-16 砂的细度模数

粗 细 程 度	细 度 模 数	粗 细 程 度	细 度 模 数
粗砂	3.1~3.7	细砂	1.6~2.2
中砂	2.3~3.0	特细砂	0.7~1.5

（4）拌和用水 符合国家标准的生活饮用水可直接用于拌制、养护各种混凝土。其他来源的水在使用前，应按有关标准进行检验后方可使用。拌和用水按其来源不同分为饮用水、地表水、地下水、再生水、混凝土企业设备洗涮水和海水等。

（5）掺合料 掺合料是混凝土的主要组成材料，它起着改善混凝土性能的作用。在混凝土中加入适量的掺合料，可以起到降低温升、改善工作性、增进后期强度、改善混凝土内部结构、提高耐久性、节约资源的作用。常用的掺合料主要有粉煤灰、粒化高炉矿渣、沸石粉、硅粉。

（6）外加剂 在混凝土拌和过程中掺入，并能按要求改善混凝土性能，一般不超过水泥质量的5%（特殊情况除外）的材料称为混凝土外加剂，外加剂的选用见表3-17。

表3-17 外加剂的选用

外加剂种类	功 能	适 用 范 围
高性能减水剂	使混凝土在减少用水量、保持坍落度、增加强度、收缩及环保等方面具有优良性能	适用于超高强度、清水、自密实等高性能混凝土
高效减水剂	具有较高的减水率、较低的引气量	适用于高强度、中等强度混凝土，以及需要早强、浅度抗冻、大流动的混凝土

（续）

外加剂种类	功　　能	适　用　范　围
普通减水剂	具有一定的缓凝、减少用水量和引气作用	适用于大模板施工、滑模施工及日最低气温5℃以上的混凝土施工，多用于大体积混凝土、泵送混凝土、有轻度缓凝要求的混凝土；不宜单独用于蒸养混凝土
引气剂	可在砂浆或混凝土中引入大量、均匀分布的微气泡，且在硬化后能保留在其中	适用于抗渗混凝土、抗冻混凝土、抗硫酸盐混凝土、轻骨料混凝土以及对饰面有要求的混凝土；引气剂不宜用于蒸养混凝土及预应力混凝土
引气减水剂	兼有引气和减少用水量的功能	
泵送剂	改善混凝土泵送性能	适用于各种需要采用泵送工艺的混凝土
早强剂	能加快水泥水化和硬化，促进混凝土早期强度增长	适用于蒸养混凝土及常温、低温和最低温度不低于–5℃环境中施工的有早强要求或防冻要求的混凝土工程；严禁用于饮水工程及与食品相接触的混凝土工程
缓凝剂	可在较长时间内保持混凝土的和易性，延缓混凝土凝结和硬化时间	适用于炎热气候条件下施工的混凝土、大体积混凝土，以及需长距离运输或较长时间停放的混凝土；不宜用于日最低气温5℃以下施工的混凝土，也不宜单独用于有早强要求的混凝土及蒸养混凝土

2. 混凝土配制强度

1）当设计强度等级低于 C60 时，配制强度按下式确定：

$$f_{cu,o} \geqslant f_{cu,k} + 1.645\sigma \tag{3-5}$$

式中　$f_{cu,o}$——混凝土的配置强度（MPa）；

　　　$f_{cu,k}$——混凝土立方体抗压强度标准值（MPa）；

　　　σ——混凝土强度标准差（MPa）。

① 当具有近期的同品种混凝土的强度资料时，混凝土强度标准差按下式计算：

$$\sigma = \sqrt{\frac{\sum\limits_{i=1}^{n} f_{cu,i}^2 - nmf_{cu}^2}{n-1}} \tag{3-6}$$

式中　$f_{cu,i}$——第 i 组的试件强度（MPa）；

　　　mf_{cu}——n 组试件的强度平均值（MPa）；

　　　n——试件组数，$n \geqslant 30$。

对强度等级不大于 C30 的混凝土，当 σ 计算值不大于 3.0MPa 时，应按照计算结果取值；当 σ 计算值小于 3.0MPa 时，σ 应取 3.0MPa。对于强度等级大于 C30 且小于 C60 的混凝土，当 σ 计算值不小于 4.0MPa 时，应按照计算结果取值；当 σ 计算值小于 4.0MPa 时，σ 应取 4.0MPa。

② 当没有近期的同品种混凝土的强度资料时，混凝土强度标准差可按表 3-18 取用。

表 3-18　混凝土强度标准差取值

混凝土强度等级	≤ C20	C25~C45	C50~C55
σ	4.0	5.0	6.0

2）当设计强度等级不低于 C60 时，配制强度按下式计算：

$$f_{cu,o} \geq 1.15 f_{cu,k} \tag{3-7}$$

3）混凝土施工配合比及施工配料。混凝土的配合比是在实验室根据混凝土的配制强度经过试配和调整确定的，称为实验室配合比。为保证混凝土的质量，施工中应按砂、石的实际含水率对原配合比进行修正，根据现场砂、石含水率调整后的配合比称为施工配合比。

设实验室配合比为水泥∶砂∶石 $=1∶x∶y$，现场砂、石含水率分别为 W_x、W_y，则施工配合比为水泥∶砂∶石 $=1∶x(1+W_x)∶y(1+W_y)$，水灰比不变，但加水量应扣除砂、石中的含水量。

施工配料是指确定每一次需用的各种原材料用量，它根据施工配合比和搅拌机的出料容量计算。

【例 3-2】某工程的混凝土实验室配合比为水泥∶砂∶石 $=1∶2.35∶4.36$，水灰比 $=0.6$，每立方米混凝土中水泥用量为 300kg，现场砂、石含水率分别为 4%、1%。

（1）求施工配合比。

（2）若采用 250L 搅拌机进行搅拌，求一次搅拌各材料的投料量。

【解】（1）设实验室配合比为水泥∶砂∶石 $=1∶x∶y$，现场砂、石含水率分别为 W_x、W_y，则施工配合比为

$$\begin{aligned}水泥∶砂∶石 &=1∶x(1+W_x)∶y(1+W_y)\\&=1∶2.35\times(1+4\%)∶4.36\times(1+1\%)\\&=1∶2.44∶4.40\end{aligned}$$

（2）采用 250L 搅拌机，每拌一次材料用量（施工配料）为

水泥：300×0.25kg $=75$kg

砂：75×2.44kg $=183$kg

石：75×4.40kg $=330$kg

水：$75\times(0.6-2.35\times4\%-4.36\times1\%)$kg $=34.68$kg

3.3.2 混凝土搅拌

1. 常用搅拌机的分类

常用的混凝土搅拌机按其搅拌原理主要分为强制式搅拌机和自落式搅拌机两类，如图 3-12 所示。

（1）强制式搅拌机 这种搅拌机适用于搅拌干硬性混凝土、流动性混凝土和轻骨料混凝土等，具有搅拌质量好、搅拌速度快、生产效率高、操作简便及安全可靠等优点。

（2）自落式搅拌机 这种搅拌机适用于搅拌塑性混凝土和低流动性混凝土，搅拌质量、搅拌速度等与强制式搅拌机相比要差一些。

2. 混凝土搅拌时间

搅拌时间是影响混凝土质量及搅拌机生产效率的重要因素之一，不同搅拌机类型及不同稠度的混凝土拌合物有不同的搅拌时间。混凝土搅拌的最短时间可按表 3-19 采用。

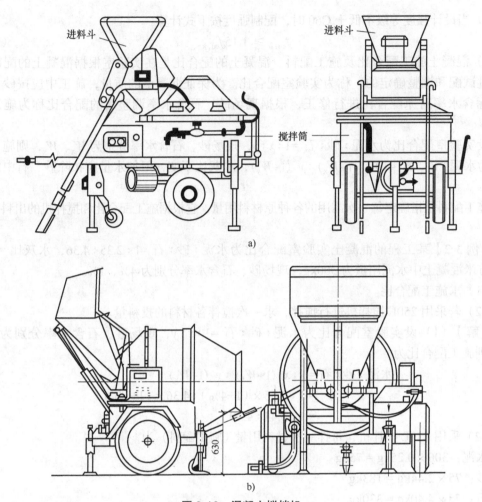

a)

b)

图 3-12　混凝土搅拌机

a）强制式搅拌机　b）自落式搅拌机

表 3-19　混凝土搅拌的最短时间　　　　　　　　　　（单位：s）

混凝土坍落度 /mm	搅拌机机型	搅拌机出料量 /L		
		<250	250~500	>500
≤ 40	强制式	60	90	120
>40，且 <100	强制式	60	60	90
≥ 100	强制式		60	

注：1. 混凝土搅拌的最短时间是指全部材料装入搅拌筒中开始，到开始卸料为止的时间。

　　2. 当掺有外加剂与矿物掺合料时，搅拌时间应适当延长。

　　3. 采用自落式搅拌机时，搅拌时间宜延长 30s。

　　4. 当采用其他形式的搅拌设备时，搅拌的最短时间应按设备说明书的规定或经试验确定。

3.3.3　混凝土运输

1. 商品混凝土的运输

混凝土水平运输一般是指混凝土自搅拌机中卸出后，运至浇筑地点的地面运输。商品混凝土的远距离运输多使用混凝土搅拌运输车，如图 3-13 所示。

混凝土运输的质量控制：

1）混凝土搅拌运输车在夏季施工应淋水降温，冬期施工应加保温罩。

2）运输车在装料前应将筒内积水排尽。

3）严禁向运输车内的混凝土中任意加水。

图 3-13　混凝土搅拌运输车

4）混凝土运到施工现场不得产生离析现象，应符合浇筑时规定的坍落度要求。对不同的泵送高度，入泵时的混凝土坍落度可按表 3-20 选用。

表 3-20　不同泵送高度入泵时的混凝土坍落度选用值

泵送高度 /m	≤ 30	30 ~ 60	60 ~ 100	≥ 100
坍落度 /mm	100 ~ 140	140 ~ 160	160 ~ 180	180 ~ 200

5）混凝土从搅拌出料、运至施工现场、浇筑完毕的全过程，必须在混凝土初凝之前完成，因此混凝土从搅拌机中卸出后到浇筑完毕的时间不得超过表 3-21 的规定。当达不到要求时，应在混凝土内加缓凝剂。

表 3-21　混凝土运输、输送、浇筑及间歇的全部时间限值　　　　　（单位：min）

条　件	气　温	
	≤ 25 ℃	> 25 ℃
不掺外加剂	180	150
掺外加剂	240	210

6）混凝土在运送过程中，混凝土搅拌运输车的筒体应保持慢速转动，以防止混凝土发生沉淀、离析，导致改变混凝土的施工性能。卸料前，混凝土搅拌运输车的筒体应加快运转 20~30s 后方可卸料。

7）当运至现场的混凝土达不到要求而需要加入减水剂时，应由搅拌站负责现场检验的专业技术人员处理。

2. 混凝土现场输送

混凝土现场输送宜采用泵送方式。泵送混凝土是通过专用混凝土输送泵和管道，借助泵的压力将混凝土直接输送到灌注的部位，一次完成水平和垂直运输。

混凝土泵送设备有两大类：一类为混凝土泵车，另一类为混凝土泵。

（1）混凝土泵车　混凝土泵车如图 3-14 所示。在选用混凝土泵车时，应根据施工部位的体积、高度、水平距离选用。选用混凝土泵车的技术参数应能满足施工的需要，其技术参数包括输送水平距离、垂直高度、排量、泵送压力等。

（2）混凝土泵　混凝土泵由泵体、分配阀、料斗、推送机构、液压系统、电气系统、机架及行走装置、润滑系统、罩壳和输送管道组成，如图 3-15 所示。

图 3-14　混凝土泵车

图 3-15　混凝土泵的基本构造简图

混凝土泵的输送泵管应根据输送泵的型号、拌合物性能、总输出量、单位输出量、输送距离以及粗骨料粒径等进行选择。输送泵管安装接头应严密，输送泵管道转向宜平缓。输送泵管应采用支架固定，支架应与结构牢固连接，输送泵管转向处支架应加密。

3.3.4　混凝土浇筑

1. 混凝土浇筑的准备工作

混凝土浇筑前，提前制订好现浇混凝土结构的施工方案；混凝土浇筑、振捣技术措施；施工缝、后浇带的留设；混凝土养护技术措施等。

浇筑混凝土时，施工现场应具备的施工条件包括施工机具（搅拌机、运输车、料斗、串筒、振动器等）准备及检查；保证水、电及原材料的供应；掌握天气季节变化情况；做好隐蔽工程验收、技术复核与交底；混凝土在输送、浇筑前应检查混凝土送料单、核对配合比、检查坍落度，在确认无误后方可进行混凝土浇筑。

2. 混凝土浇筑的基本要求

浇筑混凝土前，应清除模板内或垫层上的杂物。表面干燥的地基、垫层、模板表面应洒水湿润；现场环境温度高于 35℃时宜对金属模板进行洒水降温，洒水后不得留有积水。混凝土浇筑应保证混凝土的均匀性和密实性。混凝土宜一次连续浇筑，当不能一次连续浇筑时，可留设施工缝或后浇带分块浇筑。混凝土浇筑过程应分层进行，分层厚度应符合表 3-22 的规定，上层混凝土应在下层混凝土初凝之前浇筑完毕。混凝土浇筑的布料点宜接近浇筑位置，宜先浇筑竖向结构构件，后浇筑水平结构构件。浇筑区域结构平面有高差时，宜先浇筑低区部分，再浇筑高区部分。

表 3-22　混凝土分层最大厚度

振 捣 方 法	混凝土分层最大厚度
插入式振捣棒	插入式振捣棒作用部分长度的 1.25 倍
平板振动器	200mm
附着振动器	根据设置方式，通过试验确定

3. 施工缝或后浇带处混凝土浇筑

施工缝指的是在混凝土浇筑过程中，因设计要求或施工需要分段浇筑，而在先、后浇筑的混凝土之间形成的接缝。施工缝是结构中的薄弱环节，施工缝的位置应设置在结构受剪力较小和便于施工的部位。施工缝的留置应符合下列规定：

1）柱、墙应留水平缝；梁、板的混凝土应一次浇筑，不留施工缝。

2）施工缝应留置在基础的顶面、梁或吊车梁牛腿的下面、吊车梁的上面、无梁楼板柱帽的下面（图 3-16）。

3）和楼板连成整体的大断面梁，施工缝应留置在板底面以下 20~30mm 处。当板下有梁托时，施工缝留置在梁托下部。

4）对于单向板，施工缝应留置在平行于板的短边的任何位置。

5）有主（次）梁的楼板，宜顺着次梁方向浇筑，施工缝应留置在次梁跨度中间 1/3 的范围内（图 3-17）。

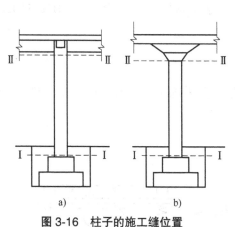

图 3-16　柱子的施工缝位置
a）梁板式结构　b）无梁楼盖结构

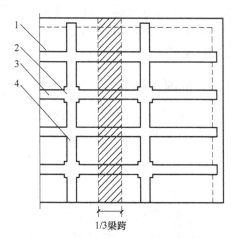

图 3-17　主（次）梁楼盖的施工缝
1—楼板　2—柱　3—次梁　4—主梁

6）墙上的施工缝应留置在门洞口过梁跨中 1/3 范围内，也可留在纵、横墙的交接处。

7）楼梯上的施工缝应留在踏步板的 1/3 处（图 3-18）。楼梯的混凝土宜连续浇筑。若为多层楼梯，且上一层为现浇楼板而又未浇筑时，可留置施工缝；施工缝应留置在楼梯段中间的 1/3 部位，但要注意接缝面应斜向垂直于楼梯轴线方向。

8）水池池壁的施工缝宜留在高出底板表面 200~500mm 的竖壁上。

9）双向受力楼板、大体积混凝土、拱结构、壳结构、仓结构、设备基础、多层刚架及其他复杂结构，施工缝位置应按设计要求留设。

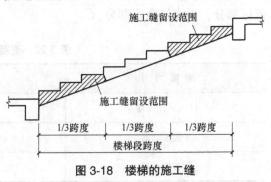

图 3-18 楼梯的施工缝

建筑施工中为防止现浇钢筋混凝土结构由于自身收缩不均或沉降不均可能产生的有害裂缝，按照设计或施工规范要求，在基础底板、墙、梁相应位置留设的临时施工缝，称为后浇带。后浇带的宽度应考虑便于施工及避免应力集中，并按结构构造要求确定，宽度一般以 700~1000mm 为宜。后浇带处的钢筋必须贯通，不许断开。

在施工缝处继续浇筑混凝土时，混凝土抗压强度不应小于 $1.2N/mm^2$，应清除施工缝表面的水泥薄膜和松动的石子或软弱混凝土层，经湿润、冲洗干净，再抹水泥浆或与混凝土成分相同的水泥砂浆一层；然后再浇筑混凝土，施工缝处新浇筑的混凝土应细致捣实，使新旧混凝土结合紧密。

4. 大体积混凝土浇筑

混凝土结构物实体最小几何尺寸不小于 1m 的大体量混凝土，或预计会因混凝土中胶凝材料水化引起的温度变化和收缩而导致有害裂缝产生的混凝土，称为大体积混凝土。

大体积混凝土主要的特点就是体积大，一般实体最小尺寸大于或等于 1m，它的表面系数比较小，水泥水化热释放比较集中，内部升温比较快。混凝土内外温差较大时，会使混凝土产生温度裂缝，影响结构安全和正常使用，其施工技术应满足《大体积混凝土施工标准》（GB 50496—2018）、《大体积混凝土温度测控技术规范》（GB/T 51028—2015）的规定。

3.3.5 混凝土振捣

混凝土振捣可采用插入式振捣棒、平板振动器或附着振动器（图 3-19，表 3-23），必要时可采用人工辅助振捣。

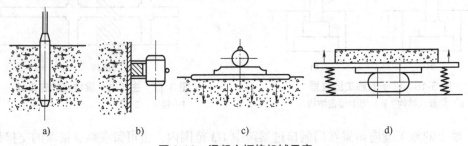

图 3-19 混凝土振捣机械示意

a）插入式振捣棒 b）附着振动器 c）平板振动器 d）振动台

表 3-23　混凝土振捣设备

分　类	说　　明
内部振动器 （插入式振动器）	内部振动器的形式有硬管、软管之分，振动部分有锤式、棒式、片式等。其振动频率有高有低，主要适用于大体积混凝土、基础、柱、梁、墙、厚度较大的板以及预制构件的捣实工作。当钢筋十分稠密或结构很薄时，其使用会受到一定的限制
表面振动器 （平板振动器）	表面振动器的工作部分是一块钢制或木制的平板，板上装一个带偏心块的电动振动器，振动力通过平板传给混凝土。由于其振动作用深度较小，仅适用于表面积大而平整的结构物，如平板、地面、屋面等构件
外部振动器 （附着振动器）	外部振动器通常利用螺栓或钳形夹具固定在模板外侧，不与混凝土直接接触，借助模板或其他物体将振动力传递到混凝土。由于其振动范围不大，仅适用于振捣钢筋较密、厚度较小以及不宜使用插入式振动器的结构构件

3.3.6　混凝土养护

混凝土浇筑后应及时进行保湿养护，保湿养护可采用浇水、覆盖、喷涂养护剂等方式。选择养护方式应考虑现场条件、环境温（湿）度、构件特点、技术要求、施工操作要求等因素。

1. 混凝土浇水养护

当室外平均气温高于 5℃时，可用保水材料或草帘等对混凝土加以覆盖后适当浇水，也可采用直接洒水、蓄水等养护方式，使混凝土在一定的时间内在湿润状态下硬化。混凝土浇水养护应符合下列要求。

1）当最高气温低于 25℃时，混凝土浇筑完后应在 12h 以内加以覆盖和浇水；最高气温高于 25℃时，应在 6h 以内开始养护。

2）浇水养护时间根据水泥品种确定：硅酸盐水泥、普通硅酸盐水泥和矿渣硅酸盐水泥拌制的混凝土，不得少于 7d；火山灰质硅酸盐水泥和粉煤灰硅酸盐水泥拌制的混凝土或有抗渗要求的混凝土，不得少于 14d。当采用其他品种水泥时，混凝土的养护应根据所采用的水泥技术性能确定。

3）浇水次数应使混凝土保持具有足够的湿润状态。在气温高、湿度低时，也应增加浇水的次数。

4）混凝土的养护用水应与拌制水相同。

5）当日平均气温低于 5℃时，不得浇水。

6）混凝土必须养护至 1.2MPa 以上强度以后，方可在其上踩踏和安装模板及支架。

2. 混凝土覆盖养护

混凝土覆盖养护应在混凝土终凝后及时进行，覆盖应严密，覆盖物相互搭接长度不宜小于 100mm，确保混凝土处于保温保湿状态。覆盖养护宜在混凝土裸露表面覆盖塑料薄膜、塑料薄膜加麻袋、塑料薄膜加草帘。塑料薄膜应紧贴混凝土裸露表面，塑料薄膜内应保持有凝结水，以保证混凝土处于湿润状态。覆盖物应严密，覆盖物的层数应按施工方案确定。

3. 混凝土喷涂养护

混凝土喷涂养护是将可成膜的溶液喷洒在混凝土表面上，溶液挥发后在混凝土表面凝结成一层薄膜,使混凝土表面与空气隔绝,封闭混凝土中的水分不再被蒸发,从而完成水化作用。

4. 混凝土加热养护

混凝土加热养护是指采用人工的方式控制混凝土的养护温度和湿度,使混凝土强度增长,如蒸汽养护、热水养护、太阳能养护等,主要用来养护预制构件。

3.3.7 混凝土的外观质量缺陷

混凝土在施工中由于操作方法不当容易引起外观质量缺陷(表 3-24),这些质量缺陷直接影响建筑物的使用年限。

表 3-24 混凝土的外观质量缺陷

名 称	现 象	严 重 缺 陷	一 般 缺 陷
露筋	构件内钢筋未被混凝土包裹而外露	纵向受力钢筋有露筋	其他钢筋有少量露筋
蜂窝	混凝土表面缺少水泥砂浆而形成石子外露	构件主要受力部位有蜂窝	其他部位有少量蜂窝
孔洞	混凝土中孔洞的深度和长度均超过保护层厚度	构件主要受力部位有孔洞	其他部位有少量孔洞
夹渣	混凝土中夹有杂物且深度超过保护层厚度	构件主要受力部位有夹渣	其他部位有少量夹渣
疏松	混凝土中局部不密实	构件主要受力部位有疏松	其他部位有少量疏松
裂缝	缝隙从混凝土表面延伸至混凝土内部	构件主要受力部位有影响结构性能或使用功能的裂缝	其他部位有少量不影响结构性能或使用功能的裂缝
连接部位缺陷	构件连接部位混凝土有缺陷,连接钢筋、连接件松动	连接部位有影响结构传力性能的缺陷	连接部位有基本不影响结构传力性能的缺陷
外形缺陷	缺棱掉角、棱角不直、翘曲不平、飞边凸肋等	清水混凝土构件有影响使用功能或装饰效果的外形缺陷	其他混凝土构件有不影响使用功能的外形缺陷
外表缺陷	构件表面麻面、掉皮、起砂、沾污等	具有重要装饰效果的清水混凝土构件有外表缺陷	其他混凝土构件有不影响使用功能的外表缺陷

施工过程中发现混凝土结构缺陷时,应认真分析缺陷产生的原因。对于严重缺陷,施工单位应制订专项修整方案,方案应经论证审批后再实施,不得擅自处理。

3.3.8 混凝土工程施工质量验收

混凝土工程的施工质量检验应区分主控项目、一般项目按规定的检验方法进行检验。

1. 主控项目

1)水泥进场时应对其品种、强度等级、包装或散装仓号、出厂日期等进行检查,并应对其强度、安定性及其他必要的性能指标进行复验，其质量必须符合国家现行标准的要求。当在使用中对水泥质量有怀疑或水泥出厂超过三个月（快硬硅酸盐水泥超过一个月）时，应进行复验，并按复验结果使用。

钢筋混凝土结构、预应力混凝土结构中严禁使用含氯化物的水泥。

检查数量：按同一生产厂家、同一强度等级、同一品种、同一批号且连续进场的水泥，袋装不超过200t为一批，散装不超过500t为一批，每批抽样不少于一次。

检验方法：检查产品合格证、出厂检验报告和进场复验报告。

2）混凝土中掺用外加剂的质量及应用技术应符合国家现行标准和有关环境保护的规定。预应力混凝土结构中，严禁使用含氯化物的外加剂。钢筋混凝土结构中，当使用含氯化物的外加剂时，混凝土中氯化物的总含量应符合国家现行标准的规定。

检查数量：按进场的批次和产品的抽样检验方案确定。

检验方法：检查产品合格证、出厂检验报告和进场复验报告。

3）混凝土的强度等级、耐久性和工作性等应按《普通混凝土配合比设计规程》（JGJ 55—2011）的有关规定进行配合比设计。对有特殊要求的混凝土，其配合比设计还应符合国家现行有关标准的规定。

检验方法：检查配合比设计资料。

4）结构混凝土的强度等级必须符合设计要求。用于检查结构构件混凝土强度的试件，应在混凝土的浇筑地点随机抽取。取样与试件留置应符合下列规定：每拌制100盘且不超过100m³的同配合比的混凝土，取样不得少于一次；每工作班拌制的同一配合比的混凝土不足100盘时，取样不得少于一次；当一次连续浇筑超过1000m³时，同一配合比的混凝土每200m³取样不得少于一次；每一楼层、同一配合比的混凝土，取样不得少于一次；每次取样应至少留置一组标准养护试件，同条件养护试件的留置组数应根据实际需要确定。

检验方法：检查施工记录及试件强度试验报告。

5）对有抗渗要求的混凝土结构，其混凝土试件应在浇筑地点随机取样。同一工程、同一配合比的混凝土，取样不应少于一次，留置组数可根据实际需要确定。

检验方法：检查试件抗渗试验报告。

6）混凝土原材料每盘称量的偏差应符合下列规定：水泥、掺合料为±5%；粗（细）骨料为±3%；水、外加剂为±2%。

检查数量：每工作班抽查不应少于一次。当遇雨天或含水率有显著变化时，应增加含水率检测次数，并及时调整水和骨料的用量。

检验方法：复称。

7）混凝土运输、浇筑及间歇的全部时间不应超过混凝土的初凝时间。同一施工段的混凝土应连续浇筑，并应在底层混凝土初凝之前将上一层混凝土浇筑完毕。当底层混凝土初凝后浇筑上一层混凝土时，应按施工技术方案中对施工缝的要求进行处理。

检查数量：全数检查。

检验方法：观察，检查施工记录。

8）现浇结构的外观质量不应有严重缺陷。对已经出现的严重缺陷，应由施工单位提出技术处理方案，并经监理（建设）单位认可后进行处理。对经处理的部位，应重新检查验收。

检查数量：全数检查。

检验方法：观察，检查技术处理方案。

9）现浇结构不应有影响结构性能和使用功能的尺寸偏差。对超过尺寸允许偏差且影响结构性能和安装、使用功能的部位，应由施工单位提出技术处理方案，并经监理（建设）单位认可后进行处理。对经处理的部位，应重新检查验收。

检查数量：全数检查。

检验方法：量测，检查技术处理方案。

2. 一般项目

1）混凝土中掺用矿物掺合料，粗（细）骨料及拌制混凝土用水的质量应符合国家现行标准的规定。

检查数量：按进场的批次和产品的抽样检验方案确定。

检验方法：检查出厂合格证和进场复验报告，粗（细）骨料检查进场复验报告，拌制混凝土用水检查水质试验报告。

2）首次使用的混凝土配合比应进行开盘鉴定，其工作性应满足设计配合比的要求。开始生产时应至少留置一组标准养护试件，作为验证配合比的依据。

检验方法：检查开盘鉴定资料和试件强度试验报告。

3）混凝土拌制前，应测定砂、石含水率并根据测试结果调整材料用量，提出施工配合比。

检查数量：每工作班检查一次。

检验方法：检查含水率测试结果和施工配合比通知单。

4）施工缝、后浇带的位置应在混凝土浇筑前按设计要求和施工技术方案确定。施工缝处理、后浇带混凝土浇筑应按施工技术方案执行。

检查数量：全数检查。

检验方法：观察，检查施工记录。

5）现浇结构位置和尺寸的允许偏差及检验方法见表 3-25，现浇设备基础位置和尺寸的允许偏差及检验方法见表 3-26。

表 3-25　现浇结构位置和尺寸的允许偏差及检验方法

项　　目		允许偏差 /mm	检 验 方 法
轴线位置	整体基础	15	经纬仪及尺量检查
	独立基础	10	经纬仪及尺量检查
	柱、墙、梁	8	尺量检查
垂直度	柱、墙、层高	≤ 6m	10	经纬仪或吊线、尺量检查
		>6m	12	经纬仪或吊线、尺量检查
	全高（H）≤ 300m	$H/30000+20$	经纬仪、尺量检查
	全高（H）>300m	$H/10000$ 且 ≤ 80	经纬仪、尺量检查
标高	层高	± 10	水准仪或拉线、尺量检查
	全高	± 30	水准仪或拉线、尺量检查

（续）

项 目		允许偏差 /mm	检验方法
截面尺寸	基础	−10, +15	尺量检查
	柱、梁、板、墙	−5, +10	尺量检查
	楼梯相邻踏步高差	6	尺量检查
电梯井洞	中心位置	10	尺量检查
	长、宽尺寸	0, +25	尺量检查
表面平整度		8	2m 靠尺和塞尺量测
预埋件中心位置	预埋板	10	尺量检查
	预埋螺栓	5	尺量检查
	预埋管	5	尺量检查
	其他	10	尺量检查
预留洞（孔）中心线位置		15	尺量检查

注：1. 检查柱轴线、中心线位置时，沿纵、横两个方向测量，并取其中偏差的较大值。

2. H 为全高，单位为 mm。

表 3-26　现浇设备基础位置和尺寸的允许偏差及检验方法

项 目		允许偏差 /mm	检 验 方 法
坐标位置		20	经纬仪及尺量检查
不同平面标高		−20, 0	水准仪或拉线、尺量检查
平面外形尺寸		± 20	尺量检查
凸台上平面外形尺寸		−20, 0	尺量检查
凹槽尺寸		0, +20	尺量检查
平面水平度	每米	5	水平尺、塞尺量测
	全长	10	水准仪或拉线、尺量检查
垂直度	每米	5	经纬仪或吊线、尺量检查
	全高	10	经纬仪或吊线、尺量检查
预埋地脚螺栓	中心位置	2	尺量检查
	顶标高	0, +20	水准仪或拉线、尺量检查
	中心距	± 2	尺量检查
	垂直度	5	吊线、尺量检查
预埋地脚螺栓孔	中心线位置	10	尺量检查
	截面尺寸	0, +20	尺量检查
	深度	0, +20	尺量检查
	垂直度	h/100 且 ≤ 10	吊线、尺量检查

(续)

项　目		允许偏差 /mm	检 验 方 法
预埋活动地脚螺栓锚板	中心线位置	5	尺量检查
	标高	0，+20	水准仪或拉线、尺量检查
	带槽锚板平整度	5	直尺、塞尺量测
	带螺纹孔锚板平整度	2	直尺、塞尺量测

注：1. 检查坐标、中心线位置时，应沿纵、横两个方向测量，并取其中偏差的较大值。

　　2. h 为预埋地脚螺栓孔孔深，单位为 mm。

　　检查数量：按楼层、结构缝或施工段划分检验批。在同一检验批内，对梁、柱、独立基础，应抽查构件数量的 10%，且不少于 3 件；对墙和板，应按有代表性的自然间抽查 10%，且不少于 3 间；对大空间结构，墙可按相邻轴线之间的高度每 5m 左右划分检查面，板可按纵、横轴线划分检查面，均抽查 10%，且均不少于 3 面。对电梯井，应全数检查。对设备基础，应全数检查。

学 习 鉴 定

思维导图

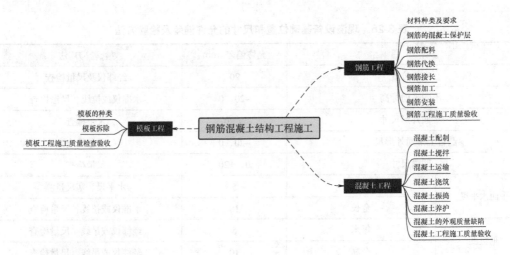

一、名词解释

1. 早拆模板。

2. 混凝土保护层厚度。

3. 钢筋配料。

4. 施工配合比。

5. 施工缝。

二、单选题

1. 柱施工缝留置位置不当的是（　　）。

　　A. 基础顶面　　　　　　　　　　　　　　B. 与吊车梁平齐处

C. 吊车梁上面　　　　　　　　　　　D. 梁的下面

2. 在施工缝处继续浇筑混凝土应待已浇混凝土强度达到（　　　）。

　　A. 1.2MPa　　　　　　B. 2.5MPa　　　　　　C. 1.0MPa　　　　　　D. 5MPa

3. HPB300 钢筋采用双面焊缝搭接焊，搭接长度应大于等于（　　　）。

　　A. 4d　　　　　　　　B. 5d　　　　　　　　C. 8d　　　　　　　　D. 10d

4. 某梁的跨度为 6m，采用钢模板、钢支柱支模时，其跨中起拱高度可为（　　　）。

　　A. 1mm　　　　　　　B. 2mm　　　　　　　C. 4mm　　　　　　　D. 8mm

5. 悬挑长度为1.8m、混凝土强度为C35的现浇阳台板，当混凝土强度至少达到（　　　）时方可拆除底模板。

　　A. 15N/mm^2　　　　　B. 22.5N/mm^2　　　　C. 21N/mm^2　　　　　D. 35N/mm^2

6. 浇筑柱混凝土时，其根部应先浇（　　　）。

　　A. 5~10mm 厚水泥浆

　　B. 5~10mm 厚水泥砂浆

　　C. 50~100mm 厚水泥砂浆

　　D. 500mm 厚增加一倍石子用量的混凝土

7. 硅酸盐水泥拌制的混凝土，养护时间不得少于（　　　）天。

　　A. 14　　　　　　　　B. 21　　　　　　　　C. 7　　　　　　　　　D. 28

8. 模板拆除顺序应按设计方案进行，当无规定时，应按照（　　　）顺序拆除混凝土模板。

　　A. 先支后拆,后支先拆

　　B. 先支先拆,后支后拆

　　C. 先拆承重模板,后拆非承重模板

　　D. 先拆复杂部分,后拆简单部分

9. 不同种类钢筋代换，应按（　　　）的原则进行。

　　A. 钢筋面积相等　　　　　　　　　　B. 钢筋强度相等

　　C. 钢筋面积不小于代换前　　　　　　D. 钢筋受拉承载力设计值相等

10. 下列焊接方式中，现场梁主筋不宜采用的是（　　　）。

　　A. 闪光对焊　　　　　　　　　　　　B. 电渣压力焊

　　C. 搭接焊　　　　　　　　　　　　　D. 帮条焊

11. 混凝土施工缝宜留在结构受（　　　）较小且便于施工的部位。

　　A. 荷载　　　　　　　B. 弯矩　　　　　　　C. 剪力　　　　　　　D. 压力

12. 混凝土浇筑中如已留设施工缝，已浇混凝土强度不低于（　　　）MPa。

　　A. 1　　　　　　　　B. 1.2　　　　　　　C. 1.5　　　　　　　D. 2

13. 关于混凝土施工缝的留置位置，正确的做法有（　　　）。

　　A. 柱的施工缝留置在基础的顶面

　　B. 单向板的施工缝留置在平行于板的长边的任何位置

　　C. 有主(次)梁的楼板，施工缝留置在主梁跨中 1/3 范围内

　　D. 墙的施工缝留置在门洞口过梁跨中 1/3 范围内

14. 大体积混凝土结构构件表面以内 40~80mm 位置处的温度，与混凝土结构构件内部的温度差值不宜大于（   ）℃。

    A. 20   B. 25   C. 30   D. 50

三、判断题

1. 对掺用缓凝型外加剂或有抗渗要求的混凝土，养护时间不得少于 7d。（   ）

2. 跨度为 8.5m、强度为 C30 的现浇混凝土梁，混凝土强度至少应达到 22.5MPa 时方可拆除底模。（   ）

3. 对跨度不小于 4m 的现浇钢筋混凝土梁板模板应按设计起拱；当设计无具体要求时，起拱高度宜为跨度的 0.1%~0.5%。（   ）

4. 钢筋的接头宜设置在受力较小处，同一纵向受力钢筋宜设置两个或两个以上接头。（   ）

5. 在同一检验批内有 50 个独立基础，在钢筋验收中的检查数量应为构件数量的 10%，且不少于 3 件。（   ）

6. 大体积混凝土是指混凝土结构实体最小尺寸不小于 1m 的大体量混凝土，或预计会因材料水化引起的温度变化和收缩而导致有害裂缝产生的混凝土。（   ）

四、实训题

参照图（3-20），根据施工工艺要求进行下列操作：

（1）支模板要求：采用胶合板模板，让学生制作框架结构柱（400mm×400mm，高度为 1800mm）、梁（截面尺寸均为 300mm×200mm）、墙（宽 200mm）等主要构件，然后按照位置、尺寸要求放线、搭架子、测标高，进行各种构件的安装。

（2）钢筋要求：

1）柱：受力钢筋采用 HRB400 钢筋，$4\phi20$；箍筋采用 HPB300 钢筋，$\phi6@200mm$。

2）梁：受力钢筋采用 HRB400 钢筋，$3\phi16$；架立筋为 $2\phi12$；箍筋采用 HPB300 钢筋，$\phi6@200mm$。

3）墙：受力钢筋采用 HRB400 钢筋，$\phi14@200mm$。

（3）混凝土要求：均采用 C30 混凝土。

最后验收每组学生安装的模板、绑扎的钢筋以及浇筑的混凝土是否符合规范要求，并进行混凝土养护、模板拆除等相关实训。

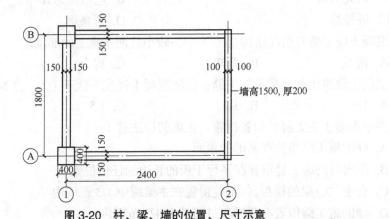

图 3-20　柱、梁、墙的位置、尺寸示意

拓展知识

新材料——14 种神奇的新型混凝土"黑科技"

1. 自愈混凝土——"打不死的小强"

人的皮肤表面如果被割伤，除非伤势严重，一般会自行愈合，那么自愈混凝土是怎么回事呢？自愈混凝土是一种新型混凝土，拥有破碎之后能够自行"修复愈合"的功能。混凝土作为当今土木工程中使用十分广泛的建筑材料之一，不足之处就是很容易出现裂缝，而自愈混凝土在渗入的雨水的作用下发生化学反应，可对混凝土开裂部分进行局部填充，形成混凝土的"修复愈合"（图 3-21）。

2. 再生混凝土——将回收进行到底

废弃的混凝土如何处理，建筑施工过程中这样的难题经常碰到，再生混凝土的出现可以让施工人员省去不少烦恼。

再生混凝土是将工地上或施工过程中一些不用的废弃混凝土块经过破碎、清洗等步骤之后，按照一定的比例配合，部分甚至全部代替砂、石等天然集料，再加入水泥、水等就可以配制成新混凝土。这种新型混凝土的出现不仅解决了废弃混凝土如何安置的难题，更能让资源回收充分再利用，可节约施工成本。

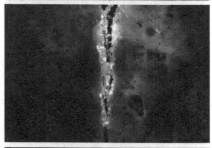

图 3-21 自愈混凝土

3. 透水混凝土——道路积水终结者

透水混凝土（图 3-22）最早在 20 世纪 70~80 年代开始得到研究和应用，进入 21 世纪后被不少国家大量推广并使用，但是透水混凝土究竟是什么呢？其实它是一种由集料、水泥和水拌制而成的多孔轻质混凝土。作为一种新的环保型、生态型的道路材料，透水混凝土所具备的透气、透水以及质量轻等优点，让它在城市雨水管理和水污染防治等工作中有着不可替代的重要作用。

图 3-22 透水混凝土

4. 清水混凝土——混凝土也能玩艺术

清水混凝土可以说是混凝土材料中的"颜值"担当了，"素面朝天"是人们对它最中肯的评价，而这种与生俱来的厚重与清雅也是现代建筑材料无法效仿和媲美的。越来越多的世界级建筑大师在他们的设计中大量采用清水混凝土。

清水混凝土也被叫作装饰混凝土，就是这样一个看似单调无味的产品，无论在高楼建筑还是在家居中，它在不知不觉中成为一种不可或缺的装饰材料。巴黎的一位设计师就利用清水混凝土材料制作出了一款彰显男士风格的混凝土腕表，令人过目难忘；同时，珠宝首饰也能和混凝土完美地结合在一起。

脑洞大开的人们还将这种新型混凝土制作成洗手池、花瓶（图3-23）、混凝土音响、移动硬盘（图3-24）、手机摆件、混凝土眼镜等。

图 3-23　清水混凝土做成的花瓶

图 3-24　清水混凝土移动硬盘

5. 彩色混凝土——绚丽缤纷的色彩专家

与清水混凝土的素雅朴实相比，彩色混凝土更像一个小姑娘，爱打扮、花枝招展是它的独特之处。这样的特点也让彩色混凝土被广泛应用于室外装饰、景点改造等公共场所。

不仅如此，彩色混凝土还能使水泥地面永久地呈现出各种色泽、图案、质感，逼真地模拟自然的材质和纹理，设计师可随心所欲地设计各类图案，能够轻松地实现建筑物与人文环境、自然环境和谐相处、融为一体。

目前，彩色混凝土已广泛运用于市政步道、园林小路、城市广场、高档住宅小区、停车场、商务办公大楼、户外运动场所（羽毛球场馆、篮球场馆等）中。

6. 生态混凝土——环保小能手

生态混凝土也被称作"植被混凝土""绿化混凝土"等，它不仅能够适应绿色植物的生长，更具有一定的防护功能。作为混凝土界的环保小能手，生态混凝土有着极高的透水性、承载力以及良好的装饰效果，可保护人类赖以生存的自然环境不遭受破坏。相信以后的生态混凝土的发展方向也会在人们的日常生活中逐渐广泛应用开来。

7. 泡沫混凝土——工程领域的佼佼者

泡沫混凝土也叫作轻质混凝土，它通常广泛应用于节能墙体工程之中，但也可用于屋面泡沫混凝土保温层现浇、泡沫混凝土砌块、泡沫混凝土轻质墙板、泡沫混凝土补偿地基等方面。

显然，泡沫混凝土的作用绝不仅仅局限在这几个方面，只要充分利用其特性，扩大其在建筑工程领域的应用，那么加快施工速度、提高工程质量是不在话下的。

尤其在公路建设方面，泡沫混凝土可谓大有用武之地。它不仅能提高土地的利用效率，节省用地，更能缩短施工周期，提高工程质量，大幅降低工程运营的维护、管理成本。泡沫混凝土凭借其自身优良的特点，在建筑工程领域有着举足轻重的地位。图 3-25 显示的是用泡沫混凝土做成的石块。

图 3-25　用泡沫混凝土做成的石块

8. 吸声混凝土——隔绝噪声的有力武器

吸声混凝土是一种针对外部噪声具有隔声或者吸声作用的物质，它具有连续、多孔的内部结构。与普通的密实混凝土不同的是，这种新型混凝土能够直接面对噪声源布置。

开发吸声混凝土的目的就是为了减少交通噪声，它可应用于机场、高速公路、高速铁路的两侧，它不仅能够明显地降低交通噪声，还能改善出行环境以及公共交通设施周围的居住环境。

9. 玻璃混凝土——废玻璃也有春天

当碎玻璃遇上混凝土，两者又会碰撞出怎样的火花呢？一项研究表明，废弃玻璃可用作混凝土的矿物掺合料，不仅可以把废玻璃的价值发挥出来，更可在建筑施工中将这类废弃物处理成工程材料，使其循环再利用。

玻璃混凝土是在普通混凝土中加入了碾碎的普通玻璃渣制成，它不透水、不受气温变化的影响，用它建造的墙面无须抹灰泥，可以直接涂涂料，墙面外观十分优美，且不易起皮。

废玻璃作为一种不可生物降解的材料，将其与混凝土等建筑材料融合在一起本身就是一件非常了不起的事情。玻璃混凝土自身具有良好的物理性能和较高的抗压强度、抗拉强度，其与钢材、玻璃、陶瓷、玻璃钢等材料一样，都拥有较好的黏结力。不止如此，它还具有较好的耐腐蚀性能、超强的氧化性酸功能以及耐热性能，这为玻璃混凝土的工业用途打下了坚实基础。

不过，废玻璃用作混凝土的矿物掺合料虽然可行，但尚未达到工业化应用的地步，期待在未来能取得历史性的突破。玻璃混凝土作品如图 3-26 所示，半透明玻璃混凝土的透明效果如图 3-27 所示。

10. 空气净化混凝土——给你呼吸的爱

可净化空气的混凝土——空气净化混凝土是一种可在阳光下生成氧化氮并转化成无害的硝酸盐的新型建材产品，它不仅能够吸收汽车废气中的有害物质，更重要的是这种新型混凝土排放出来的硝酸盐可以在大雨中被冲刷带走，将污染降到最低。

图 3-26　玻璃混凝土作品

图 3-27　半透明玻璃混凝土的透明效果

11. 聚合物混凝土——价格虽贵但配置强大

聚合物混凝土是一种以聚合物为唯一胶结材料的混凝土，适用于地下建（构）筑物防水工程，以及游泳池、水泥库、化粪池等的防水工程。如直接接触饮用水，例如贮水池，则施工用的聚合物混凝土应选用符合要求的聚合物材料。从发展前景以及提高防水工程质量的角度来看，其潜能和作用不可低估；但是这种聚合物混凝土的价格较昂贵，目前仅用于特种工程。

聚合物混凝土在拌制时，聚合物填充了水泥混凝土中的孔隙和微裂缝，不仅可以提高密实度，增强水泥石与集料间的黏结力，更能缓和裂缝尖端的应力集中，强化普通水泥混凝土的原有性能。

12. 稻壳灰混凝土——低成本且坚固的建筑材料

稻壳，大米外面的一层壳，这样一个不起眼的材料却被科学家发现可以产生重要的经济效益。

稻壳燃烧后形成稻壳灰，其中的二氧化硅可以和氧化钙结合，不仅能够抵抗酸性腐蚀，更能用作混凝土掺合料。尤其是稻壳灰所具备的高活性和凝硬特性，更能提升水泥的加工性以及坚固性。

13. 钢纤维混凝土——一种新型多相复合材料

想要混凝土质量均恒、粉尘少，该怎么做呢？钢纤维混凝土的出现就是为了解决这一难题。作为一种新型的多相复合材料，钢纤维混凝土的使命就是在普通混凝土中加入短的钢纤维，从而达到改善混凝土抗拉强度、抗弯强度、抗冲击及抗疲劳性能的目的。与普通混凝土不同的是，钢纤维混凝土在混凝土开裂后，横跨裂缝的纤维就可以成为外力的主要承受者，这样使原本脆性的混凝土材料可以呈现出很高的延性和韧性，具有一系列优越的物理和力学性能。钢纤维混凝土井盖如图 3-28 所示。

图 3-28　钢纤维混凝土井盖

14. 智能混凝土——混凝土中的"爱因斯坦"

智能机器人大家都知道，智能混凝土有多少人了解就不得而知了，作为超高性能混凝土的一员，智能混凝土一出现就傲视群雄。这种新型混凝土究竟有什么厉害之处呢？

智能混凝土的主要特点之一就是可抵御地震灾害，也可抵御钻地炸弹的破坏。它不仅能比其他形式的混凝土抵抗住更大的压强，也比传统混凝土更加柔韧和耐用。智能混凝土能够在混凝土原有组分的基础上复合智能型组分，这样做能够让智能混凝土有着普通混凝土不具备的自感知、自适应、自修复和记忆等特性。而这些特性不仅能够对混凝土材料的内部损伤进行有效预报，还能根据检测结果自动进行修复，显著提高了混凝土结构的安全性和耐久性。

项目4

预应力混凝土工程施工

素养目标：

培养学生热爱祖国、诚信做人、以人为本、心怀国家的思想理念，坚守职业道德、发扬工匠精神，做合格的社会主义建设者。

教学目标：

1. 掌握预应力混凝土的施工工艺及质量控制方法。
2. 掌握预应力混凝土的施工质量验收标准及检测方法。
3. 掌握预应力混凝土结构施工的安全技术。

问题引入：

为了充分发挥钢筋强度高的特点，充分利用钢筋的拉力值，对受拉区的混凝土施加压力，使其产生预应力，当构件承受荷载产生拉应力时，首先要抵消混凝土的预加应力值后才能使受拉区的钢筋受拉。这种方法使得钢筋的抗拉强度得到充分利用，同时推迟了混凝土裂缝的出现和开展，提高了构件的刚度，这就是预应力混凝土。预应力混凝土根据其施工方法不同分为先张法施工、后张法施工、无粘结预应力混凝土施工。在学习预应力混凝土工程施工前，先思考以下问题：

1. 什么叫先张法？什么叫后张法？比较它们的异同点。
2. 先张法的张拉程序是什么？超张拉的作用是什么？有何要求？
3. 后张法孔道留设的方法有哪几种？各适用于什么情况？孔道灌浆的作用是什么？对灌浆材料有何要求？
4. 有粘结预应力与无粘结预应力的施工工艺有何区别？

4.1　先张法施工

4.1.1　概述

先张法

先张拉钢筋，后浇捣混凝土的方法称为先张法，如图4-1所示。

先张法施工的具体方法：在浇捣混凝土构件以前，先张拉钢筋，用夹具将其临时固定在台座或模板上，然后浇捣混凝土。当混凝土强度达到不低于设计值的75%后，把张拉的钢筋放张，这时钢筋回缩，而混凝土已与钢筋黏结在一起，阻止了钢筋的回缩，于是钢筋的回缩力把混凝土压紧，使受拉区混凝土预加了一个压力。

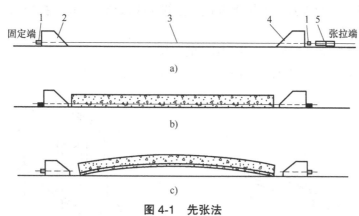

图4-1　先张法
a）张拉钢筋　b）浇筑混凝土　c）放张（割断）钢筋
1—夹具　2、4—台座　3—钢筋　5—张拉机具

4.1.2　先张法张拉工具

1. 台座

台座应有足够的强度、刚度和稳定性。台座按构造形式分为墩式和槽式两类，选用时根据构件种类、张拉力大小和施工条件确定。

1）墩式台座。墩式台座由台墩、台面和横梁等组成。墩式台座适用于生产空心板、平板等构件。

2）槽式台座。槽式台座由钢筋混凝土压杆和上、下横梁以及砖墙等组成。

2. 夹具

夹具是预应力筋张拉和临时固定的锚固装置，用在先张法施工中。按其用途不同，可分为锚固夹具和张拉夹具。

1）锚固夹具。锚固夹具用于将钢筋锚固在定型钢模板上或台座的横梁上，主要类型有圆锥齿板式夹具和圆套筒三片式夹具两种。

①圆锥齿板式夹具如图4-2所示，用于夹持直径3~5mm的碳素钢丝。

②圆套筒三片式夹具如图4-3所示，用于夹持直径12~14mm的钢筋。

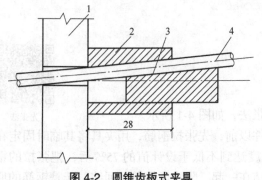
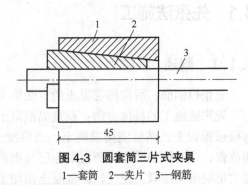

图 4-2　圆锥齿板式夹具
1—定位板　2—套筒　3—齿板　4—钢丝

图 4-3　圆套筒三片式夹具
1—套筒　2—夹片　3—钢筋

2）张拉夹具。张拉夹具一般用于墩式台座的长线张拉，夹持待拉伸钢筋并固定在台座的横梁上，主要类型有：

① 偏心式夹具如图 4-4 所示，用于钢丝的张拉。

② 压销式夹具如图 4-5 所示，用于直径 12~14mm 的钢筋张拉。

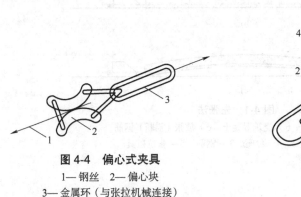
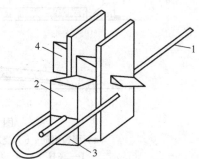

图 4-4　偏心式夹具
1—钢丝　2—偏心块
3—金属环（与张拉机械连接）

图 4-5　压销式夹具
1— 钢筋　2—销片（楔形）
3— 销片　4— 楔形压销

3. 张拉设备

常用的张拉设备有液压千斤顶、卷扬机、电动螺杆张拉机等。

1）液压千斤顶。液压千斤顶可用来张拉单根或多根成组的预应力筋，可直接从液压表的读数求得张拉应力值。成组张拉时，由于拉力较大，一般用液压千斤顶张拉，如图 4-6 所示。

2）卷扬机。在长线台座上张拉钢筋时，由于千斤顶行程不能满足要求，小直径钢筋可采用卷扬机张拉，用杠杆或弹簧测力。弹簧测力时，宜设行程开关，在张拉到规定的应力时能自行停机，如图 4-7 所示。

3）电动螺杆张拉机。电动螺杆张拉机由螺杆、电动机、变速箱、测力计及顶杆等组成，如图 4-8 所示。

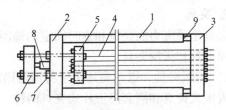

图 4-6　液压千斤顶成组张拉
1—台座　2、3—前、后横梁　4—钢筋　5、6—拉力架横梁　7—大螺栓杆　8—液压千斤顶　9—放张装置

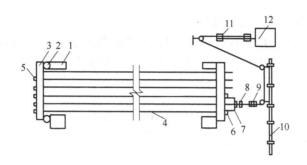

图 4-7　用卷扬机张拉预应力筋

1—台座　2—放张装置　3—横梁　4—钢筋　5—墩头　6—垫块　7—销片夹具
8—张拉夹具　9—弹簧测力计　10—固定梁　11—滑轮组　12—卷扬机

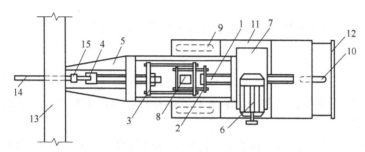

图 4-8　电动螺杆张拉机

1—螺杆　2、3—拉力架　4—张拉夹具　5—顶杆　6—电动机　7—齿轮减速箱　8—测力计
9、10—车轮　11—底盘　12—手把　13—横梁　14—钢筋　15—锚固夹具

4.1.3　先张法施工工艺

先张法施工工艺流程如图 4-9 所示。

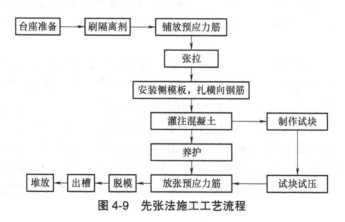

图 4-9　先张法施工工艺流程

1. 预应力筋的铺设、张拉

（1）预应力筋铺设　铺设前先做好台面的隔离层，应选用非油类模板隔离剂，隔离剂不得使预应力筋受沾染，以免影响预应力筋与混凝土的黏结。

碳素钢丝强度高、表面光滑，与混凝土黏结力较差，因此必要时可采取表面刻痕和压波措施，以提高钢丝与混凝土的黏结力。

（2）预应力筋张拉应力的确定　预应力筋的张拉控制应力应符合设计要求。施工如采用超张拉工艺，张拉控制应力可比设计要求提高5%，但其最大张拉控制应力不得超过表4-1的规定。

表 4-1　最大张拉控制应力

钢　　种	最大张拉控制应力 σ_{con}
消除应力钢丝、钢绞线	$\sigma_{con} \leq 0.80 f_{ptk}$
中强度预应力钢丝	$\sigma_{con} \leq 0.75 f_{ptk}$
预应力螺纹钢筋	$\sigma_{con} \leq 0.85 f_{pyk}$

注：f_{ptk} 为预应力筋极限强度标准值。

（3）张拉程序　预应力筋的张拉程序可按下列程序之一进行：

$$0 \rightarrow 103\% \delta_{con}$$

或 $0 \rightarrow 105\% \delta_{con}$ 持荷 2min $\rightarrow \delta_{con}$

1）第一种张拉程序中，超张拉3%是为了弥补预应力筋的松弛损失，这种张拉程序施工简便，应用较多。

2）第二种张拉程序中，超张拉5%并持荷2min的目的是减少预应力筋的松弛损失。钢筋松弛的数值与控制应力、延续时间有关，控制应力越高，松弛损失也就越大，随着时间的延续，松弛损失不断增加，但在第一分钟内完成总损失值的50%左右，24h内则完成80%。采用第二种张拉程序，超张拉5%并持荷2min，可以减少50%以上的松弛损失。

2. 混凝土浇筑与养护

为了减少预应力损失，在设计配合比时应考虑减少混凝土的收缩和徐变，应采用低水灰比，控制水泥用量，采用良好的骨料级配并振捣密实。振捣混凝土时，振动器不得碰撞预应力钢筋。混凝土未达到设计强度前不允许碰撞和踩动预应力筋，以保证预应力筋与混凝土有良好的黏结力。

预应力混凝土可采用自然养护和湿热养护。当采用湿热养护时，应采取正确的养护制度，减少由温差引起的预应力损失。在台座上生产的构件采用湿热养护时，温度升高后，预应力筋膨胀而台座长度并无变化，因而预应力筋的应力会减少。在这种情况下，混凝土逐渐硬结，而在混凝土硬化前预应力筋由于温度升高引起的应力降低将无法恢复，这会形成温差应力损失。因此，为了减少温差应力损失，混凝土在达到设计强度（$100N/mm^2$）前，应将温度升高限制在一定范围内（一般不超过20℃）。采用机组流水法钢模板制作的预应力构件，因湿热养护时钢模板与预应力筋同时伸缩，所以不存在因温差引起的预应力损失。

3. 预应力筋的放张

1）放张要求。放张预应力筋时，混凝土应达到设计要求的强度。如设计无要求时，应不得低于设计混凝土强度等级的75%。

放张预应力筋前应拆除构件的侧模板，使放张时构件能自由压缩，以免模板损坏或造成构件开裂。对有横肋的构件（如大型屋面板），其横肋断面应有适当的斜度，也可以采用活动模板以免放张时构件横肋开裂。

2）放张方法。配筋不多的中小型构件，钢丝可用砂轮锯或切断机等方法放张。配筋多的钢筋混凝土构件，钢丝应同时放张，如逐根放张，最后几根钢丝将由于承受过大的拉力而突然断裂，构件端部容易开裂。

钢丝、热处理钢筋不得用电弧切割，宜用砂轮锯或切断机切断。预应力钢筋数量较多时，可用千斤顶、砂箱、楔块等装置同时放张。

3）放张顺序。预应力筋的放张顺序应满足设计要求，如设计无要求时应满足下列规定：

① 对轴心受预压构件（如压杆、桩等），所有预应力筋应同时放张。

② 对偏心受预压构件（如梁等），先同时放张预压力较小区域的预应力筋，再同时放张预压力较大区域的预应力筋。

③ 如不能按上述规定放张时，应分阶段、对称、相互交错地放张，以防止在放张过程中构件发生翘曲、裂纹及预应力筋断裂等现象。

4.2　后张法施工

后张法

4.2.1　概述

先浇捣混凝土构件，后张拉钢筋的方法称为后张法，如图4-10所示。

后张法施工的具体方法：在构件中配置预应力钢筋的部位预先留出孔道，等混凝土强度达到设计强度的75%时把钢筋穿进孔内，再进行张拉，用锚具将钢筋锚固在构件两端，张拉的钢筋回缩时给混凝土预加了压力，然后在预留孔道内灌入水泥浆或水泥砂浆。

4.2.2　后张法张拉工具

1. 锚具

后张法所用锚具根据其锚固原理和构造形

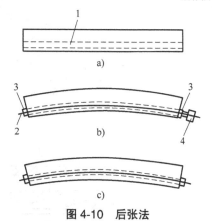

图4-10　后张法
a）浇灌混凝土　b）张拉钢筋　c）孔道灌浆
1—预留孔道　2—钢筋　3—锚具　4—张拉机具

式不同，分为螺杆锚具、夹片锚具、锥销式锚具和镦头锚具四种体系；在预应力筋张拉过程中，锚具按所在位置与作用不同，可分为张拉端锚具和固定端锚具；锚具按锚固钢筋或钢丝的数量不同，可分为单根粗钢筋锚具、钢丝锚具、钢筋束锚具、钢绞线束锚具。

2. 张拉设备

后张法主要张拉设备有千斤顶和高压液压泵。

（1）千斤顶　千斤顶主要有拉杆式千斤顶（YL型，图4-11）、锥锚式千斤顶（YZ型，图4-12）、穿心型千斤顶（YC型，图4-13）。

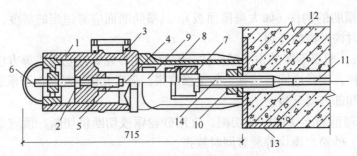

图 4-11 拉杆式千斤顶构造示意

1—主缸 2—主缸活塞 3—主缸喷油器 4—副缸 5—副缸活塞 6—副缸喷油器 7—连接器 8—顶杆
9—拉杆 10—螺母 11—预应力筋 12—混凝土构件 13—预埋钢板 14—螺栓端杆

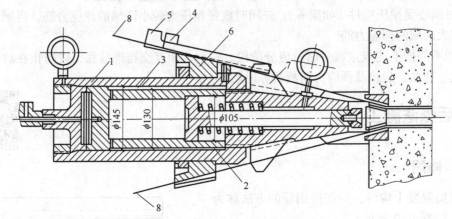

图 4-12 锥锚式千斤顶构造示意

1—主缸 2—副缸 3—退楔缸 4—楔块（张拉时位置） 5—楔块（退出时位置）
6—锥形卡环 7—退楔翼片 8—预应力筋

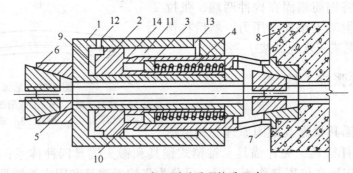

图 4-13 穿心型千斤顶构造示意

1—张拉液压缸 2—顶压液压缸（即张拉活塞） 3—顶压活塞 4—弹簧 5—预应力筋 6—工具锚
7—锚环 8—构件 9—张拉工作液压室 10—顶压工作液压室 11—张拉回程液压室
12—张拉缸液压嘴 13—顶压缸液压嘴 14—液压孔

　　采用千斤顶张拉预应力筋，预应力的大小是通过液压表的读数表达的，液压表读数表示千斤顶活塞单位面积的液压力。为保证预应力筋张拉应力的准确性，应定期校验千斤顶与液压表读数的关系。

（2）高压液压泵　高压液压泵一般与液压千斤顶配套使用，它的作用是向液压千斤顶的各个液压缸供液，使其活塞按照一定速度伸出或回缩。高压液压泵按驱动方式分为手动和电动两种，一般采用电动高压液压泵。

4.2.3　后张法施工工艺

后张法施工工艺流程如图 4-14 所示。

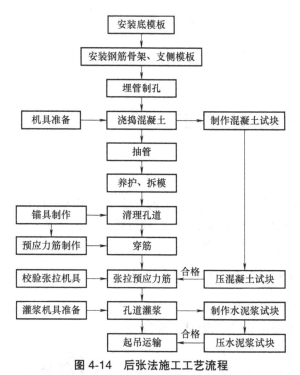

图 4-14　后张法施工工艺流程

1. 孔道留设

后张法构件的孔道留设一般采用钢管抽芯法、胶管抽芯法、预埋管法施工。所留孔道的尺寸与位置应正确，孔道要平顺，端部的预埋钢板应垂直于孔中心线。孔道直径一般应比预应力筋的接头外径或需穿入孔道锚具外径大 10~15mm，以利于穿入预应力筋。

2. 预应力筋张拉

用后张法张拉预应力筋时，混凝土强度应符合设计要求，如设计无规定时不应低于设计强度等级的 75%。

（1）张拉控制应力　为了减少预应力筋的松弛损失，预应力筋在施工中需要超张拉，超张拉数值可比设计要求提高 5%，但其最大张拉控制应力不得超过表 4-1 的规定。

预应力筋的张拉程序为：

$$0 \rightarrow 103\% \, \delta_{con}$$

$$\text{或} \ 0 \rightarrow 105\% \, \delta_{con} \ \text{持荷 2min} \rightarrow \delta_{con}$$

（2）张拉顺序　张拉顺序应使构件不发生扭转与侧弯，不产生过大的偏心力。预应力筋一般应对称张拉。对配有多根预应力筋的构件不能同时张拉时，应分批、分阶段对称张拉，张拉顺序应符合设计要求。

3. 孔道灌浆

预应力筋张拉完毕后，应进行孔道灌浆。灌浆的目的是防止钢筋锈蚀，增加结构的整体性和耐久性，提高结构的抗裂能力和承载力。

灌浆用的水泥浆应有足够的强度和黏结力，且应有较好的流动性、较小的干缩性和泌水性，水灰比控制在 0.4~0.45；搅拌后 3h 泌水率宜控制在 2%，最大不得超过 3%。对孔隙较大的孔道，可采用砂浆灌浆。

当灰浆强度达到 $15N/mm^2$ 时，方能移动构件；灰浆强度达到 100% 设计强度时，才允许吊装。

4.3　无粘结预应力混凝土施工

4.3.1　概述

无粘结预应力混凝土施工与后张法施工的方法基本相同，只是不留设孔道，而是将特制的预应力钢筋直接浇筑在混凝土构件中，再进行张拉。这种方法由于不留孔道，不需要灌浆，施工方法简便，得到了广泛的应用。

4.3.2　无粘结预应力筋的制作

1. 无粘结预应力筋的组成及要求

无粘结预应力筋主要由预应力钢材、涂料层、外包层和锚具组成，如图 4-15 所示。

无粘结预应力筋所用钢材主要有消除应力钢丝和钢绞线。钢丝和钢绞线不得有死弯，有死弯时必须切断；每根钢丝必须通长，严禁有接点。

涂料层的作用是将预应力筋与混凝土隔离开，以减少张拉时的摩擦损失，防止预应力筋腐蚀等。常用的涂料有防腐沥青和防腐油脂。

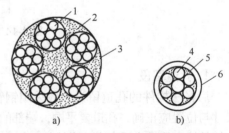

图 4-15　无粘结预应力筋横截面示意
a）无粘结钢绞线束
b）无粘结钢丝束或单根钢绞线
1—钢绞线　2—沥青涂料　3—塑料布外包层
4—钢丝　5—油脂涂料　6—塑料管、外包层

外包层主要由塑料带或高压聚乙烯塑料管制作而成。外包层在 -20~70℃ 温度范围内不得脆化，化学稳定性要高，应具有很强的抗破损性能和足够的韧性，防水性能好且对周围材料无侵蚀作用。

制作好的预应力筋可以以直线或盘圆的形式运输、堆放。存放地点应设有遮盖棚，以免日晒雨淋。装卸堆放时，应采用软钢绳绑扎并在吊点处垫上橡胶衬垫，避免塑料套管外包层遭到损坏。

2. 锚具

无粘结预应力构件中，预应力筋的张拉力主要是靠锚具传递给混凝土的，因此无粘结预应力筋的锚具不仅受力比有粘结预应力筋的锚具要大，而且承受的是重复荷载。

3. 成型工艺

（1）涂包成型工艺　涂包成型工艺既可以由人工内涂防腐沥青或防腐油脂，外包塑料布；也可以在缠纸机上连续作业，完成编束、涂刷、镦头、缠塑料布和切断等工序。

制作无粘结预应力筋时，钢丝先放在放线盘上，然后穿过梳子板汇成钢丝束，通过喷枪均匀涂刷后穿入锚环，用冷镦机冷镦锚头，之后带有锚环的成束钢丝用牵引机向前牵引，同时开动装有塑料条的缠纸转盘，钢丝束一边前进一边进行缠绕塑料布条的工作。当钢丝束达到需要长度后进行切割，成为一根完整的无粘结预应力筋。

（2）挤压涂塑工艺　挤压涂塑工艺主要是指钢丝通过涂刷装置涂刷，涂刷后的钢丝束通过塑料挤压机涂刷聚乙烯或聚丙烯塑料薄膜，再经冷却筒模成型塑料套管。此方法涂刷质量好，生产效率高，适用于大规模生产单根钢绞线和 7 根一组的钢丝束。

4.3.3　无粘结预应力施工工艺

1. 预应力筋的铺设

无粘结预应力筋在铺设前应检查外包层的完好程度，对有轻微破损的，用塑料带补包好；对破损严重的，应予以报废。双向预应力筋铺设时，应先铺设下面的预应力筋，再铺设上面的预应力筋，以免预应力筋相互穿插。

无粘结预应力筋应严格按设计要求的曲线形状就位固定牢固。可用短钢筋或混凝土垫块等控制标高，再用钢丝绑扎在非预应力筋上，绑扎点间距不大于 1m。钢丝束的曲率控制可用铁马凳控制，铁马凳的间距不宜大于 2m。

2. 预应力筋的张拉

预应力筋张拉时，混凝土强度应符合设计要求，当设计无要求时，混凝土的强度应达到设计强度的 75% 方可开始张拉。

张拉程序一般采用 $0 \to 103\% \delta_{con}$，以减少无粘结预应力筋的松弛损失。

张拉顺序应以预应力筋的铺设顺序为准，先铺设的先张拉，后铺设的后张拉。

当预应力筋的长度小于 25m 时，宜采用一端张拉；若长度大于 25m 时，宜采用两端张拉；长度超过 50m 时，宜采取分段张拉。

3. 预应力筋端部处理

（1）张拉端处理　预应力筋端部处理取决于无粘结预应力筋和锚具的种类。锚具的位置通常从混凝土的端面缩进一定的距离，前面做成一个凹槽，待预应力筋张拉锚固后，将外伸在锚具外的钢绞线切割到规定的长度（即要求露出夹片锚具外的长度不小于 30mm）；然后在槽内壁涂环氧树脂类粘结剂，以加强新旧材料之间的黏结；再用后浇膨胀混凝土或低收缩防水砂浆或环氧砂浆密封。

在对凹槽填砂浆或混凝土前，应预先对无粘结预应力筋的端部和锚具的夹持部分进行防潮、防腐封闭处理。

（2）固定端处理　无粘结预应力筋的固定端可设置在构件内。当采用无粘结预应力钢丝束时，固定端可采用扩大的镦头锚板，并用螺旋筋加强，如图 4-16a 所示。施工中如端头无结构配筋时，需要配置构造钢筋，使固定端板与混凝土之间有可靠的锚固。当采用无粘结预应力钢绞线时，锚固端可采用压花成型，如图 4-16b 所示。这种做法的关键是张拉前锚固端的混凝土强度等级必须达到设计强度（≥ C30）后才能形成可靠的黏结式锚头。

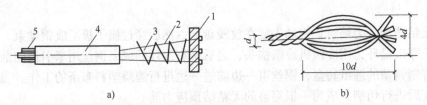

图 4-16　无粘结预应力筋固定端构造

a）无粘结预应力钢丝束固定端　b）钢绞线固定端

1— 锚板　2— 钢丝　3— 螺旋筋　4— 软塑料管　5— 无粘结预应力钢丝束

注：d 为钢绞线直径。

学 习 鉴 定

思维导图

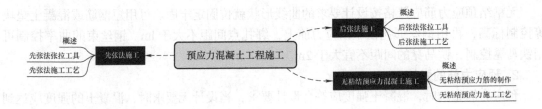

一、名词解释

1. 先张法。

2. 后张法。

二、单选题

1. 先张法预应力施工中，预应力筋放张时，混凝土强度应符合设计要求；当设计无要求时，混凝土强度不应低于设计的混凝土立方体抗压强度标准值的（　　　）。

A. 70%　　　　　　B. 75%　　　　　　C. 80%　　　　　　D. 85%

2. 在后张法施工中，粘结预应力筋长度大于 20m 时宜采用（　　　）。

A. 一端张拉　　　　　　　　　　B. 两端张拉

C. 补张拉　　　　　　　　　　　D. 同时张拉

三、问答题

1. 简述先张法的施工工艺流程。

2. 简述后张法的施工工艺流程。

3. 后张法孔道灌浆的目的是什么？

拓展知识

新技术——让混凝土更轻、更环保

提高混凝土强度和耐久性的常用方法之一是在浇筑混凝土前加入拉伸钢筋，然后在混凝土凝固时抽出钢筋以压缩材料。不过现在科学家找到了新的预应力技术，可在不牺牲强度的情况下让混凝土更轻，而且还能减少碳排放。采用新配方的预应力 CFRP 增强混凝土如图 4-17 所示。

作为世界上十分常用的建筑材料，混凝土的碳足迹是巨大的，每年生产的数十亿吨混凝土需要消耗大量的能源。为此，世界各地的科学家都在寻求调整生产工艺，使其生产过程更加环保。

图 4-17　采用新配方的预应力 CFRP 增强混凝土

目前的预应力技术主要用于那些需要承受特别高荷载（例如梁或者桥）的混凝土材料，受拉钢筋产生的力从内部压缩材料。但这项技术的一个缺点就是钢筋容易被腐蚀，这意味着在它们周围浇筑的混凝土需要有一定的厚度，并采用碳纤维增强聚合物（CFRP）制品来替代具有抗腐蚀能力的钢筋。

但是，使用 CFRP 作为"肌腱"涉及昂贵的设备，而且将它们锚定在构件的两端要经过复杂的工艺；再加上其他的一些局限性，意味着预应力 CFRP 增强混凝土的使用并不十分广泛。

瑞士联邦材料科学与技术研究所（EMPA）的科研团队找到了新的突破口，为预应力 CFRP 增强混凝土开发了一种特殊的配方，使其在硬化时膨胀。这意味着不再需要锚定和拉伸钢筋，因为材料在硬化时自己就会膨胀，"肌腱"就会永久地保持这种状态，对混凝土施加反力，并产生压应力。

该项目成员表示："如果为了建造更薄的结构、获得更高的承重能力而对这些 CFRP 加固材料进行预应力，很容易就会达到期望的极限值。这就像一个人在手臂上缠上一根橡皮筋并试图拉伸它们，橡皮筋将处于紧张状态，而一个人的手臂将经历橡皮筋的压缩；同理，这样的机制会让膨胀的混凝土经历压缩。"

这为制造更优秀的混凝土构件打开了一扇门，测试显示，采用新配方的预应力 CFRP 增强混凝土可以承受与传统预应力混凝土相当的荷载，比非预应力 CFRP 增强混凝土高出约三倍。

这项技术为轻质建筑赋予了全新的可能性，不仅可以建造更稳定的结构，还可以显著减少材料的使用量，可以很容易地同时在几个方向上施加预应力，可用于薄混凝土板或具有棱形曲线的混凝土外壳。

结构吊装工程施工

素养目标：

结合先进技术讲授结构吊装工程的施工要点，使学生了解我国结构吊装工程的最新发展，培养学生的民族自豪感，提升学生的文化自信；介绍与结构吊装工程施工相关的国家标准和行业规范，提高学生的职业道德素养，加强安全施工意识。

教学目标：

1. 了解结构吊装工程常用的索具设备及起重机械。
2. 能够确定单层工业厂房的结构吊装方案。
3. 了解钢结构的特点，掌握钢结构的连接方法。
4. 掌握结构吊装工程质量标准。
5. 了解结构吊装工程施工的安全措施。

问题引入：

结构吊装是利用起重机械将预制构件或组合单元安放到设计位置的施工过程，是装配式结构施工的主要工序。结构吊装工程的主要特点是：预制构件的类型和质量直接影响吊装进度；正确选用起重机及吊装方法是完成吊装任务的关键；应对构件或结构进行吊装强度和稳定性验算；高处作业多，应加强安全技术措施。在学习结构吊装工程施工前，先思考以下问题：

1. 结构吊装工程施工常用的索具设备及起重机械有哪些？
2. 单层工业厂房结构吊装需要完成哪些构件的吊装？
3. 单层工业厂房结构吊装的基础准备工作有哪些？
4. 结构吊装工程的质量标准是什么？
5. 在结构吊装工程施工中常存在哪些安全隐患？如何控制？

5.1 索具设备及起重机械

5.1.1 索具设备

1. 钢丝绳

钢丝绳是吊装工作中常用的绳索，具有强度高、韧性好、耐磨等优点。钢丝绳磨损后表面产生飞边，容易检查发现，便于预防事故的发生。

钢丝绳由钢丝、绳芯及润滑脂组成。钢丝绳的制作：先由多层钢丝捻成股，再以绳芯为中心、由一定数量的股捻绕成螺旋状的绳。

钢丝绳按捻法分为右交互捻（图5-1）、左交互捻（图5-2）、右同向捻（图5-3）和左同向捻（图5-4）四种形式。

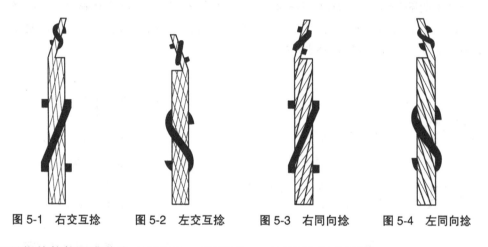

图5-1 右交互捻　　图5-2 左交互捻　　图5-3 右同向捻　　图5-4 左同向捻

钢丝绳按抗拉强度分为1570MPa、1770MPa、1960MP 三个级别。

2. 吊具

（1）吊索　吊索（图5-5）是用钢丝绳或合成纤维等为原料做成的用于吊装的绳索，又称为千斤索或千斤绳，用于连接起重机吊钩和被吊装设备。吊索根据形式不同可分为环状吊索、万能吊索和开口吊索。

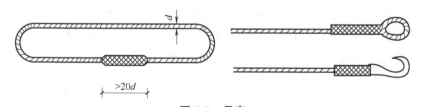

图5-5 吊索

注：d 为钢丝绳直径。

（2）吊钩　吊钩（图5-6）常借助滑轮组等部件悬挂在起升机构的钢丝绳上。吊钩有单钩和双钩两种。单钩制造简单、使用方便；但受力情况不好，大多用在起重量为80t以下的工作场合。起重量较大时常采用受力对称的双钩，多用于桥式或塔式起重机。使用时，要认真进行检查，吊钩表面应光滑，不得有剥裂、刻痕、锐角、裂缝等缺陷。吊钩不得直接钩在构件的吊环中。

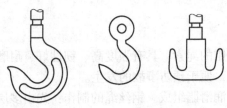

图 5-6　吊钩

（3）卡环（卸甲）　卡环（图 5-7）用于吊索之间或吊索与构件吊环之间的连接。卡环由弯环与销子两部分组成，弯环的形式有直形和马蹄形；销子的形式有螺栓式和活络式。活络式卡环的销子端头和弯环孔眼无螺纹，可以直接抽出，多用于吊装柱子，可以避免高处作业。活络式卡环绑扎柱子如图 5-8 所示。

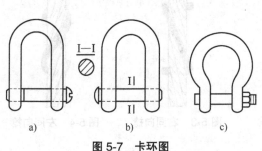

图 5-7　卡环图
a）螺栓式　b）活络式　c）马蹄形

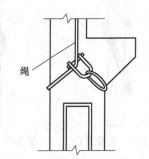

图 5-8　活络式卡环绑扎柱子

（4）钢丝绳卡扣　钢丝绳卡扣主要用来固定钢丝绳端，卡扣外形如图 5-9 所示。

（5）横吊梁（铁扁担）　横吊梁常用于柱和屋架等构件的吊装。用横吊梁吊装柱容易使柱身保持垂直，便于安装；用横吊梁吊装屋架可以降低起吊高度，减少吊索的水平分力对屋架的压力。常用的横吊梁有滑轮横吊梁、钢板横吊梁、钢管横吊梁等。图 5-10 为吊柱子用的钢板横吊梁，图 5-11 为吊屋架用的钢管横吊梁。

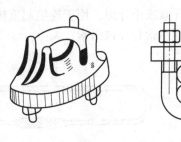

图 5-9　钢丝绳卡扣

3. 滑轮组

滑轮组是由一定数量的定滑轮和动滑轮及绕过它们的绳索所组成的，它既能省力又可以改变力的方向。

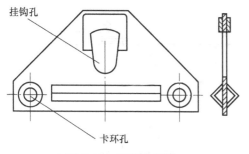

图 5-10 钢板横吊梁

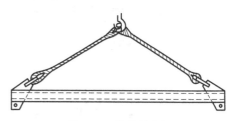

图 5-11 钢管横吊梁

滑轮组中共同负担构件重量的绳索根数称为工作线数，也就是在动滑轮上穿绕的绳索根数。滑轮组起重省力的多少，主要取决于工作线数和滑动轴承的摩阻力。滑轮组可分为绳索跑头从定滑轮引出（图 5-12）和绳索跑头从动滑轮引出（图 5-13）两种。

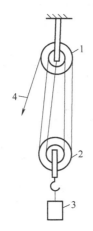

图 5-12 绳索跑头从定滑轮引出
1—定滑轮 2—动滑轮
3—重物 4—绳索

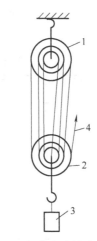

图 5-13 绳索跑头从动滑轮引出
1—定滑轮 2—动滑轮
3—重物 4—绳索

4. 卷扬机

建筑施工中常用的卷扬机有快速和慢速两种。慢速卷扬机主要用于吊装结构、冷拉钢筋和张拉预应力筋；快速卷扬机主要用于垂直运输和水平运输以及打桩作业。

卷扬机在使用时必需用地锚固定，以防作业时产生滑动或倾覆。固定卷扬机的方法有螺栓锚固法、水平锚固法、立桩锚固法和压重物锚固法四种，如图 5-14 所示。

5. 地锚

地锚又称为锚碇，用来固定缆风绳、卷扬机、导向滑车、拔杆的平衡绳索等。常用的地锚有桩式地锚和水平地锚两种。

（1）桩式地锚 桩式地锚是将圆木打入土中承担拉力，多用于固定受力不大的缆风绳。圆木直径为 18~30cm，桩入土深度为 1.2~1.5m，根据受力大小可打成单排、双排或三排。桩前一般埋有水平圆木，以加强锚固。这种地锚的承载力为 10~50kN。桩式地锚参考尺寸和承载力见表 5-1。

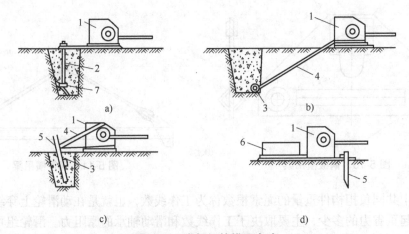

图 5-14　卷扬机的锚固方法

a）螺栓锚固法　b）水平锚固法　c）立桩锚固法　d）压重物锚固法

1—卷扬机　2—地脚螺栓　3—横木　4—拉索　5—木桩　6—压重　7—压板

表 5-1　桩式地锚参考尺寸和承载力

类　别	承载力 /kN	10	15	20	30	40	50
	桩尖处施于土的压力 /MPa	0.15	0.2	0.23	0.31		
	a/cm	30	30	30	30		
	b/cm	150	120	120	120		
	c/cm	40	40	40	40		
	d/cm	18	20	22	26		
	桩尖处施于土的压力 /MPa				0.15	0.2	0.28
	a_1/cm				30	30	30
	b_1/cm				120	120	120
	c_1/cm				90	90	90
	d_1/cm				22	25	26
	a_2/cm				30	30	30
	b_2/cm				120	120	120
	c_2/cm				40	40	40
	d_2/cm				20	22	24

注：1. a、a_1、a_2 为桩式地锚土外部分至荷载作用点的距离。

2. b、b_1、b_2 为桩式地锚倾斜入土深度。

3. c、c_1、c_2 为挡木设置长度。

4. d、d_1、d_2 为桩式地锚直径。

（2）水平地锚　水平地锚是用一根或几根圆木绑扎在一起，水平埋入土内制成的。具体施工时，钢丝绳系在横木的一点或两点，以 30°~50° 的斜度引出地面，然后用土石回填夯实。水平地锚一般埋入地下 1.5~3.5m，为防止地锚被拔出，当拉力大于 75kN 时，应在地锚上加压板；拉力大于 150kN 时，还要在地锚前加立柱及垫板（板栅），以加强土坑侧壁的耐压力。水平地锚构造如图 5-15 所示。

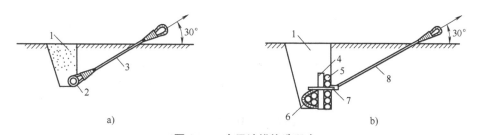

图 5-15　水平地锚构造示意

a）拉力 30kN 以下　b）拉力 100~400kN

1—回填土逐层夯实　2—圆木 1 根　3—钢丝绳或钢筋　4—立柱

5—挡木　6—圆木 3 根　7—压板　8—钢丝绳圈或钢筋环

5.1.2　结构吊装用的起重机械

结构吊装用的起重机械主要有桅杆式起重机、流动式起重机以及塔式起重机。

1. 桅杆式起重机

桅杆式起重机可分为独脚拔杆、人字拔杆、悬臂拔杆和牵缆式桅杆起重机等。这种机械的特点是制作简单，装拆方便，起重量可达 100t 以上；但起重半径小，移动较困难，需要设置较多的缆风绳。它适用于安装工程量集中、结构质量大、安装高度大以及施工现场狭窄的情况。

（1）独脚拔杆　独脚拔杆由拔杆、起重滑轮组、卷扬机、缆风绳和地锚等组成，如图 5-16 所示。独脚拔杆根据制作材料不同可分为木独脚拔杆、钢管独脚拔杆和金属格构式独脚拔杆等。

木独脚拔杆由圆木制成，圆木梢径为 200~300mm，起重高度在 15m 以内，起重量在 10t 以下；钢管独脚拔杆的起重量在 30t 以下，起重高度在 20m 以内；金属格构式独脚拔杆的起重高度可达 70m，起重量可达 100t。各种拔杆的起重能力应按实际情况验算。

独脚拔杆在使用时应保持一定的倾角（不宜大于 10°），以便在吊装时构件不会撞碰拔杆。拔杆的稳定主要依靠缆风绳，缆风绳一般为 6~12 根，缆风绳的数量根据起重量、起重高度和绳索强度确定，但不能少于 4 根。缆风绳与地面的夹角一般为 15°~30°，角度过大会对拔杆产生过大压力。

（2）人字拔杆　人字拔杆由两根圆木或钢管或格构式构件用钢丝绳绑扎成铁件后再铰接成人字形，如图 5-17 所示。拔杆的顶部夹角以 30° 为宜。拔杆的前倾角，每高 1m 不得超过 10cm，两杆下端要用钢丝绳或钢杆拉住。缆风绳的数量根据起重量和起吊高度决定。

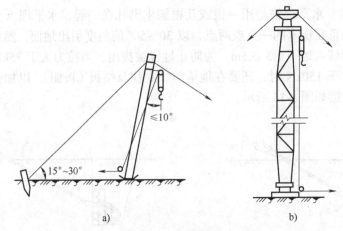

图 5-16 独脚拔杆

a）木独脚拔杆 b）金属格构式独脚拔杆

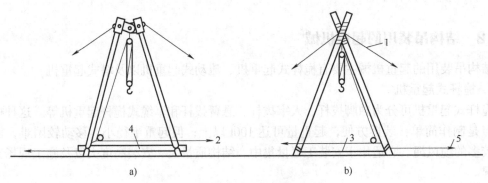

图 5-17 人字拔杆

a）顶端用铁件铰接 b）顶端用绳索捆扎

1—缆风绳 2—卷扬机作用 3—拉绳 4—拉杆 5—地锚作用

（3）悬臂拔杆 在独脚拔杆的中部 2/3 高度处装上一根起重杆，即成悬臂拔杆（图 5-18）。悬臂拔杆的起重杆可以顺转和起伏，因此有较大的起重高度和相应的起重半径；起重杆也能左右摆动（120°~270°），但此状态下的起重量较小，多用于轻型构件的吊装。

（4）牵缆式桅杆起重机 牵缆式桅杆起重机是在独脚拔杆的根部装一根可以回转和起伏的吊杆制成，如图 5-19 所示。这种起重机的起重臂不仅可以起伏，而且整个机身可全向回转，因此工作范围较大、机动灵活。由钢管做成的牵缆式桅杆起重机的起重量在 10t 左右，起重高度达 25m；由格构式结构组成的牵缆式桅杆起重机的起重量为 60t，起重高度可达 80m，但这种起重机使用缆风绳较多，移动不便，多用于构件多且集中的结构吊装工程或固定的起重作业（如高炉安装）。

2. 流动式起重机

流动式起重机主要有履带式起重机、汽车式起重机和轮胎式起重机等。

（1）履带式起重机 履带式起重机主要由动力装置、传动机构、行走机构（履带）、工作机构（起重杆、滑轮组、卷扬机）以及平衡重等组成，如图 5-20 所示。履带式起重机是一种可 360°全回转的起重机，它操作灵活、行走方便，能负载行驶；缺点是稳定性较差，行走时对路面破坏较大，行走速度慢，在城市中和长距离转移时需用拖车进行运输。

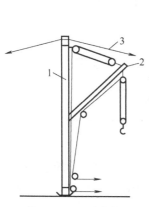

图 5-18　悬臂拔杆
1—拔杆　2—起重杆　3—缆风绳

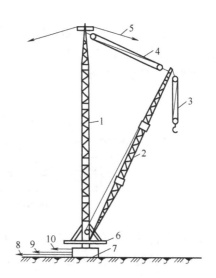

图 5-19　牵缆式桅杆起重机
1—桅杆　2—起重臂　3—起重滑轮组　4—变幅滑轮组　5—缆风绳　6—回转盘　7—底座
8—回转索　9—起重索　10—变幅索

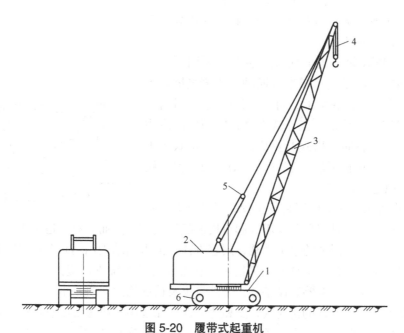

图 5-20　履带式起重机
1—底盘　2—机棚　3—起重臂　4—起重滑轮组　5—变幅滑轮组　6—履带

履带式起重机的起重能力常用起重量、起重高度和起重半径三个参数表示。起重量、起重半径、起重高度三个工作参数存在着相互制约的关系，其取值取决于起重臂长度及其仰角。当起重臂长度一定时，随着仰角增大，起重量和起重高度增加，而起重半径减小；当起重臂的仰角不变时，随着起重臂长度的增加，起重半径和起重高度增加，而起重量减小。

（2）汽车式起重机 汽车式起重机是将起重机构安装在普通载重汽车或专用汽车底盘上的一种自行式回转起重机，如图 5-21 所示。它具有行驶速度快，能迅速转移，对路面破坏性很小等优点；缺点是吊重物时必须支腿，因而不能负载行驶。

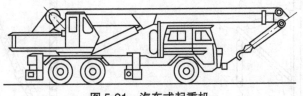

图 5-21　汽车式起重机

（3）轮胎式起重机 轮胎式起重机是将起重机构安装在由加重型轮胎和轮轴组成的特制底盘上的全回转起重机，如图 5-22 所示。吊装时一般用四个支腿支撑以保证机身的稳定性。

3. 塔式起重机

塔式起重机（塔吊）是一种起重臂装在高耸塔身上部的旋转式起重机，其工作范围很大，主要用于多层和高层建筑施工中材料的垂直运输和构件安装。

塔式起重机按有无行走机构可分为移动式塔式起重机和固定式塔式起重机。

1）移动式塔式起重机根据行走装置的不同可分为轨道式、轮胎式、汽车式、履带式四种。轨道式塔式起重机的塔身固定于行走底架上，可在专设的轨道上运行，稳定性好，能带荷载行走，工作效率高，因而广泛应用于建筑安装工程。轮胎式塔式起重机、汽车式塔式起重机和履带式塔式起重机无轨道装置，移动方便；但不能带荷载行走，稳定性较差。

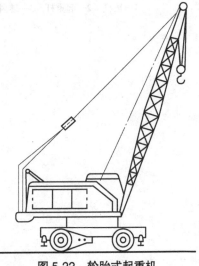

图 5-22　轮胎式起重机

2）固定式塔式起重机根据装设位置的不同分为附着自升式和内爬式两种。附着自升式塔式起重机能随建筑物升高而升高，适用于高层建筑，建筑结构仅承受由起重机传来的水平荷载，附着方便，但占用结构用钢较多；内爬式塔式起重机在建筑物内部（电梯井、楼梯间）借助一套托架和提升系统进行爬升，顶升程序较繁琐；但占用结构用钢较少，不需要装设基础，全部自重及荷载均由建筑物承受。

各种起重机械具有各自的优（缺）点和适应性，在选用时应考虑起重机械的性能、吊装对象、作业效率、工期要求、现场条件等，选择能充分发挥其技术性能、能保证吊装工程质量、能保证安全施工和具有较好经济效益的类型与型号。

5.2 钢筋混凝土结构单层工业厂房结构吊装

5.2.1 准备工作

准备工作的内容包括场地清理、道路修筑、基础准备、构件运输、构件堆放、构件拼装及加固、检查清理、弹线编号以及吊装机具的准备等。

1. 场地清理与修筑临时道路

起重机进场之前，根据现场施工平面布置图在场地上标出起重机开行路线，清理开行道路上的杂物，修筑好临时道路，并进行平整压实。对于回填土或软地基土，用碎石夯实或用枕木铺垫。要对整个场地进行平整与清理，挖设排水沟，做好场地的排水准备，以利于雨期施工排水的需要。

2. 基础的准备

装配式钢筋混凝土柱基础一般做成杯形基础，杯形基础的准备工作主要是在柱吊装前对杯底的抄平和在杯口顶面弹线。

杯底的抄平是对杯底标高的检查和调整，以保证吊装后牛腿面标高的准确性。杯底标高在制作时一般比设计要求低 50mm，以便柱子长度有误差时能抄平调整。测量杯底标高时，先在杯口内弹出比杯口顶面设计标高低 100mm 的水平线，随后用尺对杯底标高进行测量，小柱测中间一点，大柱测四个角点，得出杯底实际标高。牛腿面设计标高与杯底实际标高的差，就是柱子牛腿面到柱底的应有长度，与实际量得的长度相比较得到制作误差，再结合柱底平面的平整度，用水泥砂浆或细石混凝土将杯底抹平，并垫至所需标高。例如，实测杯底标高为 −1.20m，柱牛腿面设计标高为 +7.80m，量得柱底至牛腿面的实际长度为 8.95m，则杯底标高的调整值（抄平厚度）为 $\Delta h = (7.80+1.20)$ m−8.95m=0.05m。

杯口顶面弹线要根据厂房的定位轴线测出，并与柱的安装中心线相对应。一般在杯口顶面弹十字交叉的安装中心线，并画上红三角符号。

3. 构件的运输

一些质量不大而数量很多的构件，可先在预制厂制作，再用汽车运到工地。

构件的运输要保证构件不变形、不损坏。运输时，柱、梁板等构件的混凝土强度不应低于设计值的 75%，桁架和薄壁构件或强度较小的细、长、大构件应达到 100%。后张法预应力构件的孔道灌浆强度应遵守设计规定，设计无规定时不应低于 15N/mm^2。构件的支垫位置要正确，要符合受力情况，上、下垫木应在同一条垂线上，垫木应填塞紧密，且必须用钢丝绳及花篮螺栓将其连成一体后拴牢于车厢上。

构件的运输顺序及卸车位置应按施工组织方案的规定进行，以免产生构件的二次就位工作。

4. 构件的堆放

构件的堆放场地应平整压实，并按设计的受力情况搁置在垫木或支架上。重叠堆放时，柱不宜超过 2 层，梁不宜超过 3 层，大型屋面板不宜超过 6 层，圆孔板不宜超过 8 层。堆垛之间应留 2m 宽的通道。构件吊环要朝上，标志要朝外。

5. 构件的检查与清理

为保证施工质量，在结构吊装前应对所有构件做全面检查。

1）构件强度检查。构件吊装时的混凝土强度不低于设计强度标准值的 75%；对一些大跨度构件，如屋架则应达到 100%。

2）检查构件的外形尺寸、预埋件的位置及大小。

3）检查构件的表面有无损伤、缺陷、变形、裂缝等。预埋件如沾染污物，应加以清除，以免影响构件的拼装和焊接。

4）检查吊环的位置及有无变形损伤。

6. 构件的弹线与编号

在每个构件上弹出安装的定位墨线和校正用墨线，作为构件安装、对位、校正的依据，具体做法如下：

1）柱子：在柱身三面弹出安装中心线，所弹中心线的位置与柱基础杯口面上的安装中心线相匹配。此外，在柱顶与牛腿面上还要弹出安装屋架及吊车梁的定位线。

2）屋架：屋架上弦顶面应弹出几何中心线，并从跨中向两端分别弹出天窗架、屋面板或檩条的安装定位线，在屋架两端弹出安装中心线。

3）梁：在两端及顶面弹出安装中心线。

4）编号：应按图纸将构件进行编号。

5.2.2 构件的吊装方法及技术要求

单层工业厂房结构的主要构件有柱子、吊车梁、屋架、天窗架、屋面板、连系梁等。其吊装过程主要有绑扎、吊升、就位、临时固定、校正、最后固定等工序。

1. 柱子的吊装

（1）绑扎 绑扎柱子的吊具有吊索、卡环等。为了在高处脱钩方便，应尽量用活络式卡环。为了避免起吊时吊索磨损柱子表面，一般在吊索和柱子之间垫以麻袋等物。柱子的绑扎方法按起吊后柱身是否垂直可分为斜吊绑扎法和直吊绑扎法，按绑扎点及牛腿的数量可分为一点绑扎法、两点绑扎法以及三面牛腿绑扎法等。柱子的绑扎位置和绑扎点数量，要根据柱子的形状、断面、长度、配筋和起重机性能等确定。中小型柱子可一点绑扎；重型柱子或配筋少而外形细长的柱子（如抗风柱）需两点绑扎，且吊索合力点应偏向柱的重心上部。有牛腿的柱，一点绑扎的绑扎点位置常选在牛腿面以下 200mm 处。工字形截面柱的绑扎点应选在矩形截面处（实心处），否则应在绑扎的位置用方木加固翼缘。双肢柱的绑扎点应选在平腹杆处。

1）一点绑扎斜吊法（图 5-23）。当柱子的宽面抗弯强度能满足吊装要求时，可采用一点绑扎斜吊法。这种方法不需要翻动柱子，柱吊起后呈倾斜状态，由于吊索歪在柱的一边，起重钩低于柱顶，因此起重臂可以短些。

2）一点绑扎直吊法（图 5-24）。当柱子的宽面抗弯强度不能满足吊装要求时，应采用一点绑扎直吊法。在吊装前，先将柱子翻身后再起吊。起吊后，横吊梁跨在柱顶上，柱身呈直立状态，便于插入杯口，注意吊装时需要较大的起吊高度。

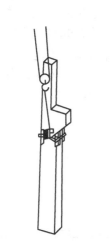

图 5-23　一点绑扎斜吊法

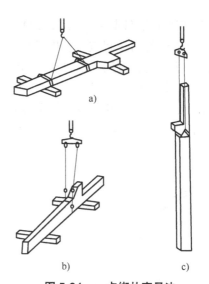

图 5-24　一点绑扎直吊法
a）柱翻身时绑扎法　b）柱直吊时绑扎法
c）柱的吊升

　　3）两点绑扎法（图 5-25）。当柱身较长，一点绑扎时柱的抗弯能力不足时可采用两点绑扎法。当确定柱绑扎点的位置时，应使两根吊索的合力作用线高于柱子的重心，即下绑扎点至柱重心的距离小于上绑扎点至柱重心的距离。这样柱子在起吊过程中，柱身可自行转为直立状态。

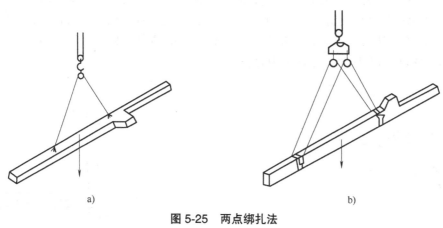

图 5-25　两点绑扎法
a）斜吊　b）直吊

　　4）三面牛腿绑扎法。采用直吊绑扎法时，用两根吊索分别沿柱角吊起，这就是三面牛腿绑扎法。

　　（2）吊升　柱子的吊升方法根据柱子的质量、长度，以及起重机性能和现场施工条件确定，一般根据柱子吊升过程中的运动特点分为旋转法和滑行法；根据起重机的数量又可分为单机吊升和双机吊升两种方法。

1）单机旋转法吊升（图 5-26、图 5-27）。采用这种方法时，柱的绑扎点、柱脚、基础中心三者宜位于起重机的同一起重半径的圆弧上，即三点共弧。起吊时，起重臂边升钩边回转，柱顶随起重钩的运动也边升起边回转，绕柱脚旋转起吊。当柱子呈直立状态后，起重机将柱吊离地面并插入杯口。由于条件限制，不能布置成三点共弧时，也可采取绑扎点或柱脚与基础中心两点共弧的形式。但这样布置在吊升过程中要改变工作幅度，起重杆要起伏，工效较低，且不够安全。

单机旋转法
吊升

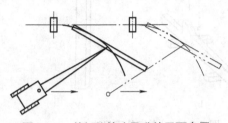

图 5-26　单机旋转法吊升的平面布置

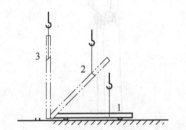

图 5-27　单机旋转法吊升的旋转过程
1—柱平放时　2—起吊途中　3—直立

单机旋转法吊升，柱受到的振动较小，生产效率较高；但对起重机的机动性要求较高，当采用履带式、汽车式、轮胎式等起重机时，宜采用此法。

2）单机滑行法吊升（图 5-28）。采用这种方法时，柱的绑扎点宜靠近基础，绑扎点与柱基础中心均位于起重机的同一起重半径的圆弧上，即两点共圆弧。柱子吊升时，起重机只升钩，起重臂不转动，使柱脚沿地面滑行逐渐直立，然后插入杯口。施工时，柱在滑行过程中会受到振动，对构件不利，所以宜在柱脚处采取加滑橇（托木）等措施来减少柱脚与地面的摩擦。本方法适用于柱子较重、较长，且现场狭窄，柱子无法按单机旋转法吊升方法布置排放的情况。另外，当采用独脚拔杆、人字拔杆吊升柱时，也常采用此法。

单机滑行法
吊升

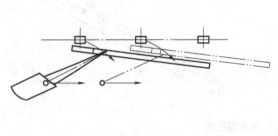

a）　　　　　　　　　　　　　　b）

图 5-28　单机滑行法吊升
a）平面布置　b）滑行过程
1—柱平放时　2—起吊途中　3—直立

3）双机抬吊旋转法（图 5-29）。对于重型柱子，一台起重机吊不起来，可采用两台起重机抬吊。采用双机抬吊旋转法施工时，应两点绑扎，一台起重机抬上吊点，另一台起重机抬下吊点。当双机将柱子抬至离地面一定距离（为下吊点到柱脚距离＋300mm）时，上吊点的起重机将柱上部逐渐提升，下吊点不需再提升，使柱子呈直立状态后旋转起重臂使柱脚插入杯口。

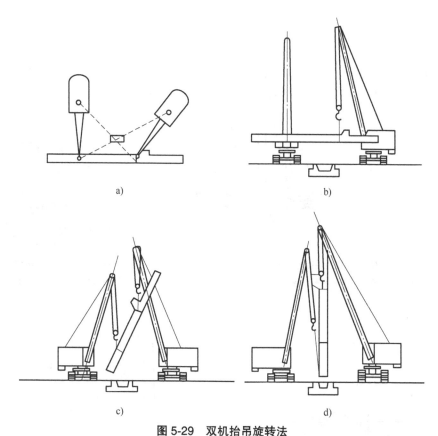

a)　　　　　　　　　　　　　　　　b)

c)　　　　　　　　　　　　　　　　d)

图 5-29　双机抬吊旋转法

a）平面布置　b）两机同时将柱吊升　c）两机协调旋转　d）将柱调直

4）双机抬吊滑行法（图 5-30）。采用双机抬吊滑行法施工时，柱为一点绑扎，且绑扎点靠近基础。起重机位于柱基础的两侧，两台起重机在柱的同一绑扎点吊升抬吊，使柱脚沿地面向基础滑行，呈直立状态后将柱脚插入基础杯口内。

（3）就位和临时固定　柱子就位时，柱脚插入杯口后应悬离杯底 30~50mm 处。对位时用八只木楔或钢楔从柱的四边放入杯口，并用撬棍拨动柱脚，使柱的吊装中心线对准杯口上的吊装中心线，并使柱子基本保持垂直。

柱对位后，应先把楔块略打紧，再放松吊钩，然后检查柱下沉至杯底的对中情况，若符合要求，即将楔块打紧，将柱临时固定，如图 5-31 所示。

吊装重型柱或细长柱时，除按上述方法进行临时固定外，必要时应增设缆绳拉锚。

（4）校正和最后固定　柱子的校正包括标高、平面位置及垂直度三个方面。柱标高的校正在杯形基础的杯底抄平时已完成，柱平面位置的校正在柱对位时也已完成。因此，在柱临时固定后，主要是对垂直度进行校正。垂直度的检查是用两台经纬仪从柱相邻两面观察柱的吊装中心线是否垂直。测出的实际偏差大于规定值时，应进行校正。当偏差较小时，可用打紧或稍放松楔块的方法来校正；偏差较大时，可采用螺旋千斤顶平顶或斜顶、钢管支撑斜顶等方法进行校正，如图 5-32 所示。当柱顶加设缆风绳时，也可用缆风绳来校正柱的垂直偏差。

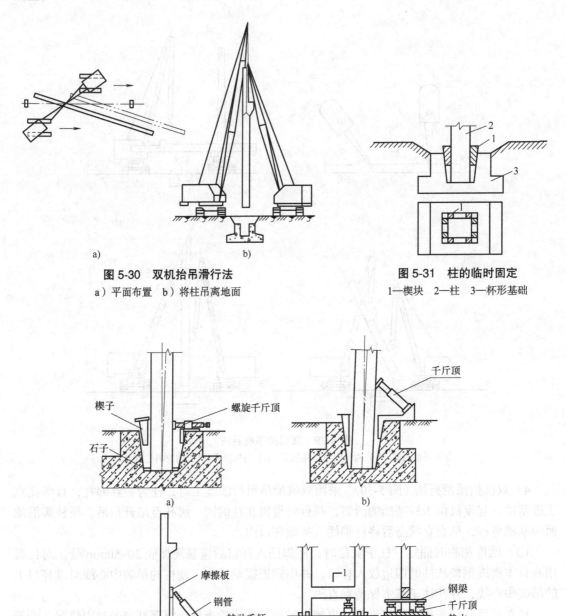

图 5-30 双机抬吊滑行法
a）平面布置 b）将柱吊离地面

图 5-31 柱的临时固定
1—楔块 2—柱 3—杯形基础

图 5-32 柱垂直度的校正方法
a）螺旋千斤顶平顶法 b）千斤顶斜顶法 c）钢管支撑斜顶法 d）千斤顶立顶法

杯口内应采用强度高一级的细石混凝土浇筑固定，采用木楔或钢楔进行临时固定时，应分二次浇筑，第一次浇筑至楔子下端，待达到设计强度 30% 以上时，方可拔出楔子；再二次浇筑至基础顶面。当使用混凝土楔子时，可一次浇筑至基础顶面。混凝土强度应做试块检验，冬期施工时，应采取冬期施工措施。

2. 吊车梁的吊装

吊车梁的吊装应在柱子杯口第二次浇灌混凝土强度达到设计强度的 75% 时方可进行。

（1）绑扎、吊升、就位与临时固定　吊车梁应采用两点绑扎，对称起吊，吊钩应对称梁的重心，以便使梁起吊后保持水平。梁的两端用溜绳控制，以免在吊升过程中碰撞柱子。

吊车梁对位后，不宜用撬棍在纵轴方向撬动，因为柱在此方向刚度较差，过分撬动会使柱身发生弯曲而产生偏差。

吊车梁对位后，由于梁本身稳定性较好，仅用垫铁垫平即可，不需采取临时固定措施。

（2）校正和最后固定　吊车梁的校正应该在梁吊装完后进行，也可在屋面构件校正并最后固定后进行。因为在安装屋架、支撑等构件时，可能引起柱子发生偏差而影响吊车梁的位置准确。但对质量较大的吊车梁，脱钩后撬动比较困难，应采取边吊边校正的方法。

吊车梁的校正包括标高、平面位置和垂直度的校正。吊车梁的标高取决于柱牛腿标高，在柱吊装前已经调整。如仍存在偏差，可待安装吊车梁轨道时进行调整。

吊车梁的平面位置校正常用通线法和平移轴线法。

1）通线法（图 5-33）。采用通线法时，根据柱的定位轴线，在车间两端地面用木桩定出吊车梁定位轴线位置，并设置经纬仪。先用经纬仪将车间两端的四根吊车梁位置校正准确，用钢尺检查两列吊车梁之间的跨距是否符合要求，再沿校正好的端部吊车梁的轴线拉上钢丝通线，然后逐根拨正。

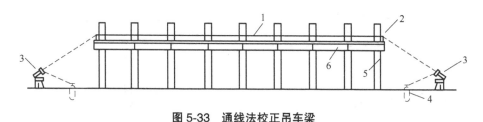

图 5-33　通线法校正吊车梁

1—通线　2—支架　3—经纬仪　4—木桩　5—柱　6—吊车梁

2）平移轴线法（图 5-34）。采用平移轴线法时，在柱列的边上设置经纬仪，逐根将杯口中柱的安装中心线投影到吊车梁顶面处的柱身上，并做好标志。若安装中心线到柱定位轴线的距离为 a，则标志距吊车梁定位轴线应为 $\lambda-a$（一般取 $\lambda= 750\text{mm}$），据此逐根拨正吊车梁安装中心线。

吊车梁垂直度校正一般采用吊线锤的方法检查，如存在偏差，在梁的支座处垫上薄钢板调整。

吊车梁的最后固定是将吊车梁用钢板与柱侧面、吊车梁顶面的预埋件焊牢，并在接头处、吊车梁与柱的空隙处支模板浇筑细石混凝土。

3. 屋架的吊装

钢筋混凝土预应力屋架一般在施工现场平卧叠浇生产，吊装前应将屋架扶直、就位。屋架安装的主要工序有绑扎、扶直与就位、吊升、对位、校正、最后固定等。

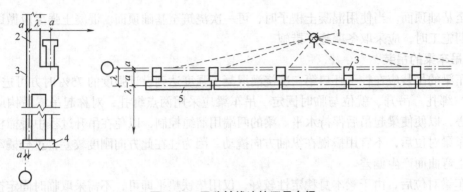

图 5-34 平移轴线法校正吊车梁

1—经纬仪 2—标志 3—柱 4—柱基础 5—吊车梁

（1）屋架的绑扎 屋架的绑扎点应选在屋架上弦节点处，左右对称于屋架的重心。一般屋架跨度小于 18m 时两点绑扎；大于 18m 时四点绑扎；大于 30m 时，应考虑使用横吊梁，以减少绑扎高度；对刚性较差的组合屋架，因下弦不能承受压力，也采用横吊梁四点绑扎。屋架绑扎时吊索与水平面的夹角不宜小于 45°，以免屋架上弦杆承受过大的压力使构件受损，必要时可采用横吊梁。屋架的绑扎方法如图 5-35 所示。

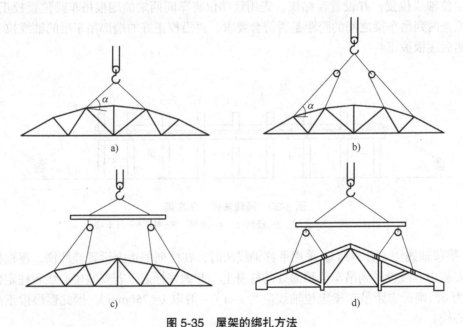

图 5-35 屋架的绑扎方法

a）跨度小于或等于 18m 时 b）跨度大于 18m 时 c）跨度大于 30m 时 d）三角形组合屋架

（2）屋架的扶直与就位 屋架是一个平面受力构件，侧向刚度较差。扶直时由于自重的影响改变了杆件的受力性质，特别是上弦杆极易扭曲造成屋架损伤。因此，扶直时应注意以下问题：扶直屋架时，起重机的吊钩应对准屋架的中心，吊索左右对称；在屋架接近扶直时，吊钩对准屋架下弦中点，防止屋架摆动；数榀叠浇生产跨度 18m 以上的屋架时，为防止屋架扶直过程中突然下滑造成损伤，应在屋架两端搭设枕木垛，其高度与下一榀屋架上平面齐平；屋架在一起叠浇时，叠浇的屋架之间有黏结力存在，应用錾、撬棍、手拉葫芦消除黏结力后再行扶直；凡屋架高度超过 1.7m 的，应在表面加绑木、竹或钢管横杆，用以加强屋架的平面刚度；如扶直屋架时采用的绑扎点或绑扎方法与设计不同时，应按实际的绑扎方法验算屋架的扶直应力。

扶直屋架时由于起重机与屋架相对位置不同，可分为正向扶直与反向扶直。

1）正向扶直。正向扶直时，起重机位于屋架下弦一边，吊钩对准上弦中点，收紧吊钩后略起臂使屋架脱模，然后升钩并起臂使屋架绕下弦旋转呈直立状态，如图 5-36a 所示。

2）反向扶直。反向扶直时，起重机位于屋架上弦一边，吊钩对准上弦中点，收紧吊钩，接着升钩并降臂，使屋架绕下弦旋转呈直立状态，如图 5-36b 所示。

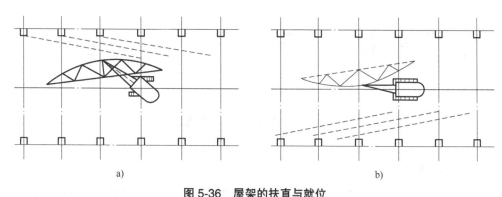

图 5-36　屋架的扶直与就位
a）正向扶直　b）反向扶直

正向扶直与反向扶直不同之处在于前者升臂，后者降臂。升臂比降臂易于操作且比较安全，故应尽可能采用正向扶直。

屋架扶直后应按规定位置就位。屋架的就位位置与起重机的性能和安装方法有关。当屋架就位位置与屋架的预制位置在起重机开行路线同一侧时，为同侧就位，如图 5-36a 所示；当屋架就位位置与屋架预制位置在起重机开行路线的两侧时，为异侧就位，如图 5-36b 所示。

（3）屋架的吊升、对位与临时固定　屋架起吊后离地面约 300mm 处转至吊装位置下方，再将其吊升至超过柱顶约 300mm，然后缓缓下落在柱顶上，力求对准安装中心线。

屋架对位后，立即进行临时固定。临时固定稳妥后，起重机才可脱钩。

第一榀屋架的临时固定必须可靠，因为它是单片结构，侧向稳定性差；此外，它还是第二榀屋架的支撑。第一榀屋架的临时固定一般采用四根缆风绳从两边将屋架拉牢，如图 5-37 所示，有防风柱的可与防风柱连接固定。

第二榀屋架以及以后各榀屋架可用屋架校正器（工具式支撑）临时固定在前一榀屋架上，如图 5-38 所示，每榀屋架至少用两根校正器。

（4）校正、最后固定　屋架校正是用线锤或经纬仪检查屋架的垂直度。施工规范规定，屋架上弦中部对通过两支座中心的垂直面偏差不得大于 $h/250$（h 为屋架高度）。如超过偏差允许值，应用工具式支撑加以纠正，并在屋架端部的支撑面垫入薄钢片。校正无误后，立即采用电焊焊牢作为最后固定。应在屋架两端的不同侧同时施焊，以防因焊缝收缩导致屋架倾斜。

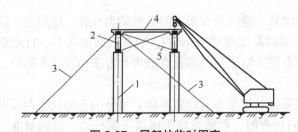

图 5-37　屋架的临时固定
1—柱子　2—屋架　3—缆风绳　4—工具式支撑　5—屋架垂直支撑

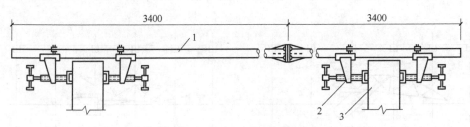

图 5-38　工具式支撑的构造
1—钢管　2—撑脚　3—屋架上弦

4. 屋面板的吊装

屋面板可逐块吊装或多块叠吊吊装，为充分发挥起重机的起重能力，一般可采用叠吊的方法。屋面板四个角一般埋有吊环，可用四根带吊钩的吊索穿过吊环进行吊升。吊索应等长且拉力相等，吊升时屋面板应保持水平。屋面板的吊装，应由屋架两边檐口左右对称地逐块吊向屋脊，避免屋架承受半边荷载。

屋面板就位后，应立即用电焊固定，每块屋面板可焊接三个点，使屋面板与屋架连成整体，以保证结构的整体性和施工阶段的安全性，最后一块屋面板只能焊两个点。

5.2.3　结构吊装方案

结构吊装方案着重解决起重机的选择、结构吊装方法、起重机开行路线及停机位置三个主要问题。

1. 起重机的选择

1）对于中小型厂房结构采用流动式起重机安装比较合理。

2）当厂房结构高度和长度较大时，可选用塔式起重机安装屋盖结构。

3）在缺乏流动式起重机的地方，或是厂房面积较小、构件较轻时，可采用桅杆式起重机安装。

4）大跨度的重型工业厂房，应结合设备安装来选择起重机类型。

5）当一台起重机无法吊装时，可选用两台起重机抬吊。

起重机型号的选择要根据构件的尺寸、质量和安装高度确定，主要确定起重机的 3 个工作参数，即起重量、起重高度和起重半径。起重量要大于或等于所安装构件的质量与索具质量之和。起重高度必须满足吊装构件安装高度的要求。起重半径的确定分两种情况：一种情况是当起重机能不受限制地开到吊装位置附近时，不需验算起重半径；第二种情况是当起重机不能直接开到吊装位置附近时，需要根据实际情况确定吊装时的最小起重半径。根据起重量、起重高度和起重半径三个参数查阅起重机性能曲线或性能表，可选择起重机型号和起重臂长度。

2. 结构吊装方法

单层厂房的结构吊装方法主要有分件吊装法和综合吊装法两种。

分件吊装

（1）分件吊装法　分件吊装法是指起重机在车间内每开行一次仅吊装一种或两种构件，通常分三次开行吊装完全部构件。

第一次开行吊装全部的柱子，并加以校正及最后固定；第二次开行吊装全部的吊车梁、连系梁以及柱间支撑；第三次开行分节间吊装屋架、天窗架、屋面板及屋面支撑等。图 5-39 为分件吊装时的构件吊装顺序。

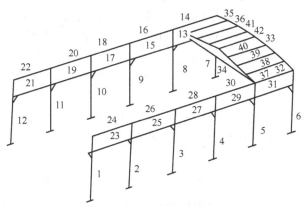

图 5-39　分件吊装时的构件吊装顺序（图中数字表示构件吊装顺序）
1~12—柱　13~32—单数是吊车梁、双数是连系梁　33、34—屋架　35~42—屋面板

分件吊装法的优点是每次吊装同类型构件时不需要经常更换索具，操作程序基本相同，所以吊装速度快，能充分发挥起重机的工作能力；构件可分批进场，构件的供应与现场平面布置比较简单，有充分的时间对构件进行校正、固定。其主要缺点是起重机行走频繁，开行路线长，不能及早为后续工序提供工作面，屋面板吊装往往另需辅助起重设备。目前，单层工业厂房结构吊装多采用分件吊装法。

（2）综合吊装法　综合吊装法是指起重机在车间内的一次开行中，分节间吊装所有的各种类型构件。具体做法是先吊装 4~6 根柱子，然后立即加以校正和固定，接着吊装吊车梁、连系梁、屋架、屋面板等构件。吊装完一个节间的所有构件后，转入吊装下一个节间。

综合吊装法的优点是开行路线短，起重机停机点少，可为后期工程及早提供工作面，使各工种能交叉平行流水作业。其缺点是一种机械同时吊装多类型构件，需要经常更换索具，现场拥挤，校正困难。

当单层厂房面积大或具有多跨结构时，为加快施工速度，可将建筑物划分为若干段，选用多台起重机同时作业。每台起重机可以独立作业，完成一个区段的全部吊装工作，也可以选用不同性能的起重机协同作业，组成流水施工。

3. 起重机开行路线及停机位置

起重机的开行路线和停机位置与起重机的性能、构件的尺寸及质量、构件的平面布置、构件的供应方式、吊装方法等许多因素有关，应按施工组织方案施工。

5.3　单层钢结构工业厂房结构吊装

5.3.1　准备工作

钢结构吊装工程施工应做好充分的施工准备工作，其主要内容有技术准备、机具设备准备、材料准备、现场作业条件准备等。

1. 技术准备

技术准备工作应按工程规模及结构的类型和特点，分别编制结构吊装施工组织设计、施工方案、施工作业指导书、技术交底等施工文件，完成现场技术准备。

（1）施工组织设计　施工组织设计主要内容包括工程概况及特点；施工总体部署；施工准备工作计划；吊装方法及主要技术措施；施工现场平面布置图；劳动力计划；机具设备计划；材料和构件供应计划；质量保证措施和安全措施；环境保护措施；施工进度计划等。

在编制施工组织设计的过程中，应结合工程特点和难点，有针对性地提出相应的施工方法和技术措施，特别是复杂结构或有特殊要求的部位及构件。

（2）现场技术准备

1）基础的准备。钢柱基础的顶面通常设计成平面，通过地脚螺栓将钢柱与基础连成整体。施工时应保证基础顶面标高及地脚螺栓位置准确。其允许偏差为：基础顶面高差为 ±2mm，倾斜度为 1/1000；地脚螺栓位置允许偏差，在支座范围内为 5mm。施工时可用角钢制成固定架，将地脚螺栓安置在与基础模板分开的固定架上。

为保证基础顶面标高准确，施工时可采用一次浇筑法或二次浇筑法施工。当基础采用二次浇注法时，钢柱脚应采用钢垫板或坐浆垫板作支撑。垫板应设置在靠近地脚螺栓的柱脚底板加劲板下或柱脚下，每根地脚螺栓的侧面应设 1~2 组垫块，每组垫板不得多于 5 块。垫板与基础面和柱底面的接触应平整、紧密。当采用成对斜垫板时，其叠合长度不应小于垫板长度的 2/3。采用坐浆垫板时，应采用无收缩砂浆，柱子吊装前，砂浆试块的强度应高于基础混凝土强度一个等级。

2）构件的检查与弹线。在吊装钢构件之前，应检查构件的外形和几何尺寸，如有偏差应在吊装前设法消除。

在钢柱的下部和上部标出两个方向的轴线，在柱下部的适当高度处标出标高中心线，以便校正钢柱的平面位置、垂直度，以及屋架和吊车梁的标高等。

对不易辨别上下、左右的构件，应在构件上加以标明，以免吊装时搞错。

2. 机具设备准备

针对单层钢结构工程面积大、跨度大等安装施工的特点，结合道路、场地条件，吊装机械宜选用履带式起重机、汽车式起重机。其他施工用机具有电焊机、卷扬机、千斤顶、各种索具等。

3. 材料准备

材料准备包括钢构件准备、高强度螺栓准备、焊接材料准备、吊装辅助材料准备等。

（1）钢构件准备

1）构件的运输：

① 大型或重型构件的运输应根据行车路线、运输车辆的性能、码头状况、运输船只的情况编制运输方案。在运输方案中要着重考虑吊装工程的堆放条件、工期要求。

② 发运的构件质量单件超过3t的，宜在明显部位用油漆标上质量及重心位置的标志，避免在装（卸）车和起吊过程中损坏构件；节点板、高强度螺栓连接面等重要部位要有适当的保护措施。零星部件等要按同一类别用螺栓和钢丝紧固成束或打好包装后发运。

③ 构件运输时，应根据构件的长度、质量、断面形状选用车辆；构件在运输车辆上的支点、两端伸长的长度及绑扎方法均应保证构件不产生永久变形、不损伤涂层。构件起吊必须按设计吊点起吊。

④ 公路运输装运的高度极限为4.5m，如需通过隧道时，则高度极限为4m。构件长出车身不得超过2m。

2）构件的堆放：

① 构件一般要堆放在工厂的堆放场中和施工现场的堆放场中。构件堆放场地应平整坚实，无水坑、冰层，地面应平整干燥，并应排水通畅，有较好的排水设施，同时有方便车辆转弯的场地。

② 构件应按种类、型号、吊装顺序划分区域并插竖标志牌。构件底层垫块要有足够的支撑面，不允许垫块有较大的沉降量，堆放的高度应有计算依据，以最下面的构件不产生永久变形为准，不得随意堆高。钢结构产品不得直接置于地上，要垫高200mm。

③ 在堆放过程中发现有变形不合格的构件，应进行矫正后再堆放。不得把不合格的变形构件堆放在合格的构件中。

④ 对于已堆放好的构件，要派专人汇总资料，建立完善的进出厂动态管理，严禁乱翻、乱移。同时，对已堆放好的构件进行适当保护，避免风吹雨打、日晒夜露。

⑤ 不同类型的钢构件一般不堆放在一起。同一工程的钢构件应分类堆放在同一地区，以便装车发运。

钢构件吊装前应进行检查，包括型号、标志、变形、制作误差及缺陷等，发现问题要及时处理。

（2）高强度螺栓准备　高强度螺栓应严格按设计图纸要求的规格、数量进行采购及检查验收，供货方需提供质量保证书。高强度螺栓连接施工前，应对连接副和连接件进行检查和复验，合格后再进行施工。

（3）焊接材料准备　在结构安装施工之前应对焊接材料的品种、规格、性能等进行检验，各项指标均应符合国家标准和设计要求。

（4）吊装辅助材料准备　为保证施工正常进行，吊装前应按施工组织设计或施工方案要求，准备好拼装加固用的木板、木方及脚手架、枕木等。

4. 现场作业条件准备

现场作业条件是指吊装前应完成基础验收工作，并按平面布置图要求完成场地清理、道路修筑、障碍物排除或处理等工作。

5.3.2 构件的吊装

1. 钢柱的吊装

（1）钢柱绑扎　钢柱的刚度较好，为方便钢柱吊装对位，可采用一点绑扎直吊法，其绑扎点应在柱牛腿下部或构件节点等易绑扎处。绑扎点应采取保护措施以防止磨损吊索及构件，吊钩上应挂钢板式横吊梁，防止吊索缠绕、摩擦。

钢柱的吊装

（2）钢柱吊升　依据场地条件及构件布置情况，可采用旋转法、滑行法、双机抬吊等钢柱吊升方法。当采用滑行法吊升时，应在柱脚安放托板或辊筒，以减少钢柱与地面的摩擦，保护柱脚不受损。采用双机抬吊时，应计算绑扎点位置与起重机负荷的关系，起重机的负荷不应超过设计能力的 80%，且最好采用同类型的起重机。

（3）钢柱就位和临时固定　钢柱吊升垂直后应高于地脚螺栓上口 20~30cm，然后柱基础两侧的操作人员扶住柱脚，指挥起重机将柱底板对准地脚螺栓后缓慢下落。当柱刚刚接触到调整螺母或支撑钢垫板（标高控制块）上时，应停止下降，在起重机带负载的条件下，用人力和撬棍调整柱轴线与基础上的吊装轴线对齐（误差应控制在 5mm 以内），然后套上地脚螺栓螺母并扭紧，将柱临时固定。当采用楔形钢垫板作支撑块时，应检查和调整垫板，使其与柱底板平整并紧密接触。

（4）钢柱校正和最后固定　钢柱的校正包括平面位置、标高、垂直度的校正。钢柱的平面位置在起吊就位时一次对位，不需再校正。钢柱的标高在做基础时已根据柱子的制作误差进行过一次调整，所以大多数柱子都不必再校正标高。柱子临时固定后，仍需进行标高复查，超过允许偏差的还需进行校正。垂直度的校正应用经纬仪检验，如超过允许偏差，用千斤顶进行校正。

钢柱校正完成后，应拧紧螺母并沿柱脚底板周边塞上钢垫板后楔紧，钢垫板与柱底板用电焊焊牢，防止发生位移和变形。

2. 钢吊车梁的吊装

（1）钢吊车梁绑扎、吊升、就位与临时固定　钢吊车梁一般采用两点绑扎。一般钢吊车梁的吊装方法与钢筋混凝土吊车梁类似；重型钢吊车梁的吊装应根据具体情况具体分析，可采用双机抬吊的方法吊装钢吊车梁。

钢吊车梁在吊装时应注意钢柱吊装后的位移和垂直度的偏差，认真做好临时标高垫块的设置工作，严格控制定位轴线，并实测钢吊车梁搁置处梁高的制作误差。钢吊车梁均为简支梁，梁端之间应留有 10mm 左右的间隙并设钢垫板，梁和牛腿用螺栓连接，梁与制动架之间用高强度螺栓连接。

（2）钢吊车梁的校正　钢吊车梁校正的内容包括标高、垂直度、轴线、跨距的校正。由于屋盖的吊装可能引起钢柱发生位移，所以标高的校正可在屋盖吊装前进行，其他项目的校正在屋盖吊装完成后进行。

钢吊车梁标高的校正，可用千斤顶或起重机对梁做竖向移动，在梁的支座处垫钢板，使其偏差在允许范围内。进行钢吊车梁垂直度的校正时，从梁的上翼缘挂线垂下去，测量线绳至梁腹板上下两处的水平距离，然后根据梁的倾斜程度垫斜垫板。钢吊车梁轴线的校正可用通线法和平移轴线法。钢吊车梁跨距的校正用钢尺测量进行检验，跨度大的车间用弹簧秤拉测（拉力一般为 100~200N），如超过允许偏差，可用撬棍、钢楔、花篮螺栓、千斤顶等纠正。

3. 钢屋架的吊装

（1）钢屋架的绑扎、吊升、就位与临时固定　钢屋架侧向刚度较差，吊装前需要进行稳定性验算，稳定性不足时应进行加固。加固部位应根据屋架的吊装方法和绑扎情况确定，一般应加固在受压部位。单机吊装常加固屋架下弦，双机抬吊则应加固屋架上弦。考虑到吊装时吊索内力对构件产生的水平压力，有时对斜向吊索之间的屋架受压杆件也要加固。

钢屋架的吊装

吊装钢屋架的吊索必须绑在屋架的吊点上，以防杆件在吊点处发生弯曲变形。

第一榀屋架起吊就位后，要在两侧设置缆风绳固定。第二榀屋架起吊就位后，装上 2~4 根上、下弦直支撑，待第三榀屋架起吊就位后，必须将这两间的屋架和天窗架的上、下弦支撑及垂直支撑全部安装好，并吊线校正屋架和天窗架的垂直度，装好和拧紧全部节点上的螺栓，以形成一个"稳定块"。第三榀后的屋架和天窗架可以根据屋架跨度的大小安装适当数量的上、下弦水平支撑进行临时固定。屋架跨度在 18m 以内的，安装水平支撑的数量不宜少于 6 根；屋架跨度在 21~27m 的，不宜少于 8 根；屋架跨度在 30m 以上的，应根据具体情况适当增加水平支撑的数量。

（2）钢屋架的校正和最后固定　钢屋架的校正内容主要包括垂直度和弦杆的平直度，垂直度用线垂检验，弦杆的平直度用拉紧的测绳进行检验。

屋架的最后固定，用电焊或高强度螺栓进行。

5.3.3　钢结构的连接

钢结构连接的方法通常有三种：焊接、螺栓连接（普通螺栓连接、高强度螺栓连接）和铆接，如图 5-40 所示。钢构件的连接接头应经检查合格后方可紧固或焊接。焊接和高强度螺栓连接并用的连接，当设计无特殊要求时，应按"先栓后焊"的顺序施工。下面主要介绍焊接和螺栓连接。

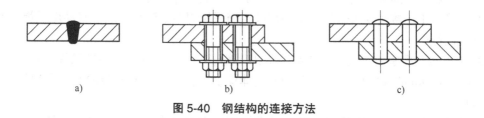

图 5-40　钢结构的连接方法
a）焊接　b）螺栓连接　c）铆接

1. 钢结构的焊接

（1）钢结构构件的焊接方法　钢结构构件主要的焊接方法有焊条电弧焊、气体保护焊、自保护电弧焊、埋弧焊、电渣压力焊、等离子弧焊、激光焊、电子束焊、栓焊等。

在钢结构制作和安装领域中，广泛使用的是电弧焊。在电弧焊中又以焊条电弧焊、自动埋弧焊、气体保护焊和自保护电弧焊为主。在某些特殊应用场合，则必须使用电渣压力焊和栓焊。

（2）焊接残余应力和变形的控制 在钢结构设计和施工中不仅要考虑强度、检定性、经济性，还必须考虑焊缝的设置产生的应力变形对结构的影响，通常要注意以下几点：

1）在保证结构具有足够强度的前提下，尽量减少焊缝的尺寸和长度，合理选取坡口形状，避免集中设置焊缝。

2）尽量对称布置焊缝，将焊缝安排在近中心区域，如靠近中性轴、焊缝中心、焊缝塑性变形区中心的位置。

3）在钢结构施焊中可使用夹具，以减少焊接变形的影响。

4）钢结构设计人员在设计时应考虑焊接工艺措施。

（3）焊接工艺

1）施焊电源的电压波动值应在 5% 范围内，超过时应增设专用变压器或稳压装置。

2）根据焊接工艺评定编制工艺指导书，焊接过程中应严格执行。

3）对接接头、T 形接头、角接接头、十字接头等对接焊缝及组合焊缝，应在焊缝的两端设置引弧板和引出板，其材料和坡口形式应与焊件相同。

引弧和引出的焊缝长度：埋弧焊应大于 50mm，焊条电弧焊及气体保护焊应大于 20mm。焊接完毕应采用气割切除引弧板和引出板，不得用锤击落。切除引弧板和引出板处应修磨平整。

4）角焊缝的转角处宜连续绕角施焊，起（落）弧点距焊缝端部宜大于 10mm；角焊缝端部不设引弧板和引出板的连续焊缝，起（落）弧点距焊缝端部宜大于 10mm，弧坑应填满。

5）不得在焊道以外的母材表面引弧、熄弧。在吊车梁、吊车桁架及设计上有特殊要求的重要受力构件其承受拉应力区城内，不得焊接临时支架、卡具及吊环等。

6）多层焊接宜连续施焊，每一层焊道焊完后应及时清理并检查，如发现焊接缺陷应清除后再施焊，焊道层间接头应平缓过渡并错开。

7）焊缝同一部位的返修次数不宜超过 2 次，超过 2 次时应经焊接技术负责人核准后再施焊。

8）焊缝坡口和间隙超差时，不得采用添加金属块或焊条的方法处理。

9）对接和 T 形接头要求熔透的组合焊缝，当采用焊条电弧焊封底、自动埋弧焊盖面时，反面应进行清根。

10）T 形接头要求熔透的组合焊缝，应采用船形埋弧焊或双丝自动埋弧焊，宜选用直流电流；厚度 <5mm 的薄壁构件宜采用 CO_2 气体保护焊；厚度 >5mm 板的对接立焊缝宜采用电渣压力焊。

11）栓钉在焊接前应用角向磨光机对焊接部位进行打磨，焊接后在焊接处未完全冷却之前不得打碎瓷环。栓钉的穿透焊应使压型钢板与钢梁上翼缘紧密相贴，其间隙不得大于 1mm。

12）轨道焊接采用焊条电弧焊时，应符合下列规定：轨道焊接宜采用厚度 ≥ 12mm、宽 ≥ 100mm 的纯铜板弯制成与轨道外形相匹配的垫模，焊接的顺序由下向上，先焊轨底，后焊轨腰、轨头，最后修补四周；施焊轨底的第一层焊道时电流应稍大些，以保证焊透和便于排渣；每层焊完后要清理，前后两层焊道的施焊方向应相反；应采取预热、保温和缓冷措施，预热温度为 200~300℃，保温可采用石棉灰等。

13）当压轨器的轨板与吊车梁采用焊接时，应采用小直径焊条和小电流跳焊法施焊。

14）柱与柱、柱与梁的焊接接头，当采用大间隙加垫板的接头形式时，第一层焊道应熔透。

15）焊接前的预热及层间温度控制，宜采用测温器具进行测量（点温计、热电偶温度计等）。预热区应位于焊道两侧，其宽度应各为焊件厚度的2倍以上，且不少于100mm。环境温度低于0℃时，预热温度应通过工艺试验确定。

16）焊接H型钢，其翼缘板和腹板应采用半自动或自动气割机进行切制，翼缘板只允许在长度方向拼接；腹板在长度和宽度方向均可拼接，拼接缝可为"十"字形或"T"形，翼缘板的拼接缝与腹板的拼接缝错开200mm以上，拼接焊接应在H型钢组装前完成。

17）对需要进行后热处理的焊缝，应在焊接后钢材没有完全冷却时立即进行后热处理，后热温度为200~300℃，保温时间可按板厚每30mm/h计算，但不得少于2h。

18）下雪或下雨时不得露天施焊，构件焊区表面潮湿或冰雪没有清除前不得施焊，风速≥8m/s（CO_2气体保护焊时风速>2m/s）时应采取挡风措施，操作焊工应有焊工上岗证。

（4）焊接的质量检验　焊接质量检验包括焊前检验、焊接生产中检验和成品检验。

1）焊前检验。焊前检验的主要内容有：相关技术文件（图纸、标准工艺规程等）是否齐备；焊接材料（焊条、焊丝、焊剂、气体等）和钢材原材料的质量检验；构件装配和焊接件边缘质量检验；焊接设备（焊机和专用模具等）是否完善；焊工应经过考试取得合格证，停焊时间达6个月及以上的，必须重新考核合格后方可上岗操作。

2）焊接生产中检验。焊接生产中检验主要是对焊接设备运行情况、焊接规范和焊接工艺的执行情况，以及多层焊接过程中的夹渣、焊透等缺陷的自检等，目的是防止焊接过程中缺陷的形成，及时发现缺陷，采取整改措施。

3）成品检验。全部焊接工作结束，焊缝清理干净后应进行成品检验。成品检验的方法有很多种，通常可分为无损检验和破坏性检验两大类。

① 无损检验可分为外观检查、致密性检验、无损探伤等。

外观检查是一种简单而应用广泛的检查方法，焊缝的外观用肉眼或低倍放大镜检查表面的气孔、废渣、裂纹、弧坑、焊瘤等，并用测量工具检查焊缝尺寸是否符合《钢结构焊接规范》（GB 50661—2011）的规定。

致密性检验主要包括水（气）压试验、煤油渗透试验、渗氨试验、真空试验、氦气检漏等方法，这些方法对于管道工程、压力容器等的焊接无损检验很重要。

无损探伤是利用射线、超声波、电磁辐射、磁性、涡流、渗透性等物理手段及现象，在不损伤被检产品的情况下发现和检查内部或表面缺陷。

② 破坏性检验。焊接质量的破坏性检验包括焊接接头的机械性能试验、焊缝化学成分分析、金相组织测定、扩散氢测定、接头的耐腐蚀性能试验等，主要用于测定接头或焊缝性能是否满足使用要求。

机械性能试验包括测定焊接接头的强度、延伸率、断面收缩率，以及拉伸试验、冷弯试验、冲击试验等。

焊缝的化学成分分析是指测定熔敷金属的化学成分，可参考相关焊条的国家现行标准。

金相组织测定是为了了解焊接接头各区域的组织、晶粒度、氧化物夹杂、氢致白点等情况，通常有宏观和微观层面的测定。

扩散氢测定的依据是《熔敷金属中扩散氢测定方法》（GB/T 3965—2012），适用于焊条电弧焊、埋弧焊等的扩散氢含量的测定。

接头的耐腐蚀性能试验的依据是《金属和合金的腐蚀 奥氏体及铁素体 奥氏体（双相）不锈钢晶间腐蚀试验方法》（GB/T 4334—2020），施工时参照执行。

2. 普通螺栓的连接安装

普通螺栓分为 A、B、C 三级，A 级与 B 级为精制螺栓，C 级为粗制螺栓。A 级和 B 级螺栓的性能等级有 5.6 级和 8.8 级，C 级螺栓的性能等级有 4.6 级和 4.8 级。为了说明螺栓性能等级的含义，下面以 4.6 级的 C 级螺栓为例：小数点前的数字表示螺栓成品的抗拉强度不小于 $400N/mm^2$，小数点及小数点后的数字表示屈强比（屈服强度与抗拉强度之比）为 0.6。

（1）一般要求　普通螺栓作为永久性连接螺栓时，应符合下列要求：

1）为增大承压面积，螺栓头和螺母下面应放置平垫圈。

2）螺栓头下面放置垫圈不得多于 2 个，螺母下放置垫圈不应多于 1 个。

3）对设计要求防松动的螺栓，应采用有防松装置的螺母或弹簧垫圈或用人工方法采取防松措施。

4）对工字钢、槽钢类型钢应尽量使用斜垫圈，使螺母和螺栓头部的支撑面垂直于螺杆。

5）螺杆的规格、连接形式，螺栓的布置，螺栓孔尺寸等应符合设计要求及有关规定。

（2）普通螺栓的紧固及检验　普通螺栓连接对螺栓紧固力没有具体要求，施工人员以紧固螺栓时的手感及连接接头的外形控制为准，即施工人员使用普通扳手靠自己的力量拧紧螺母即可，保证被连接面密贴，无明显的间隙。为了保证连接接头中各螺栓受力均匀，螺栓的紧固次序宜从中间对称向两侧进行；对大型接头宜采用复拧方式，即两次紧固。

普通螺栓连接的螺栓紧固检验比较简单，一股采用锤击法，即用 0.3kg 的小锤，一手扶螺栓头（螺母），另一手用锤敲击，如螺栓头（螺母）不偏移、不颤动、不转动，且锤声比较脆，说明螺栓紧固质量良好，否则需重新紧固。永久性普通螺栓紧固应牢固、可靠，外露螺扣不应少于 2 扣；检查数量，按连接点数量抽查 10%，且不应少于 3 个。

3. 高强度螺栓的连接安装

高强度螺栓从外形上可分为高强度大六角头螺栓（图 5-41）和扭剪型高强度螺栓（图 5-42）两种类型，按性能等级分为 8.8 级、10.9 级、12.9 级。目前，土木工程中经常使用的高强度大六角头螺栓有 8.8 级和 10.9 级两种，扭剪型高强度螺栓只有 10.9 级一种。

（1）一般规定　高强度螺栓连接施工时，应符合下列要求：

1）高强度螺栓连接副应有质量保证书，由制造厂按批配套供货。

2）高强度螺栓连接施工前，应对连接副和连接件进行检查和复验，合格后再进行施工。高强度大六角头螺栓连接副应按出厂批号复验扭矩系数，扭剪型高强度螺栓连接副应按出厂批号复验预应力。

3）高强度螺栓连接安装时，在每个节点上应穿入的临时螺栓和冲钉的数量，由安装时可能承担的荷载经计算确定，并应符合下列规定：不得少于节点螺栓总数的 1/3；不得少于 2 个临时螺栓；冲钉穿入数量不宜多于临时螺栓数量的 30%。

图 5-41　高强度大六角头螺栓

图 5-42　扭剪型高强度螺栓

4）不得用高强度螺栓兼作临时螺栓，以防损伤螺纹。

5）高强度螺栓的安装应能自由穿入，严禁强行穿入。当不能自由穿入时，该孔应用铰刀进行修整，修整后孔的最大直径不应大于 1.2 倍螺栓直径，且修孔数量不应超过该节点螺栓数量的 25%。

6）高强度螺栓的安装应在结构构件中心位置调整后进行。其穿入方向应以施工方便为准，并力求一致。安装时应注意垫圈的正反面。

7）高强度螺栓孔应采取钻孔成形的方法，孔边应无飞边，螺栓孔径应符合设计要求。孔径允许偏差见表 5-2。

表 5-2　高强度螺栓连接构件制孔允许偏差

公称直径		M12	M16	M20	M22	M24	M27	M30
标准圆孔	直径	13.5	17.5	22.0	24.0	26.0	30.0	33.0
	允许偏差	+0.43 0	+0.43 0	+0.52 0	+0.52 0	+0.52 0	+0.84 0	+0.84 0
	圆度	1.00			1.50			
大圆孔	直径	16.0	20.0	24.0	28.0	30.0	35.0	38.0
	允许偏差	+0.43 0	+0.43 0	+0.52 0	+0.52 0	+0.52 0	+0.84 0	+0.84 0
圆度（最大和最小直径之差）		1.00			1.50			
中心线倾斜度		应为板厚的 3%，且单层板应为 2.0mm，多层板重叠组合应为 3.0mm						

8）高强度螺栓连接构件螺栓孔的孔距及边距应符合表 5-3 的要求，还应考虑专用施工机具的可操作空间要求。

表 5-3 高强度螺栓连接构件螺栓孔的孔距及边距

名　称	位置和方向			最大允许间距（两者较小值）	最小允许间距
中心间距	外排（垂直内力方向或顺内力方向）			$8d_0$ 或 $12t$	$3d_0$
	中间排	垂直内力方向		$16d_0$ 或 $24t$	
		顺内力方向	构件受压力	$12d_0$ 或 $18t$	
			构件受拉力	$16d_0$ 或 $24t$	
	沿对角线方向			—	
中心至构件边缘距离	顺内力方向				$2d_0$
	剪切边或人工切割边			$4d_0$ 或 $8t$	$1.5d_0$
	轧制边、自动气割边或锯割边				

注：1. d_0 为高强度螺栓连接板的孔径，对槽孔为短向尺寸；t 为外层较薄板件的厚度。

　　2. 钢板边缘与刚性构件（如角钢、槽钢等）相连的高强度螺栓的最大间距，可按中间排数值采用。

9）高强度螺栓连接构件的孔距允许偏差应符合表 5-4 的规定。

表 5-4 高强度螺栓连接构件的孔距允许偏差

孔距范围	螺栓孔距 /mm			
	<500	501~1200	1201~3000	>3000
同一组内任意两孔间	±1.0	±1.5	—	—
相邻两组的端孔间	±1.5	±2.0	±2.5	±3.0

注：1. 在节点中连接板与一根杆件相连的所有螺栓孔为一组。

　　2. 对接接头在拼接板一侧的螺栓孔为一组。

　　3. 在两相邻节点或接头间的螺栓孔为一组，但不包括上述 1、2 两条所规定的孔。

　　4. 受弯构件翼缘上的孔，每米长度范围内的螺栓孔为一组。

（2）摩擦面的处理　高强度螺栓连接，必须对构件的摩擦面进行加工处理，在制造厂进行处理时可用喷砂、喷（抛）丸、酸洗或砂轮打磨等方法。处理好的摩擦面应有保护措施，不得涂油漆或被污损。由制造厂处理好的摩擦面，安装前应逐个复验所附试件的抗滑移系数，合格后方可安装，抗滑移系数应符合设计要求。

（3）连接板的安装　连接板不能有挠曲变形，安装前应认真检查，对变形的连接板应矫正平整。高强度螺栓与板面的接触要平整。因被连接构件的厚度不同，或制作和安装偏差等原因造成连接面之间的间隙，小于 1.0mm 时可不处理；1.0~3.0mm 的间隙，应将高出的一侧磨成 1∶10 的斜面，打磨方向应与受力方向垂直；大于 3.0mm 的间隙应加垫板，垫板两面的处理方法应与构件相同。

（4）螺栓长度的选择　选用螺栓长度应考虑构件的被连接厚度、螺母厚度、垫圈厚度，以及紧固后要露出三扣螺纹的余长等因素。

螺栓长度 L 一般按下式计算：

$$L=L'+ns+m+3p \tag{5-1}$$

式中　L'——构件被连接厚度（mm）；

n——垫圈数量，扭剪型高强度螺栓为1，高强度大六角头螺栓为2；

s——垫圈厚度（mm）；

m——螺母厚度（mm）；

p——螺纹的螺距（mm），见表5-5。

按上式计算所得数值应调整为5的倍数。

表 5-5　高强度螺栓螺纹的螺距

螺 纹 直 径	M12	M16	M20	M22	M24	M27	M30
螺距 /mm	1.75	2	2.5	2.5	3	3	3.5

（5）高强度螺栓的紧固及检验

为了使每个螺栓的预拉力均匀相等，高强度螺栓拧紧可分为初拧和终拧。对于大型节点应分初拧、复拧和终拧，初拧扭矩和复拧扭矩为终拧扭矩的50%左右。

高强度螺栓的安装应按一定顺序施拧，宜由螺栓群中央按顺序向外拧紧，并应在施工当天终拧完毕，其外露螺扣不得少于3扣。

高强度螺栓多用电动扳手进行紧固。电动扳手不能使用的场合可用测力扳手进行紧固。紧固时应用色彩鲜明的涂料在螺栓尾部涂上终拧标志，以便备查。

在高处进行高强度螺栓的紧固，要遵守登高作业的安全注意事项。拧掉的扭剪型高强度螺栓的尾部应随时放入工具袋内，严禁随便抛落。

高强度螺栓的紧固要配合钢结构的吊装速度，一般情况下每人每日约可紧固100套高强度螺栓，可参考此数字来安排工人数量。

对已紧固的高强度螺栓，应逐个检查验收。高强度大六角头螺栓应进行如下检查：

1）用小锤（0.3kg）敲击法对高强度螺栓进行检查，以防漏拧。

2）终拧完成1h后，应在48h内进行终拧扭矩检查。按节点数抽查10%，且不应少于10个；每个被抽查节点按螺栓数抽查10%，且不应少于2个。检查时在螺尾端头和螺母的相对位置画线，然后将螺母退回60°左右，再用扭矩扳手重新拧紧，使两线重合，测得此时的扭矩值与施工扭矩值的偏差在10%以内为合格。

对扭剪型高强度螺栓，终拧后检查以目测尾部梅花头拧掉为合格。对于因构造原因不能在终拧中拧掉梅花头的螺栓数不应大于该节点螺栓数的5%。并应按高强度大六角头螺栓的检查规定进行终拧扭矩检查。

5.4　轻型钢结构厂房结构吊装

5.4.1　轻型钢结构的特点

轻型钢结构分成两类，一类是由圆钢和小角钢组成的轻型钢结构，另一类是由薄壁型钢组成的轻型钢结构。本节主要介绍薄壁型钢类轻型钢结构的施工。

施工薄壁型钢类轻型钢结构时，先由薄钢板或型钢焊接成主要框架的柱、梁，以及薄壁冷弯屋面、墙面檩条（也称为墙梁、墙筋）等，再按施工方案组装而成，外盖以质量轻、强度高、美观耐久的彩色钢板（简称彩钢板）组成墙体和屋面的围护结构。这类建筑的构件质量轻、强度高，结构抗震性能好，可建造大跨度（9~50m）、大柱距（6~15m）的房屋，并且建筑美观、屋面排水流畅、防水性能好；由于构件在工厂制造，成品精度高；构件采用高强度螺栓或电焊连接，再在现场吊装拼接，具有施工简单方便、产品质量好、安装速度快、占地面积小、施工不受季节限制等特点。

此外，由于结构轻巧、自重小，轻型钢结构与混凝土结构建筑相比，自重减少70%~80%，显著减轻了对地基的压力，减少了基础造价；用钢量也仅为 $20 \sim 30kg/m^2$，投资少，故广泛应用于建造各类轻型工业厂房、仓储设施、公共设施、大商场、娱乐场所和体育场馆等建筑。

5.4.2 轻型钢结构单层厂房的构造

轻型钢结构单层厂房主要由钢柱、屋面钢梁或屋架、屋面檩条、墙梁（檩条）及屋面、柱间支撑系统、屋面（墙面）彩钢板组装而成，图5-43是一个轻型钢结构单层厂房的构造示意图。

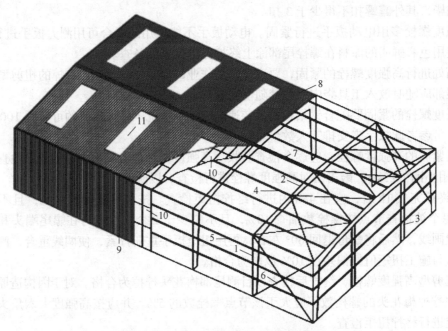

图 5-43 轻型钢结构单层厂房构造简图

1—钢柱 2—钢梁 3—抗风柱 4—屋面檩条 5—墙梁（檩条） 6—柱间支撑
7—屋脊 8—屋面彩钢板 9—墙面彩钢板 10—保温层 11—采光窗

5.4.3 准备工作

轻型钢结构吊装准备工作的内容和要求与普通钢结构吊装工程相同。钢柱基础施工时，应做好地脚螺栓的定位和保护工作，控制好基础顶面标高和地脚螺栓顶面标高。基础施工后应按以下内容进行检查验收：

1）各行列轴线位置是否正确。

2）各跨跨距是否符合设计要求。

3）基础顶标高是否符合设计要求。

4）地脚螺栓的位置及标高是否符合设计及规范要求。

构件在吊装前应根据《钢结构工程施工质量验收标准》（GB 50205—2020)的有关规定进行构件外形和截面几何尺寸的检验，其偏差不允许超出规范规定值；构件应依据设计图纸的要求进行编号，弹出安装中心标志，钢柱应弹出两个方向的中心标志和标高标志；应标出绑扎点位置：测量柱长，其长度误差应详细记录，并用油性笔写在柱子下部中心标志旁的平面上，以备在基础顶面标高二次灌浆施工中进行调整。

构件进入施工现场，须有质量保证书及详细的验收记录；应按构件的种类、型号及吊装顺序在指定区域堆放。构件底层垫木要有足够的支撑面以防止支点下沉；相同型号的构件叠层时，每层构件的支点要在同一直线上；对变形的构件应及时矫正，检查合格后方可吊装。

轻型钢结构单层厂房的构件自重较轻、吊装高度不大，因而构件吊装所选择的起重机械对单跨结构多以行走灵活的流动式起重机（履带式、汽车式、轮胎式等）为主；对多跨结构则常用小型塔式起重机。所选择的塔式起重机的臂杆长度应具有足够的覆盖面，要有足够的起重能力，能满足不同部位构件起吊的要求。多机作业时，起重机臂杆要有足够的高度，能有不碰撞的安全运转空间。对于质量不大的小型构件，如檩条、彩钢板等，也可直接由人力吊升安装。

5.4.4　构件的吊装

轻型钢结构的吊装既可以采用分件吊装法，也可采用综合吊装法。当采用分件吊装法时，先进行柱的吊装，然后进行刚架梁的吊装，最后吊装屋面系统；当采用综合吊装法时，则分节间先吊装柱，随即进行柱的校正，并立即吊装刚架梁和檩条。由于轻型钢结板的屋面多采用彩钢板，其质量较轻，一般在所有刚架吊装完成后再进行屋面板的吊装。

1. 钢柱的吊装

钢柱起吊前应搭好上柱顶的直爬梯。钢柱可采用单点绑扎吊装，绑扎点宜选择在距柱顶1/3柱长处；绑扎点应设软垫，以免吊装时损伤钢柱表层。当柱较长时，也可采用双点绑扎吊装。

钢柱宜采用旋转法吊升，吊升时宜在柱脚底部拴好拉绳并垫以垫木，以防止钢柱起吊时柱脚"拖地"和碰坏地脚螺栓。

钢柱对位时，一定要使柱子中心线对准基础顶面的吊装中心线，并使地脚螺栓对孔；同时要注意钢柱的垂直度，在基本达到要求后方可落下就位。经过初校，待垂直度偏差控制在20mm以内，拧上四角地脚螺栓临时固定后，方可使起重机脱钩。钢柱标高及平面位置已在基面设垫板及柱吊装对位的过程中完成，柱就位后主要是校正钢柱的垂直度。用两台经纬仪在两个方向对准钢柱两个面上的中心标志，同时检查钢柱的垂直度，如有偏差，可用千斤顶、斜顶杆等设备校正。钢柱校正后，应将地脚螺栓紧固，并将垫板与预埋板及柱脚底板焊接牢固。

2. 屋面梁的吊装

屋面梁在地面拼装并用高强度螺栓连接紧固。屋面梁宜采用两点对称绑扎吊装，绑扎点应设软垫，以免损伤构件表面。屋面梁吊装前应设好安全绳，以方便施工人员高处操作；屋面梁吊升宜缓慢进行，吊升过柱顶后由操作工人扶正对位，用螺栓穿过连接板与钢柱临时固定，并进行校正。屋面梁的校正主要是垂直度检查，屋面梁跨中垂直度偏差不得大于 $H/250$（H 为屋面梁高），并不得大于 20mm。屋架校正后应及时进行高强度螺栓紧固，做好永久固定。高强度螺栓紧固、检测应按规范的规定进行。

3. 屋面檩条、墙梁的吊装

薄壁轻型钢檩条由于质量较轻，吊装时可用起重机或人力吊升。当吊装完一个单元的钢柱、屋面梁后，即可进行屋面檩条和墙梁的安装。墙梁也可在整个钢框架吊装完毕后再安装。檩条和墙梁安装比较简单，直接用螺栓连接在檩条挡板或墙梁托板上。檩条的安装误差应在 ±5mm 之内，弯曲偏差应在 $L/750$（L 为檩条跨度）之内，且误差均不得大于 20mm。墙梁安装后应用拉杆螺栓调整平直度，顺序应由上向下逐根进行。

4. 屋面（墙面）彩钢板的吊装

屋面檩条、墙梁吊装完毕，就可进行屋面（墙面）彩钢板的吊装。一般是先吊装墙面彩钢板，后吊装屋面彩钢板，以便于檐口部位的连接。

由于轻型钢结构构件比较单薄，吊装时构件稳定性差，需采取必要的措施防止变形。

5.5 结构吊装工程质量标准及安全措施

5.5.1 钢筋混凝土结构单层工业厂房结构吊装质量标准

钢筋混凝土结构单层工业厂房多采用装配式结构，其主要承重构件除基础为现浇构件外，其他构件（柱、吊车梁、屋架、屋面板等）均为预制构件。根据构件的尺寸和质量，以及运输构件的能力，预制构件中较大型的一般在施工现场就地制作；中小型的多集中在工厂制作，然后运送到现场安装。

1. 预制构件

（1）主控项目

1）对工厂生产的预制构件，进场时应检查其质量证明文件和表面标志。预制构件的质量、标志应符合国家现行相关标准、设计的有关要求。

2）预制构件的外观质量不应有严重缺陷，且不应有影响结构性能和安装、使用功能的尺寸偏差。

（2）一般项目

1）预制构件的外观质量不应有一般缺陷。

2）预制构件的尺寸偏差应符合表 5-6 的规定。

表 5-6 预制构件的尺寸偏差

项 目		允许偏差 /mm	检验方法
长度	板、梁、柱、桁架 < 12m	± 5	尺量检查
	≥ 12m 且 < 18m	± 10	
	≥ 18m	± 20	
	墙板	± 5	

（续）

项 目		允许偏差 /mm	检验方法
宽度、高（厚）度	板、梁、柱、墙板、桁架	±5	钢尺量一端及中部，取其中偏差绝对值的较大值
表面平整度	板、梁、柱、墙板内表面	5	2m 靠尺和塞尺检查
	墙板外表面	3	
侧向弯曲	板、梁、柱	$l/750$ 且 ≤ 20	拉线、钢尺量最大侧向弯曲处
	墙板、桁架	$l/1000$ 且 ≤ 20	
翘曲	板	$l/750$	调平尺在两端量测
	墙板	$l/1000$	
对角线差	板	10	钢尺量两个对角线
	墙板	5	
预留孔	中心线位置	5	尺量检查
	孔尺寸	±5	
预留洞	中心线位置	10	尺量检查
	洞口尺寸	±10	
预埋件	预埋板中心线位置	5	尺量检查
	预埋板与混凝土面的平面高差	±5	
	预埋螺栓、预埋套筒中心位置	2	
	预埋螺栓外露长度	−5，±10	

注：1. l 为构件长度（mm）。

2. 检查中心线、螺栓和孔道位置偏差时，应沿纵、横两个方向量测，并取其中偏差较大值。

3）预制构件上的预埋件、预留钢筋、预埋管线及预留孔（洞）等的规格、位置和数量应符合设计要求。

4）预制构件的结合面应符合设计要求。

2. 吊装与连接

1）预制构件与结构之间的连接应符合设计要求。

2）承受内力的接头和拼缝，当其混凝土强度未达到设计要求时，不得吊装上一层结构构件。已吊装完毕的装配式结构，应在混凝土强度达到设计要求后，方可承受全部设计荷载。

3）装配式结构吊装完毕后的尺寸偏差应符合表 5-7 的要求。

表 5-7 装配式结构吊装完毕后的尺寸偏差

项 目		允许偏差 /mm	检验方法
构件中心线对轴线的位置	基础	15	尺量检查
	竖向构件（柱、墙板、桁架）	10	
	水平构件（梁、板）	5	
构件标高	梁、板底面或顶面	±5	水准仪或尺量检查

(续)

项　　目		允许偏差 /mm	检 验 方 法
构件垂直度	柱、墙板　　＜5m	5	经纬仪量测
	≥ 5m 且＜10m	10	
	≥ 10m	20	
构件倾斜度	梁、桁架	5	垂线、钢尺量测
相邻构件平整度	板端面	5	钢尺、塞尺量测
	梁、板下表面　　抹灰	5	
	不抹灰	3	
	柱、墙板侧表面　　外露	5	
	不外露	10	
构件搁置长度	梁、板	± 10	尺量检查
支座、支垫中心位置	板、梁、柱、墙板、桁架	± 10	
接缝宽度	板　　＜12m	± 10	

5.5.2　单层钢结构吊装质量标准

1. 一般规定

1）单层钢结构吊装工程可按变形缝或空间稳定单元等划分成一个或若干个检验批，也可按楼层或施工段等划分为一个或若干个检验批。地下钢结构可按不同地下层划分检验批。

2）钢结构吊装检验批应在原材料及构件进场验收和紧固件连接、焊接连接、防腐等分项工程验收合格的基础上进行验收。

3）吊装的测量校正、高强度螺栓连接副及摩擦面抗滑移系数、冬（雨）期施工及焊接等，应在施工前制订相应的施工工艺或方案。

4）吊装偏差的检测，应在结构形成空间稳定单元并连接固定且临时支撑结构拆除前进行。

5）吊装时，施工荷载和冰雪荷载等严禁超过梁、桁架、楼面板、屋面板、平台铺板等的承载能力。

6）在形成空间稳定单元后，应立即对柱底板和基础顶面的空隙进行二次浇灌。

7）多节柱吊装时，每节柱的定位轴线应从基准面控制轴线直接引上，不得从下层柱的轴线引上。

2. 基础和地脚螺栓（锚栓）

基础和地脚螺栓主要对以下项目进行控制并要求符合相关规定：

1）建筑物定位轴线、基础上柱的定位轴线和标高应满足设计要求。

2）基础顶面直接作为柱的支撑面或以基础顶面预埋钢板或支座作为柱的支撑面时，其支撑面、地脚螺栓位置的允许偏差应符合表 5-8 的规定。

表 5-8　支撑面、地脚螺栓位置的允许偏差

项　　目		允许偏差 /mm
支撑面	标高	±3.0
	水平度	$l/1000$
地脚螺栓	螺栓中心偏移	5.0
预留孔中心偏移		10.0

注：l 为支撑面的长度。

3）采用坐浆垫板时，坐浆垫板的允许偏差应符合表 5-9 的规定。

表 5-9　坐浆垫板的允许偏差

项　　目	允许偏差 /mm
顶面标高	−3.0 0.0
水平度	$l/1000$
位置	20.0

注：l 为坐浆垫板的长度。

4）采用杯口基础时，杯口尺寸的允许偏差应符合表 5-10 的规定。

表 5-10　杯口尺寸的允许偏差

项　　目	允许偏差 /mm
底面标高	−5.0 0.0
杯口深度 H	±5.0
杯口垂直度	$H/1000$，且不应大于 10.0
位置	10.0

3. 吊装和校正

（1）主控项目

1）钢构件应符合设计要求，因运输、堆放和吊装等原因造成的钢构件变形及涂层脱落，应进行矫正和修补。

2）设计要求顶紧的节点，接触面不应少于 70% 紧贴，且边缘最大间隙不应大于0.8mm。

3）钢屋（托）架、钢桁架、钢梁、钢次梁的垂直度和侧向弯曲矢高的允许偏差应符合

表 5-11 的规定。

表 5-11 钢屋（托）架、钢桁架、钢梁、钢次梁的垂直度和侧向弯曲矢高的允许偏差

项　　目	允许偏差 /mm		图　　例
跨中的垂直度	$h/250$，且不应大于 15.0		
侧向弯曲矢高 f	$l \leqslant 30\mathrm{m}$	$l/1000$，且不应大于 10.0	
	$30\mathrm{m} < l \leqslant 60\mathrm{m}$	$l/1000$，且不应大于 30.0	
	$l > 60\mathrm{m}$	$l/1000$，且不应大于 50.0	

注：1. h 为钢构件的截面高度。

　　 2. l 为钢构件的跨度。

4）单层钢结构主体结构的整体立面偏移和整体平面弯曲的允许偏差应符合表 5-12 的规定。

表 5-12 单层钢结构主体结构的整体立面偏移和整体平面弯曲的允许偏差

项　　目	允许偏差 /mm	图　　例
主体结构的整体立面偏移 Δ	$H/1000$，且不应大于 25.0	
主体结构的整体平面弯曲	$l/1500$，且不应大于 50.0	

注：1. H 为主体结构的高度。

　　 2. l 为主体结构的跨度。

（2）一般项目

1）钢柱等主要构件的中心线及标高基准点等标志应齐全。

2）当钢桁架（或梁）吊装在混凝土柱上时，其支座中心对定位轴线的偏差不应大于 10mm；当采用大型混凝土屋面板时，钢桁架（或梁）间距的偏差不应大于 10mm。

3）钢柱吊装的允许偏差应符合表 5-13 的规定。

表 5-13　钢柱吊装的允许偏差

项　　目		允许偏差 /mm	图　　例	检 验 方 法
柱脚底座中心线对定位轴线的偏移 $\varDelta$		5.0	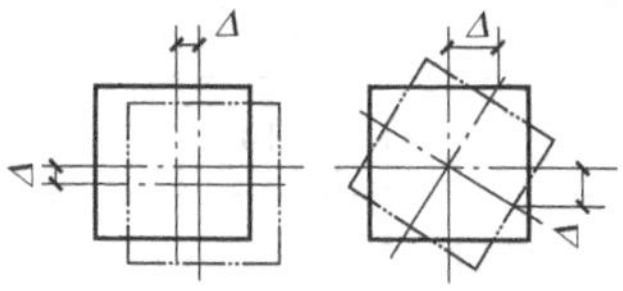	用吊线和钢尺检查
柱基准点标高	有吊车梁的柱	−5.0 +3.0	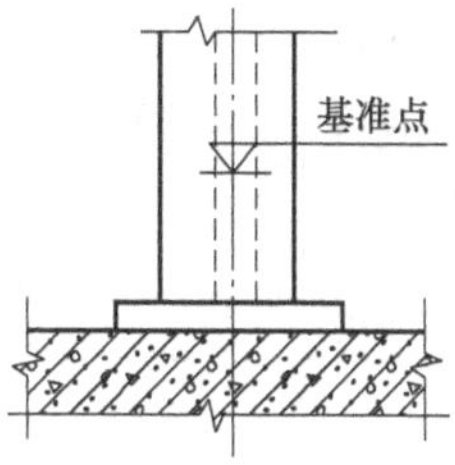	用水准仪检查
	无吊车梁的柱	−8.0 +5.0		
弯曲矢高		$H/1200$，且不大于 15.0	—	用经纬仪或拉线和钢尺检查
柱轴线垂直度	单层柱	$H/1000$，且不大于 25.0	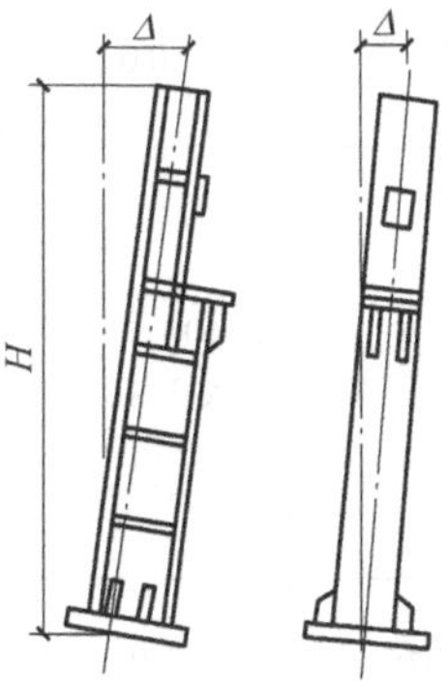	用经纬仪或吊线和钢尺检查
	单节柱	$H/1000$，且不大于 10.0		
	多节柱			
	柱全高	35.0		

注：H 为柱的高度。

4）钢吊车梁或直接承受动力荷载的类似构件，其安装的允许偏差应符合表 5-14 的规定。

表 5-14　钢吊车梁安装的允许偏差

项　　目		允许偏差	图　　例	检验方法
梁的跨中垂直度 Δ		$h/500$		用吊线和钢尺检查
侧向弯曲矢高		$l/1500$，且不大于 10.0	—	
垂直上拱矢高		10.0		
两端支座中心位移 Δ	安装在钢柱上时，对牛腿中心的偏移	5.0		用拉线和钢尺检查
	安装在混凝土柱上时，对定位轴线的偏移	5.0		
吊车梁支座加劲板中心与柱子承压加劲板中心的偏移 Δ_1		$t/2$		用吊线和钢尺检查
同跨间内同一横截面吊车梁顶面高差 Δ	支座处	$l/1000$，且不大于 10.0		用经纬仪、水准仪和钢尺检查
	其他处	15.0		
同跨间内同一横截面下挂式吊车梁底面高差 Δ		10.0		
同列相邻两柱间吊车梁顶面高差 Δ		$l/1500$，且不大于 10.0		用水准仪和钢尺检查
相邻两吊车梁接头部位 Δ	中心错位	3.0		用钢尺检查
	上承式顶面高差	1.0		
	下承式底面高差	1.0		

（续）

项　　目	允许偏差	图　　例	检验方法
同跨间任意一截面的吊车梁中心跨距 $\varDelta$	± 10.0		用经纬仪和光电测距仪检查；跨度小时，可用钢尺检查
轨道中心对吊车梁腹板轴线的偏移 $\varDelta$	$t/2$		用吊线和钢尺检查

注：1. h 为吊车梁的截面高度。

　　2. l 为跨度。

　　3. t 为板的厚度。

5）墙架、檩条等次要构件吊装的允许偏差应符合表 5-15 的规定。

表 5-15　墙架、檩条等次要构件吊装的允许偏差

项　　目		允许偏差 /mm	检验方法
墙架立柱	中心线对定位轴线的偏移	10.0	用钢尺检查
	垂直度	$H/1000$，且不大于 10.0	用经纬仪或吊线和钢尺检查
	弯曲矢高	$H/1000$，且不大于 15.0	用经纬仪或吊线和钢尺检查
抗风柱、桁架的垂直度		$h/250$，且不大于 15.0	用吊线和钢尺检查
檩条、墙梁的间距		± 5.0	用钢尺检查
檩条的弯曲矢高		$l/750$，且不大于 12.0	用拉线和钢尺检查
墙梁的弯曲矢高		$l/750$，且不大于 10.0	用拉线和钢尺检查

注：1. H 为墙架立柱的高度。

　　2. h 为抗风柱、桁架的高度。

　　3. l 为檩条或墙梁的长度。

5.5.3 安全措施

1. 使用机械的安全措施

1）吊装使用的钢丝绳应符合要求，事先必须检查表面磨损情况，若腐蚀达到钢丝绳直径的 10% 时，不准使用。

2）钢丝绳的选用必须有足够的安全系数。起重吊装用的索具、吊具在使用前应按施工方案设计要求进行逐件检查验收。

3）起重机负重开行时，应缓慢行驶，且构件离地面不得超过 500 mm。起重机在接近满载时，不得同时进行两种操作动作。

4）起重机工作时，严禁碰触高压电线。起重臂、钢丝绳、重物等与架空高压线要保持一定的安全距离。

5）发现吊钩或卡环出现变形或裂纹时，不得使用。

6）起吊构件时，吊钩要升降平稳，不得紧急制动；左右旋转应平衡，当回转未停止前不得做反向动作；起吊在满负载或接近满负载时，严禁降落臂杆或同时进行两个动作。

7）对于新购置、恢复使用或改装的起重机，在使用前必须进行动荷载、静荷载的试运行。试运行时，所吊重物为最大起重量的 125%，且离地面 1m，保持悬空 10min。

8）起重机在安全保护装置发生故障、失效或不准确时严禁作业；在作业过程中，严禁对传动部分、活动部分及运动件所及的区域做维修、保养、调整等工作；传动部分应润滑良好。

9）起重物件应拉溜绳，速度要均匀，禁止突然制动和变换方向；操作控制器时，不得直接变换运转方向。

10）用两台或多台起重机吊运同一重物时，钢丝绳应保持垂直；各台起重机的升降、运行应保持同步；各台起重机所承受的荷载均不得超过各自的额定起重能力。如达不到上述要求，应降低额定起重能力至 80%，也可由总工程师根据实际情况降低额定起重能力后使用。吊装使用时，总工程师应在场指导。

2. 操作人员的安全措施

1）悬空高处作业人员应挂牢安全带，安全带的选用与佩带应符合《坠落防护 安全带》（GB 6095—2021）的有关规定。

2）人员活动集中区域和出入口处的上方应搭设防护棚。

3）高处作业的安全技术措施应在施工方案中确定，并在施工前完成，最后经验收确认符合要求。

4）高处作业的人员应按规定定期进行体检。

5）高处作业人员应从规定的通道上下，不得任意利用升降机架体等施工设备进行攀登。

6）参加起重吊装作业的人员，包括司机、起重机、信号指挥、焊工等均属特种作业人员，必须是经专业培训后经考核取得合格证，并经体检确认可进行高处作业的人员。

7）大型起重吊装作业前应详细勘查现场，按照工程特点及作业环境编制专项方案，并经企业技术负责人审批，其专项方案包括：现场环境及处理措施，工程概况及施工工艺，起重机械的选型依据，起重拔杆的设计计算，地锚设计，钢丝绳索具的设计选用，地基承载力及道路的要求，构件堆放就位图以及吊装过程中的各种防护措施等。

3. 施工现场的安全措施

1）建筑施工过程中，采用密目式安全立网对建筑物进行封闭处理（或采取临时防护措施）。

2）梯子不得垫高使用，梯脚底部应坚实并有防滑措施，上端应有固定措施。

3）在周边临空状态下进行高处作业时应有牢靠的立足处（如搭设脚手架或作业平台），并根据作业条件设置防护栏杆、张挂安全网等。

4）建筑物的出入口、升降机的上料口等人员集中处的上方应设置防护棚。防护棚的长度不应小于防护高度的物体坠落半径的规定。

5）检查起重机运行道路，达不到地基承载力要求时应采用路基箱等铺垫措施。

6）起重吊装的各种防护措施、脚手架的搭设以及危险作业区的围圈等准备工程符合方案要求。

7）在露天有六级及以上大风或大雨、大雪、大雾等恶劣天气时，应停止起重吊装作业。雨雪过后在作业前应先试吊，确认制动器灵敏可靠后方可进行作业。

8）当进行高处吊装作业或司机不能清楚地看到作业地点或信号时，应设置信号传递人员。在自然光线不足的工作地点或者在夜间进行工作时，都应该设置足够的照明设备。

学 习 鉴 定

思维导图

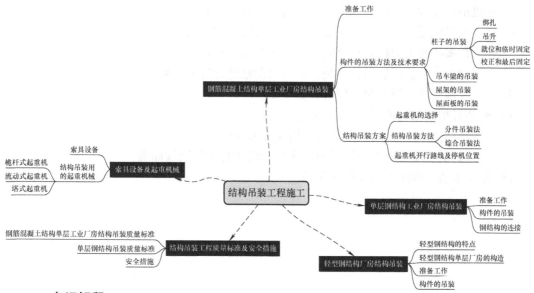

一、名词解释

1. 分件吊装法。

2. 综合吊装法。

二、填空题

1. 钢丝绳按捻法分为_____、_____、_____和_____四种。

2. 起重机械分为_____、_____和_____三大类。

3. 桅杆式起重机按构造不同分为_____、_____、_____和_____四种。

4. 自行式起重机按行走方式不同分为_____、_____和_____三种。

5. 柱子的绑扎方法按起吊后柱身是否垂直有_____和_____两种。

6. 柱子采用单机吊升时，其吊升方法有_____和_____两种。

7. 柱子的校正有_____、_____和_____三项内容。

8. 吊车梁平面位置的校正常用_____和_____。

9. 扶直屋架时由于起重机与屋架_____不同，可分为_____与_____。

10. 结构的吊装方法有_____和_____两种。

11. 钢结构连接方法通常有三种：_____、_____和_____等。

12. 钢柱基础施工时，应做好地脚螺栓的_____和_____工作，要控制好基础顶面标高和_____标高。

13. 高强度螺栓从外形上可分为_____高强度螺栓和_____高强度螺栓两种类型。

三、问答题

1. 结构吊装工程常用的索具设备包括哪些？

2. 结构吊装工程常用的起重机械有哪些类型？各有什么特点？

3. 履带式起重机有哪些主要参数？各主要参数之间的相互关系是什么？

4. 杯形基础的准备工作包括哪些？

5. 单机吊装柱时，旋转法和滑行法各有什么特点？对柱的平面布置有什么要求？

6. 简述钢筋混凝土结构单层工业厂房分件吊装法的特点。

7. 什么是屋架的正向扶直和反向扶直？各有什么特点？

8. 单层钢结构工业厂房结构吊装，如何对钢柱进行校正和最后的固定？

9. 高强度螺栓连接施工时，应符合哪些要求？

10. 简述轻型钢结构单层厂房的构造。

11. 轻钢结构单层厂房结构吊装适合用何种起重机械？

12. 简述钢筋混凝土结构单层工业厂房预制构件的吊装质量标准。

13. 结构吊装工程施工有哪些安全措施？

项目 6

砌体工程施工

素养目标：

　　使学生掌握科学分析问题、解决问题的能力；激发学生积极钻研和创新的意识；培养学生相互协作的团队精神；培养学生安全文明施工的职业素养。促进学生学习新技术、新工艺、新材料和新方法，关注行业热点，提高对专业的感悟力和兴趣。

教学目标：

1. 掌握砌体工程施工中所用脚手架和垂直运输设施的构造及要求。
2. 掌握砌体工程的施工方法和施工工艺。
3. 掌握砌体工程的质量要求及安全防护措施。
4. 能编制砌体工程脚手架搭设方案。
5. 能依据砌体结构施工工艺和质量标准组织施工。
6. 能编制砌体结构施工方案。
7. 能进行砌体工程施工质量检查。

问题引入：

　　砌体工程是指砖石块体和各种类型砌块的施工过程。我国早在三千多年前就已经出现了用天然石料加工成的块材砌筑的砌体结构，在两千多年前又出现了由烧制的黏土砖砌筑的砌体结构，祖先遗留下来的"秦砖汉瓦"，在我国古代建筑中占有重要地位，至今仍在部分建筑工程中起着很大的作用。在学习砌体工程施工前，先思考以下问题：

1. 常用的砖石砌体材料有哪些?
2. 普通砖墙的砌筑形式主要有哪几种?

6.1 脚手架及垂直运输设备

6.1.1 脚手架

脚手架是建筑施工中十分重要的临时设施，是在施工现场为解决安全防护、工人操作以及楼层间少量垂直和水平运输问题而搭设的支架。脚手架的种类很多，按其搭设位置分为外脚手架和里脚手架两大类；按其所用材料分为木脚手架与金属脚手架；按其用途分为操作脚手架、防护用脚手架、承重和支撑用脚手架；按其构造形式分为多立杆式脚手架（如扣件式钢管脚手架、碗扣式钢管脚手架）、门式脚手架、吊挂式脚手架、悬挑式脚手架、升降式脚手架以及用于楼层间操作的工具式脚手架等。

1. 外脚手架

外脚手架沿建筑物外围从地面搭起，既可用于外墙砌筑，又可用于外装饰施工。其主要形式有多立杆式脚手架、门式脚手架、桥式脚手架等。多立杆式脚手架应用最广，其次是门式脚手架。

（1）扣件式钢管脚手架

1）特点。扣件式钢管脚手架是目前使用十分广泛的一种脚手架品种。扣件式钢管脚手架由钢管和扣件组成，并具有以下特征：

① 承载力大。当脚手架搭设的几何尺寸和构造符合扣件式钢管脚手架的安全技术规范要求时，一般情况下，脚手架的单根立管承载力可达 15~35kN。

扣件式脚手架施工

② 加工、装拆简便。钢管和扣件均有国家标准可用于执行，加工简单，通用性好，且扣件连接十分简单、易于操作、装拆灵活、搬运方便。

③ 搭设灵活，适用范围广泛。钢管长度易于调整，扣件连接不受高度、角度、方向的限制，因此扣件式钢管脚手架适用于各种类型建筑物的施工。

2）适用范围。根据扣件式钢管脚手架的特点，其适用范围如下：工业与民用建筑施工用单、双排脚手架；水平混凝土结构工程施工用模板支撑脚手架；高耸建筑物（如烟囱、水塔等结构）施工用脚手架；上料平台及安装施工用满堂脚手架；栈桥、码头、公路高架桥施工用脚手架；其他临时建筑物的骨架等。

3）基本架构形式。扣件式钢管脚手架主要由以下构件组成：立杆是承受自重和施工荷载的主要杆件；纵向水平杆是连接各立杆的水平杆件，承受并传递施工荷载给立杆；横向水平杆垂直于墙面方向，承受并传递施工荷载给立杆；扫地杆约束立杆底面端部的移动；剪刀撑是设置于外侧的呈十字交叉的斜杆，可增强脚手架的纵向稳定和整体刚度；连墙件控制脚手架的水平稳定，传递脚手架的水平荷载。

扣件式钢管脚手架的基本架构形式如图 6-1 所示。

脚手架钢管宜采用外径 48mm、壁厚 3.5mm 的焊接钢管，也可采用外径 51mm、壁厚 3.1mm 的焊接钢管。用于横向水平杆的钢管，最大长度不应大于 2m；其他杆不应大于 6.5m。每根脚手架钢管的最大质量不应超过 25kg，以便适合人工搬运。

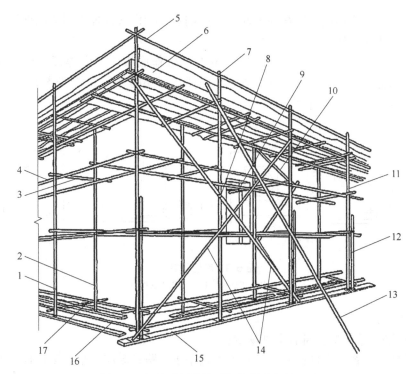

图 6-1　扣件式钢管脚手架的基本架构形式

1—外立杆　2—内立杆　3—横向水平杆　4—纵向水平杆　5—栏杆　6—挡脚板　7—直角扣件
8—旋转扣件　9—连墙件　10—横向斜撑　11—主立杆　12—副立杆　13—抛撑
14—剪刀撑　15—垫板　16—纵向扫地杆　17—横向扫地杆

扣件式钢管脚手架应采用锻铸铁铸造的扣件，其基本形式有三种（图 6-2）：用于垂直交叉杆件之间连接的直角扣件，用于平行或斜交杆件之间连接的旋转扣件以及用于杆件对接连接的对接扣件。

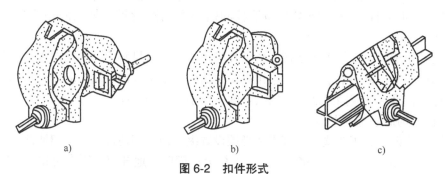

a)　　　　　　　　　　b)　　　　　　　　　　c)

图 6-2　扣件形式

a）旋转扣件　b）直角扣件　c）对接扣件

脚手板可用钢、木、竹等材料制作，每块质量不宜大于 30kg。冲压钢脚手板是常用的一种脚手板，一般用厚 2mm 的钢板压制而成，长度为 2~4m，宽度为 250mm，表面应有防滑措施。木脚手板可采用厚度不小于 50mm 的杉木板或松木制作，长度为 3~4m，宽度为 200~250mm，两端均应设镀锌钢丝箍两道，以防止木脚手板端部破坏。

连墙件将立杆与主体结构连接在一起，可用钢管、扣件或预埋件组成刚性连墙件，也可采用钢筋制作柔性连墙件。

底座一般采用厚 8mm、边长 150~200mm 的钢板作底板，上面焊接 150mm 高的钢管。底座的形式有内插式和外套式两种（图 6-3），内插式底座的外径 D_1 比立杆内径小 2mm，外套式底座的内径 D_2 比立杆外径大 2mm。

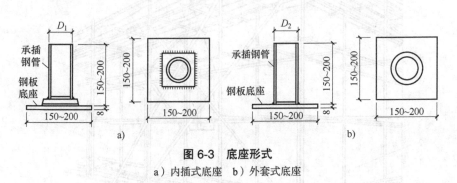

图 6-3 底座形式

a）内插式底座 b）外套式底座

4）构造要求：

① 纵向水平杆的构造应符合下列规定：

纵向水平杆宜设置在立杆内侧，其长度不宜小于 3 跨；纵向水平杆接长宜采用对接扣件连接，也可采用搭接。

纵向水平杆的对接扣件应交错布置：两根相邻纵向水平杆的接头不宜设置在同步或同跨内，不同步或不同跨两个相邻接头在水平方向错开的距离不应小于 500mm；各接头中心至最近主节点的距离不宜大于纵距的 1/3；搭接长度不应小于 1m，应等间距设置 3 个旋转扣件固定，端部扣件盖板边缘至搭接纵向水平杆杆端的距离不应小于 100mm。

② 横向水平杆的构造应符合下列规定：

主节点处必须设置一根横向水平杆，用直角扣件扣接且严禁拆除；作业层上非主节点处的横向水平杆，宜根据支撑脚手板的需要等间距设置，最大间距不应大于纵距的 1/2。

当使用冲压钢脚手板、木脚手板、竹串片脚手板时，双排脚手架的横向水平杆两端均应采用直角扣件固定在纵向水平杆上；单排脚手架的横向水平杆的一端，应用直角扣件固定在纵向水平杆上，另一端应插入墙内，插入长度不应小于 180mm。

③ 立杆的构造应符合下列规定：

立杆底部应设置底座或垫板；脚手架必须设置纵、横向扫地杆；纵向扫地杆应采用直角扣件固定在距底座上皮不大于 200mm 处的立杆上；横向扫地杆应采用直角扣件固定在紧靠纵向扫地杆下方的立杆上。

脚手架立杆基础不在同一高度上时，必须将高处的纵向扫地杆向低处延长两跨与立杆固定，高低差不应大于 1m；靠边坡上方的立杆轴线到边坡的距离不应小于 500mm。

单、双排脚手架底层步距均不应大于 2m；单排、双排与满堂脚手架立杆接长除顶层顶步外，其余各层各步的接头必须采用对接扣件连接。

脚手架立杆对接、搭接应符合下列规定：当立杆采用对接接长时，立杆的对接扣件应交错布置，两根相邻立杆的接头不应设置在同步内，同步内隔一根立杆的两个相隔接头在高度方向错开的距离不宜小于 500mm；各接头中心至主节点的距离不宜大于步距的 1/3；当立杆采用搭接接长时，搭接长度不应小于 1m，并应采用不少于 2 个旋转扣件固定；端部扣件盖板的边缘至杆端的距离不应小于 100mm。

脚手架立杆顶端栏杆宜高出女儿墙上端 1m，宜高出檐口上端 1.5m。

④ 连墙件的构造应符合下列规定：

连墙件的布置间距除满足计算要求外，还应不大于最大间距；连墙件宜靠近主节点设置，偏离主节点的距离应不大于 300mm；应从底层第一步纵向水平杆开始设置，否则应采用其他可靠措施固定；宜优先采用菱形布置，也可采用方形、矩形布置；一字形、开口形脚手架的两端必须设置连墙件，连墙件的垂直间距不应大于建筑物的层高，并不应大于 4m；高度 24m 以下的单、双排脚手架，宜采用刚性连墙件与建筑物可靠连接，也可采用拉结筋和顶撑配合使用的附墙连接方式，严禁使用仅有拉结筋的柔性连墙件；高度 24m 以上的双排脚手架，必须采用刚性连墙件与建筑物可靠连接；连墙件中的连墙杆或拉结筋宜水平设置，当不能水平设置时，与脚手架连接的一端应下斜连接，不应采用上斜连接。连墙件的布置如图 6-4 所示。

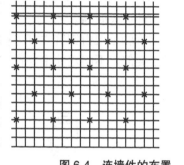

图 6-4　连墙件的布置

⑤ 剪刀撑的设置应符合下列规定：

剪刀撑应沿脚手架纵向外侧隔一定距离由下而上连续设置。

连墙件施工

脚手架高度在 24m 以下时，在脚手架两端和转角处必须设置剪刀撑，剪刀撑中间间隔不超过 15m 设一道，且每片架子不少于三道。剪刀撑宽度不应小于 4 跨，且不小于 6m。斜杆与地面的夹角宜在 45°~60° 范围内，最下面的斜杆与立杆的连接点离地面不宜大于 500mm。对高度大于 24m 的脚手架，应在脚手架外侧全立面连续设置剪刀撑。

5）搭设要求。脚手架搭设时应注意地基要平整、坚实，要设置底座和垫板，并有可靠的排水措施，防止积水浸泡地基引起不均匀沉陷。杆件应按设计方案进行搭设，并注意搭设顺序，扣件的拧紧程度应适当，扭矩应控制在 40~60kN·m 。禁止使用规格和质量不合格的杆配件。相邻立柱的对接扣件不得在同一高度，应随时校正杆件的垂直和水平偏差。脚手架处于顶层连

剪刀撑施工

墙点之上的自由高度不得大于 6m。当作业层高出其下连墙件 2 步或 4m 以上，且其上无连墙件时，应采取适当的临时撑拉措施。脚手板或其他作业层铺板的铺设应符合有关规定。

（2）碗扣式钢管脚手架

1）特点。碗扣式钢管脚手架是我国科技人员在 20 世纪 80 年代中期，根据国外先进经验研制成功的一种多功能脚手架。碗扣式钢管脚手架具有以下特点：节点结构合理，承载能力较大；使用安全可靠；装拆方便，作业强度低；加工容易，便于大批量标准化生产；

配套齐全，使用方便；施工现场管理方便等。

2）适用范围。碗扣式钢管脚手架的适用范围与扣件式钢管脚手架基本相同，主要适用于以下工程：

① 根据具体施工要求，组合成不同组架尺寸和承载能力的外墙施工用单、双排脚手架。

② 广泛应用于立交桥梁、涵洞、隧道、民用建筑等工程施工中，以及混凝土结构施工用的模板支撑架和支撑柱。

③ 附着升降脚手架架体、悬挑脚手架架体等空间结构的搭设。

④ 施工棚、料棚、灯塔等构筑物的搭设。

⑤ 烟囱、水塔等曲线形建筑物脚手架体的搭设。

3）基本架构形式。碗扣式钢管脚手架的杆件节点处采用碗扣连接，由于碗扣是固定在钢管上的，构件全部轴向连接，力学性能较好，其连接十分可靠，组成的脚手架整体性较好，不存在扣件丢失问题。

碗扣式钢管脚手架由钢管立杆、横杆、碗扣接头等组成，其基本构造和搭设要求与扣件式钢管脚手架类似，不同之处主要在于碗扣接头（图6-5）。

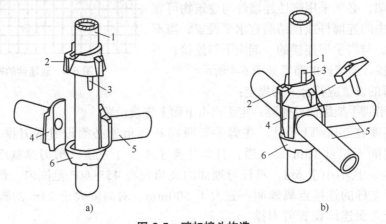

图 6-5　碗扣接头构造

a）连接前　b）连接后

1—立杆　2—上碗扣　3—限位销　4—横杆接头　5—横杆　6—下碗扣

碗扣接头是由上碗扣、下碗扣、横杆接头和限位销等组成，施工时，在立杆上焊接下碗扣和上碗扣的限位销，将上碗扣套入立杆内；在横杆和斜杆上焊接插头；将横杆和斜杆插入下碗扣内，压紧和旋转上碗扣，利用限位销固定上碗扣。

（3）门式脚手架

门式脚手架是应用十分普遍的脚手架之一，它不仅可作为外脚手架，还可作为内脚手架或满堂脚手架。门式脚手架由门式框架、剪刀撑、水平梁架、螺旋基脚组成基本单元，将基本单元相互连结并增加梯子、栏杆及脚手板等形成脚手架（图6-6）。

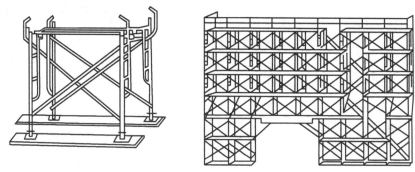

图 6-6　门式脚手架

2. 里脚手架

里脚手架搭设于建筑物内部，每砌完一层墙后，即将其转移到上一层楼面，进行新的一层砌体砌筑，它可用于内外墙的砌筑和室内装饰施工。里脚手架用料少，但装拆频繁，故要求轻便灵活、装拆方便。其结构形式有折叠式、支柱式和门架式等多种。

（1）折叠式　折叠式里脚手架适用于民用建筑的内墙砌筑和内粉刷，也可用于砖围墙、砖平房的外墙砌筑和粉刷。根据材料不同，分为角钢折叠式里脚手架、钢管折叠式里脚手架和钢筋折叠式里脚手架。角钢折叠式里脚手架（图 6-7）的架设间距，砌墙时不超过 2m，粉刷时不超过 2.5m。

（2）支柱式　支柱式里脚手架由若干个支柱和横杆组成，适用于砌墙和内粉刷，其搭设间距，砌墙时不超过 2m，粉刷时不超过 2.5m。支柱式里脚手架的支柱有套管式和承插式两种形式。图 6-8 为套管支柱式里脚手架，它是将插管插入立管中，以销孔间距调节高度，并在插管顶端的凹形支托内搁置方木横杆，横杆上铺设脚手板。套管支柱式里脚手架的架设高度为 1.50~2.10m。

（3）门架式　门架式里脚手架由两片"A"形支架与门架组成（图 6-9），适用于砌墙和粉刷。门架式里脚手架的支架间距，砌墙时不超过 2.2m，粉刷时不超过 2.5m。按照支架与门架的不同结合方式，门架式里脚手架又分为套管式和承插式两种。

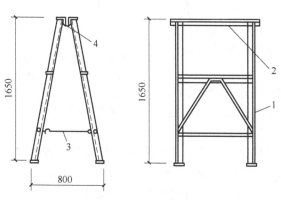

图 6-7　角钢折叠式里脚手架
1—立柱　2—横楞　3—挂钩　4—铰链

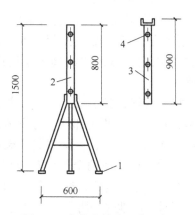

图 6-8　套管支柱式里脚手架
1—支脚　2—立管　3—插管　4—销孔

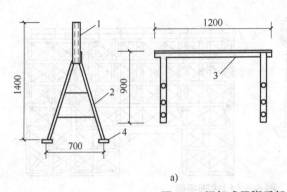
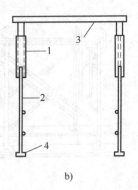

图 6-9 门架式里脚手架
a）"A"形支架与门架 b）安装示意
1—立管 2—支脚 3—门架 4—垫板

3. 其他几种脚手架简介

（1）悬挑式脚手架 悬挑式脚手架（图 6-10）简称挑架，搭设在建筑物外边缘向外伸出的悬挑结构上，将脚手架荷载全部或部分传递给建筑结构。悬挑式脚手架的支撑结构有用型钢焊接制作的三角桁架下撑式结构，以及用钢丝绳斜拉住水平型钢挑梁的斜拉式结构两种主要形式。在悬挑结构，上搭设的双排外脚手架与落地式脚手架相同，分段悬挑脚手架的高度一般控制在 25m 以内。悬挑式脚手架适用于高层建筑的施工，由于脚手架是沿建筑物高度分段搭设，故在一定条件下，当上层还在施工时，其下层即可提前交付使用；而对于有裙房的高层建筑，则可使裙房与主楼不受外脚手架的影响，可同时展开施工。

悬挑式脚手架施工

（2）吊式脚手架 吊式脚手架（图 6-11）在主体结构施工阶段为外挂脚手架，随主体结构逐层向上施工，用塔式起重机吊升，悬挂在结构上；在装饰施工阶段，该脚手架改为从屋顶吊挂，逐层下降。吊式脚手架的吊升单元（吊篮架子）的宽度宜控制在 5~6m，每一吊升单元的自重宜在 1t 以内。该形式的脚手架适用于高层框架和剪力墙结构施工。

（3）升降式脚手架 升降式脚手架（图 6-12）简称爬架，它是将自身分为两大部件，分别依附固定在建筑结构上。在主体结构施工阶段，升降式脚手架利用自身带有的升降机构

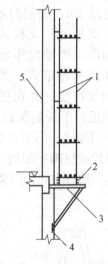

图 6-10 悬挑式脚手架
1—钢管脚手架 2—型钢横梁
3—三角形支撑架 4—预埋件
5—钢筋混凝土柱（墙）

和升降动力设备使两个部件互为利用，交替松开、固定，交替爬升，其爬升原理同爬升模板；在装饰施工阶段，交替下降。该形式的脚手架搭设高度为 3~4 个楼层，不占用塔式起重机，相对于落地式外脚手架可节省材料和人工，适用于高层框架、剪力墙和筒体结构的快速施工。

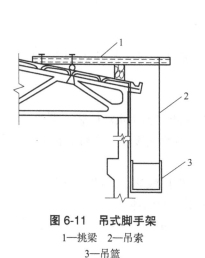

图 6-11 吊式脚手架
1—挑梁 2—吊索
3—吊篮

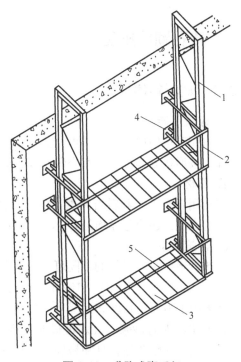

图 6-12 升降式脚手架
1—内套架 2—外套架 3—脚手板
4—附墙装置 5—栏杆

6.1.2 垂直运输设施

垂直运输设施是指在建筑施工中担负垂直输送材料和人员上下的机械设备和设施。砌体工程中的垂直运输量很大，不仅要运输大量的砖（或砌块）、砂浆，而且还要运输脚手架、脚手板和各种预制构件，所以施工过程中应做好垂直运输的规划设计。

目前，砌体工程中常用的垂直运输设施有塔式起重机、井架、龙门架、施工电梯、灰浆泵等。

1. 塔式起重机

塔式起重机具有提升、回转、水平运输等功能，不仅是重要的吊装设备，而且也是重要的垂直运输设备，尤其在吊运长、大、重的物料时有明显的优势，故宜优先选用。

2. 施工电梯

多数施工电梯为人货两用，少数为供货用。施工电梯按其驱动方式可分为齿条驱动和绳轮驱动两种。齿条驱动施工电梯又有单吊箱（笼）式和双吊箱（笼）式两种，并装有可靠的限速装置，适用于20层以上建筑工程使用；绳轮驱动施工电梯为单吊箱（笼），无限速装置，轻巧便宜，适用于20层以下建筑工程使用。

3. 灰浆泵

灰浆泵是一种可以在垂直和水平两个方向连续输送灰浆的机械，目前常用的有活塞式和挤压式两种。活塞式灰浆泵按其结构又分为直接作用式和隔膜式两类。

6.2 砖石砌体施工

6.2.1 砖石砌体材料

1. 砌筑用砖

砌筑用砖按照原材料分类可分为烧结普通砖、灰砂砖、页岩砖、煤矸石砖、水泥砖、矿渣砖等；按形状分类可分为实心砖及多孔砖。

2. 石材

砌筑用石有毛石和料石两类，所选石材应质地坚实，无风化剥落和裂纹。用于清水墙、柱表面的石材，还应色泽均匀。

3. 砌筑砂浆

砌筑砂浆按组成材料的不同可分为水泥砂浆、水泥混合砂浆和非水泥砂浆三类。

（1）水泥砂浆　用水泥和砂拌和成的水泥砂浆具有较高的强度和耐久性，但和易性较差。其多用于需要高强度和潮湿环境的砌体中。

（2）水泥混合砂浆　在水泥砂浆中掺入一定数量的石灰膏或黏土膏的水泥混合砂浆具有一定的强度和耐久性，且和易性和保水性较好。其多用于一般墙体中。

（3）非水泥砂浆　非水泥砂浆是指不含有水泥的砂浆，如石灰砂浆、环氧砂浆等，强度低且耐久性差，可用于简易或临时建筑的砌体中。

砂浆的配合比应事先通过计算和试配确定。水泥砂浆的最小水泥用量不宜小于 200kg/m³。砂浆用砂宜采用中砂。砂中的含泥量，对于水泥砂浆和强度等级不小于 M5 的水泥混合砂浆，不宜超过 5%；对于强度等级小于 M5 的水泥混合砂浆，不应超过 10%。用建筑生石灰、生石灰粉熟化成石灰膏时，其熟化时间分别不得少于 7d 和 2d。用黏土或粉质黏土制备黏土膏时应过筛，并用搅拌机加水搅拌。为了改善砂浆在砌筑时的和易性，可掺入适量的有机塑化剂，其掺量应符合要求。

砂浆应采用机械拌和，自投完料算起，水泥砂浆和水泥混合砂浆的拌和时间不得少于 2min；水泥粉煤灰砂浆和掺用外加剂的砂浆不得少于 3min；掺用有机塑化剂的砂浆为3~5min。拌成后的砂浆，其稠度应符合表 6-1 的规定；分层度不应大于 30mm；颜色应一致。砂浆拌成后应盛入储灰器中，如砂浆出现泌水现象，应在砌筑前再次拌和。砂浆应随拌随用。拌制的砂浆应在 3h 内使用完毕；若施工期间最高气温超过 30℃，应在 2h 内使用完毕。

表 6-1　砌筑砂浆的施工稠度　　　　　　　　　　　　　（单位：mm）

砌 体 种 类	施工稠度
烧结普通砖砌体、粉煤灰砖砌体	70~90
混凝土砖砌体、普通混凝土小型空心砌块砌体、灰砂砖砌体	50~70
烧结多孔砖砌体、烧结空心砖砌体、轻集料混凝土小型空心砌块砌体、蒸压加气混凝土砌块砌体	60~80
石砌体	30~50

砂浆强度等级是以边长为 7.07cm 的立方体试块，按标准养护条件养护至 28d 的抗压强度平均值确定的。砌筑砂浆常用的设计强度等级包括 M20、M15、M10、M7.5、M5、M2.5。验收时，同一验收批砂浆试块的强度平均值应大于或等于设计强度等级值的 1.10 倍；最小一组平均值应大于等于设计强度等级值的 85%。砌筑砂浆试块强度验收时的合格标准应符合表 6-2 的规定。砂浆试块应在搅拌机出料口随机取样制作。每一检验批且不超过 250m³ 砌体的各种类型及强度等级的砌筑砂浆，每台搅拌机应至少抽检一次。

表 6-2　砌筑砂浆试块强度验收时的合格标准

设计强度等级	同一验收批砂浆试块 28d 抗压强度 /MPa	
	平均值不小于	最小一组平均值不小于
M20	22.0	17.00
M15	16.5	12.75
M10	11.0	0.85
M7.5	8.25	6.38
M5	5.5	4.25
M2.5	2.75	2.13

6.2.2　烧结普通砖砌体施工

1. 砖基础的砌筑

砖基础下部通常扩大，称为大放脚。大放脚有等高式和不等高式两种（图 6-13）。等高式大放脚是两皮一收，即每砌两皮砖，两边各收进 1/4 砖长；不等高式大放脚是两皮一收与一皮一收相间隔，即砌两皮砖，收进 1/4 砖长，再砌一皮砖，再收进 1/4 砖长，如此往复。在相同底宽的情况下，后者可减小基础高度，但为保证基础的强度，底层需用两皮一收砌筑。大放脚的底宽应根据计算确定，各层大放脚的宽度应为半砖长的整倍数（包括灰缝）。

图 6-13　基础大放脚形式
a）等高式　b）不等高式

在大放脚下面为基础地基，地基一般使用灰土、碎砖三合土或混凝土等。在墙基础顶面应设防潮层，防潮层宜用 1:2.5 水泥砂浆加适量的防水剂铺设，其厚度一般为 20mm，位置在底层室内地面以下一皮砖处，即离底层室内地面以下 60mm 处。

2. 砖墙砌筑

（1）砌筑形式　普通砖墙的砌筑形式主要有五种：一顺一丁、三顺一丁、梅花丁、二平一侧和全顺式。

1）一顺一丁。一顺一丁是一皮全部顺砖与一皮全部丁砖间隔砌成，上、下皮之间的竖缝相互错开 1/4 砖长（图 6-14a）。这种砌法效率较高，适用于砌一砖墙、一砖半墙及二砖墙。

一顺一丁 240
砖墙的砌筑

2）三顺一丁。三顺一丁是三皮全部顺砖与一皮全部丁砖间隔砌成，上、下皮顺砖之间的竖缝错开 1/2 砖长；上、下皮顺砖与丁砖之间竖缝错开 1/4 砖长（图 6-14b）。这种砌法因顺砖较多而效率较高，适用于砌一砖墙、一砖半墙。

3）梅花丁。梅花丁是每皮中丁砖与顺砖相隔，上皮丁砖坐中于下皮顺砖，上、下皮之间竖缝相互错开 1/4 砖长（图 6-14c）。这种砌法的内外竖缝在每皮都能避开，故整体性较好，灰缝整齐，比较美观；但砌筑效率较低，适用于砌一砖墙及一砖半墙。

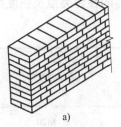

a)

4）两平一侧。两平一侧采用两皮平砌顺砖与一皮侧砌的顺砖相隔砌成。当墙厚为 3/4 砖时，平砌砖均为顺砖，上、下皮平砌顺砖之间的竖缝相互错开 1/2 砖长；上、下皮平砌顺砖与侧砌顺砖之间的竖缝相互错开 1/2 砖长。当墙厚为 1 砖长时，上、下皮平砌顺砖与侧砌顺砖之间的竖缝相互错开 1/2 砖长；上、下皮平砌丁砖与侧砌顺砖之间的竖缝相互错开 1/4 砖长。这种形式适合于砌筑 3/4 砖墙及 1 砖墙。

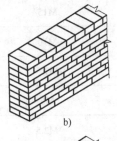

b)

5）全顺式。全顺式是各皮砖均为顺砖，上、下皮之间的竖缝相互错开 1/2 砖长。这种形式仅用于砌半砖墙。

为了使砖墙的转角处各皮之间的竖缝相互错开，必须在外角处砌七分头砖（3/4 砖长）。当采用一顺一丁组砌时，七分头的顺面方向依次砌顺砖，丁面方向依次砌丁砖（图 6-15a）。

砖墙的丁字交接处，应分皮相互砌通，内角相交处的竖缝应错开 1/4 砖长，并在横墙端头处加砌七分头砖（图 6-15b）。

砖墙的十字交接处，应分皮相互砌通，交角处的竖缝应相互错开 1/4 砖长（图 6-15c）。

c)

图 6-14　砖墙组砌形式
a）一顺一丁　b）三顺一丁
c）梅花丁

（2）砌筑工艺　砖墙的砌筑一般有找平、放线、摆砖、立皮数杆、盘角、挂线、砌筑、勾缝、清理等工序。

1）找平、放线。砌墙前先在基础防潮层或楼面上定出各层标高，并用水泥砂浆或 C10 细石混凝土找平；然后根据龙门板上放出的轴线，弹出墙身轴线、边线及门窗洞口位置。二楼以上墙的轴线可以用经纬仪或垂球将轴线引测上去。

砖墙三顺一丁
砌法

2）摆砖。摆砖又称为摆脚，是指在放线的基面上按选定的组砌方式用干砖试摆。目的是校对所放出的墨线在门窗洞口、附墙垛等处是否符合砖的模数要求，以减少砍砖操作，并使砌体灰缝均匀、组砌得当。一般在房屋外纵墙方向摆顺砖，在山墙方向摆丁砖，摆砖从一个大角摆到另一个大角，砖与砖之间留 10mm 缝隙。

3）立皮数杆。皮数杆是指在其上画有每皮砖和灰缝的厚度，以及门窗洞口、过梁、楼板等高度位置的一种木制标杆，砌筑时用来控制墙体竖向尺寸及各部位构件的竖向标高，并保证灰缝厚度的均匀性。

皮数杆一般设置在房屋的四个大角处以及纵、横墙的交接处，如墙面过长时，应每隔10~15m立一根。皮数杆需用水平仪统一竖立，使皮数杆上的±0.000线与建筑物的±0.000线相匹配，以后就可以向上接皮数杆。

4）盘角、挂线。墙角是控制墙面横平竖直的主要依据，所以砌筑时一般应先砌墙角，墙角砖层高度必须与皮数杆相匹配，做到"三皮一吊，五皮一靠"。墙角必须双向垂直。

墙角砌好后，即可挂小线，作为砌筑中间墙体的依据，以保证墙面平整，一般一砖墙、一砖半墙可用单面挂线，一砖半墙以上则应用双面挂线。

5）砌筑、勾缝。砌筑操作方法各地不一，但应保证砌筑质量要求，通常采用"二三八一"砌筑法或"三一"砌砖法砌筑。"二三八一"砌筑法的"二"是指两种步法，即丁字步和并列步；"三"是指三种弯腰身法，即侧身弯腰、丁字步弯腰和正弯腰；"八"是指八种铺浆手法，即砌顺砖时用甩、扣、泼和溜四种手法，砌丁砖时用扣、

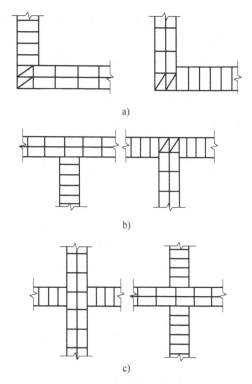

图6-15　砖墙转角处组砌

a）一砖墙转角处（一顺一丁）　b）一砖墙丁字交接处（一顺一丁）　c）一砖墙十字交接处（一顺一丁）

溜、泼和"一带二"四种手法；"一"是指一种挤浆动作，即先挤浆揉砖，后刮余浆。"三一"砌砖法是指一块砖、一铲灰、一揉压，并随手将挤出的砂浆刮去。这两种砌法的优点是灰缝容易饱满、黏结力好、墙面整洁。

砌筑方法

勾缝是砌清水墙的最后一道工序，可以用砂浆随砌随勾缝，叫作原浆勾缝；也可砌完墙后再用1:1.5水泥砂浆或加色砂浆勾缝，称为加浆勾缝。勾缝具有保护墙面和增加墙面美观的作用，为了确保勾缝质量，勾缝前应清除墙面黏结的砂浆和杂物，并洒水润湿；在砌完墙后，应画出1cm的灰槽，灰缝可勾成凹、平、斜或凸的形状。勾缝完后还应清扫墙面。

（3）施工要点

1）全部砖墙除分段处外，均应尽量平行砌筑，并使同一皮砖层的每一段墙顶面均在同一水平面内，作业中以皮数杆上砖层的标高进行控制。砖基础和每层墙砌完后，必须校正一次水平、标高和轴线，偏差在允许范围之内的，应在抹防潮层或圈梁施工、楼板施工时加以调整；实际偏差超过允许偏差的（特别是轴线偏差），应返工重砌。

2）砖墙砌筑前，应将砌筑部位的顶面清理干净，并放出墙身轴线和墙身边线。

3）砖墙的水平灰缝厚度和竖向灰缝宽度控制在8~12mm，以10mm为宜。水平灰缝的砂浆饱满度不得小于80%；竖缝宜采用挤浆法或加浆法施工，使其砂浆饱满，不得出现透明缝，并严禁用水冲浆灌缝。

4）宽度小于1m的窗间墙应选用质量好的整砖砌筑，半头砖和有破损的砖应分散使用

在受力较小的墙体内侧，小于 1/4 砖的碎砖不能使用。

5）砖墙的转角处和交接处应同时砌筑。对不能同时砌筑而又必须留槎时，应砌成斜槎，斜槎长度不应小于高度的 2/3（图 6-16），斜槎高度不得超过一步脚手架高。非抗震设防及抗震设防烈度为 6 度、7 度地区的临时间断处，当不能留斜槎时，除转角处外，可留直槎，但必须做成凸槎，并加设拉结筋。拉结筋的数量为每 120mm 墙厚放置 1ϕ6 拉结筋（120mm 厚墙放置 2ϕ6 拉结筋），拉结筋间距沿墙高不应超过 500mm，埋入长度从留槎处算起每边均不应小于 500mm；对抗震设防烈度为 6 度、7 度的地区，不应小于 1000mm，末端应有 90° 弯钩（图 6-17）。抗震设防地区不得留直槎。

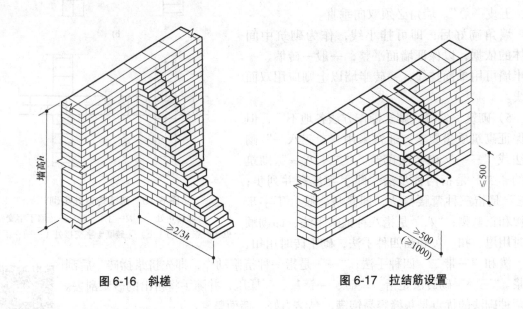

图 6-16　斜槎　　　　　　　　　图 6-17　拉结筋设置

6）隔墙与承重墙如不同时砌起而又不留斜槎时，可从承重墙中引出阳槎，并在其灰缝中预埋拉结筋，其构造与上述相同，但每道不少于 2 根。抗震设防地区的隔墙，除应留阳槎外，还应设置拉结筋。

7）设有钢筋混凝土构造柱的抗震多层砖混结构房屋，应先绑扎构造柱钢筋，然后砌砖墙，最后浇筑混凝土。墙与柱之间应沿高度方向每隔 500mm 设置一道 2ϕ6 拉结筋，每边伸入墙内的长度不小于 1m；构造柱应与圈梁、地梁连接；与柱连接处的砖墙应砌成马牙槎，每一个马牙槎沿高度方向的尺寸不应超过 300mm 或 5 皮砖高。马牙槎从每层柱脚开始，应先退后进，进退相差 1/4 砖。钢筋混凝土构造柱也和砖墙一样，按楼层分层施工。

8）每层承重墙的最上一皮砖、梁或梁垫下面的一皮砖以及挑檐、腰线等处，均应采用整砖丁砌。隔墙和填充墙的顶部与上层结构的接触处，宜采用侧砖或立砖斜砌挤紧的砌筑方法。砖墙中留设临时施工洞口时，其侧边离交接处的墙面不应小于 50mm；洞口顶部宜设置过梁，也可在洞口上部采取逐层挑砖的方法封口，并预埋水平拉结筋；洞口净宽不应超过 1m。八度以上抗震设防地区的临时施工洞的位置，应会同设计单位研究决定。临时洞口补砌时，应将洞口周围砖块表面清理干净，并浇水润湿后再用与原墙相同的材料补砌严密，砂浆应饱满。

9）砖墙分段施工时，施工流水段的分界线宜设在伸缩缝、沉降缝、抗震缝或门窗洞口处，相邻施工段的砖墙砌筑高度差不得超过一个楼层高，且不宜大于4m。砖墙临时间断处的高度差，不得超过一步架高。砖墙每天的砌筑高度以不超过1.8m为宜；雨天施工时，每天砌筑高度不宜超过1.2m。

10）墙中的洞口、管道、沟槽和预埋件等，均应在砌筑时正确留出或预埋；宽度超过300mm的洞口应设置过梁。

11）尚未安装楼板或屋面板的砖墙或砖柱，当有可能遇到大风时，则允许的自由高度不得超过设计规定；否则，应采取可靠的临时加固措施，以确保墙体稳定和施工安全。

12）在下列墙体或部位中不得留设脚手眼：120mm厚墙、料石清水墙和独立柱；过梁上与过梁呈60°的三角形范围以及过梁净跨度1/2的高度范围内；宽度小于1m的窗间墙；砌体门窗洞口两侧200mm（石砌体为300mm）和转角处450mm（石砌体为600mm）范围内；梁或梁垫下及其左右500mm范围内；设计不允许设置脚手眼的部位；轻质墙体；夹心复合墙外叶墙。

3. 配筋砌体

配筋砌体是由配置钢筋的砌体作为建筑物主要受力构件的结构。配筋砌体有砖柱（墙）网状配筋砌体、水平配筋砌体墙、组合砖砌体、砖砌体和钢筋混凝土构造柱组合墙、配筋砌块砌体等种类。

（1）配筋砌体的构造要求　配筋砌体的基本构造与砖砌体相同，不再赘述；下面主要介绍构造的不同点。

1）砖柱（墙）网状配筋砌体的构造。砖柱（墙）网状配筋是在砖柱（墙）的水平灰缝中配有钢筋网片，钢筋上、下保护层厚度不应小于2mm，所用砖的强度等级不低于MU10，砂浆的强度等级不应低于M7.5。采用钢筋网片时，宜采用焊接网片，钢筋直径宜采用3~4mm；采用连弯网片时，钢筋直径不应大于8mm，且网片中的钢筋方向应互相垂直，沿砌体高度方向交错设置。钢筋网中的钢筋间距不应大于120mm，并不应小于30mm；钢筋网片的竖向间距不应大于五皮砖，并不应大于400mm。

2）组合砖砌体的构造。组合砖砌体是指砖砌体和钢筋混凝土面层或钢筋砂浆面层的组合砌体构件，有组合砖柱、组合砖壁柱和组合砖墙等。

组合砖砌体构件的强度要求为：面层混凝土强度等级宜采用C20，面层水泥砂浆的强度等级不宜低于M10，砖的强度等级不宜低于MU10，砌筑砂浆的强度等级不宜低于M7.5。

组合砖砌体的砂浆面层厚度宜为30~45mm，当面层厚度大于45mm时，其面层宜采用混凝土。

3）砖砌体和钢筋混凝土构造柱组合墙构造。该组合墙的砌体宜用强度等级不低于MU7.5的普通砌墙砖与强度等级不低于M5的砂浆砌筑。其构造柱截面尺寸不宜小于240mm×240mm，且厚度不应小于墙厚。砖砌体与构造柱的连接处应砌成马牙槎，并应沿墙高每隔500mm设2φ12拉结筋，且每边伸入墙内不宜小于600mm。柱内竖向受力钢筋一般采用 HPB300 钢筋，对于中柱不宜少于 4ϕ12，对于边柱不宜少于 4ϕ14；其箍筋一般采用 ϕ6@200mm，楼层上下 500mm 范围内宜采用 ϕ6@100mm。构造柱竖向受力钢筋应在基础梁和楼层圈梁中锚固。

砖砌体和钢筋混凝土构造柱组合墙的施工应先砌墙后浇混凝土构造桩。

4）配筋砌块砌体施工，砌块强度等级不应低于 MU10，砌筑砂浆的强度等级不应低于 Mb7.5，混凝土的强度等级不应低于 C20；配筋砌块砌体的柱边长不宜小于 400mm，配筋砌块砌体的剪力墙厚度及连梁宽度均不应小于 190mm。

（2）配筋砌体的施工工艺　配筋砌体施工工艺中的找平、放线、摆砖、盘角、立皮数杆、挂线等与砖墙砌筑的要求相同，下面主要介绍不同点：

1）砌砖及放置水平钢筋。砌砖宜采用"二三八一"砌筑法或"三一"砌砖法砌筑，水平灰缝厚度和竖直灰缝宽度一般为 10mm，但不应小于 8mm，也不应大于 12mm。砖墙（柱）的砌筑应达到上下错缝、内外搭砌、灰缝饱满、横平竖直的要求。皮数杆上要标明钢筋网片、箍筋或拉结筋的位置，钢筋安装完毕并经隐蔽工程验收后方可砌上层砖，同时要保证钢筋上下表面至少各有 2mm 的保护层。

2）砂浆（混凝土）面层施工。配筋砌体面层施工前，应清除面层底部的杂物，并浇水湿润砖砌体表面。砂浆面层施工从下而上分层施工，一般应两次涂抹，第一次是刮底，使受力钢筋与配筋砌体有一定的保护层厚度；第二次是抹面，使面层表面平整。混凝土面层施工应支设模板，每次支设高度一般为 50~60cm，并分层浇筑、振捣密实，待混凝土强度达到 30% 以上才能拆除模板。

3）构造柱施工。构造柱底层的竖向受力钢筋应锚固在基础梁上，锚固长度不应小于 35d（d 为竖向钢筋直径），并保证位置正确。受力钢筋接长可采用绑扎接头，搭接长度为 35d，绑扎接头处箍筋间距不应大于 200mm。楼层上下 500mm 范围内的箍筋间距宜为 100mm。配筋砌体与构造柱连接处应砌成马牙槎，施工时从每层柱脚开始，先退后进，每一马牙槎沿高度方向的尺寸不宜超过 300mm；并沿墙高每隔 500mm 设 2ϕ6 拉结筋，且每边伸入墙内不宜小于 600mm；预留的拉结筋应位置正确，施工中不得任意弯折。浇筑构造柱混凝土之前，必须将砖墙和模板浇水湿润（若为钢模板，不浇水，刷隔离剂），并将模板内的杂物清理干净。浇筑混凝土可分段施工，每段高度不宜大于 2m，或每个楼层分两次浇灌，应用插入式振动器分层捣实。

构造柱钢筋竖向移位不应超过 100mm，每一马牙槎沿高度方向的尺寸不应超过 300mm。钢筋竖向位移和马牙槎尺寸的偏差在每一构造柱不应超过 2 处。

6.2.3　毛石基础砌体施工

毛石基础是用毛石与水泥砂浆或水泥混合砂浆砌成。所用毛石应质地坚硬、无裂纹，强度等级一般为 MU20 以上；砂浆宜用水泥砂浆，强度等级应不低于 M5。

毛石基础可作墙下条形基础或柱下独立基础，按其断面形状有矩形、阶梯形和梯形（图 6-18）等。基础顶面宽度比墙基础底面宽度要大 200mm；基础底面宽度依设计计算确定。梯形基础的坡角应大于 60°；阶梯形基础每阶的高度不小于 300mm，每阶挑出宽度不大于 200mm。

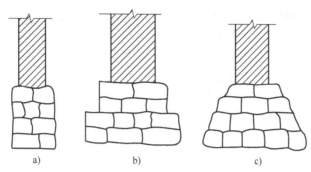

图 6-18 毛石基础构造

a）矩形毛石基础　b）阶梯形毛石基础　c）梯形毛石基础

6.3 中小型砌块施工

6.3.1 砌块的种类

用砌块代替烧结普通砖作为墙体材料，是墙体材料改革的一个重要途径，近些年来，中小型砌块在我国得到了广泛应用。常用的砌块有普通混凝土小型砌块、轻集料混凝土小型空心砌块、蒸压加气混凝土砌块等。

1. 普通混凝土小型砌块

普通混凝土小型砌块以水泥、砂、碎石或卵石加水预制而成，主规格尺寸为 390mm × 190mm × 190mm，有两个方形孔，空心率不小于 25%（空心砌块）。其常用抗压强度有 MU20、MU15、MU10、MU7.5、MU5、MU3.5。

2. 轻集料混凝土小型空心砌块

轻集料混凝土小型空心砌块以水泥、砂、轻集料加水预制而成，主规格尺寸为 390mm × 190mm × 190mm，有单排孔、双排孔、三排孔和四排孔四类。其常用抗压强度有 MU10、MU7.5、MU5、MU3.5、MU2.5。

3. 蒸压加气混凝土砌块

蒸压加气混凝土砌块以水泥、矿渣、砂、石灰等为主要原料，加入发气剂，经搅拌成型、蒸压养护制成。其主规格尺寸为 600mm × 250mm × 250mm，常用抗压强度有 A5、A3.5、A2.5、A2、A1.5。

6.3.2 砌块砌体的施工

1. 砌块排列

由于中小型砌块体积较大、较重，不如砖块可以随意搬动，多用专门设备进行吊装砌筑，且砌筑时必须使用整块，因此在施工前，应根据工程平面图、立面图及门窗洞口的大小、楼层标高、构造要求等，绘制各墙的砌块排列图，以指导砌筑施工。

砌块施工

砌块排列图按每片纵、横墙分别绘制（图 6-19）。其绘制方法是在立面上用 1：50 或 1：30 的比例绘出纵、横墙，然后将过梁、平板、大梁、楼梯、孔洞等在墙面上标出，由纵墙和横墙高度计算皮数，画出水平灰缝线，并保证砌体平面尺寸和高度是块体加灰缝尺寸的倍数，再按砌块错缝搭接的构造要求和竖缝大小进行排列。对砌块进行排列时，注意尽量以主规格砌块为主、辅助规格砌块为辅，以减少镶砖。

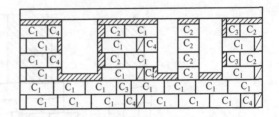

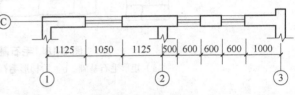

图 6-19　砌块排列

2. 砌块施工工艺

砌块施工的主要工序是：铺灰、砌块吊装就位、校正、灌缝和镶砖。

（1）铺灰　砌块墙体所采用的砂浆应具有良好的和易性，其稠度以 50~70mm 为宜。铺灰应平整饱满，每次铺灰长度一般不超过 5m，炎热天气及严寒季节应适当缩短铺灰长度。

（2）砌块吊装就位　砌块安装通常采用两种方案：一种方案是以轻型塔式起重机进行砌块、砂浆的运输，以及楼板等预制构件的吊装，由台灵架吊装砌块；另一种方案是以井架进行材料的垂直运输，由杠杆车进行楼板吊装，所有预制构件及材料的水平运输用砌块车和手推翻斗车进行，台灵架负责砌块的吊装。第一种方案适用于工程量大或两栋房屋对翻流水的情况，第二种方案适用于工程量小的房屋。

砌块的吊装一般按施工段依次进行，其次序为先外后内、先远后近、先下后上，在相邻施工段之间留阶梯形斜槎。吊装时应从转角处或砌块定位处开始，采用摩擦式夹具按砌块排列图将所需砌块吊装就位。

（3）校正　砌块吊装就位后，用托线板检查砌块的垂直度，拉准线检查水平度，并用撬棍、楔块调整偏差。

（4）灌缝　竖缝可用夹板在墙体内外夹住，然后灌砂浆，用竹片或铁棒插捣，使其密实。当砂浆吸水后用刮缝板把竖缝和水平缝刮齐。灌缝后一般不应再撬动砌块，以防损坏砂浆黏结力。

（5）镶砖　当砌块之间出现较大竖缝或过梁找平时，应镶砖。镶砖砌体的竖直缝和水平缝应控制在 15~30mm。镶砖工作应在砌块校正后即刻进行，镶砖时应注意将砖的竖缝灌密实。

3. 砌块施工要点

（1）混凝土小砌块砌体施工　混凝土小砌块包括普通混凝土小型砌块和轻集料混凝土小型空心砌块。施工时所用的小砌块的产品龄期不应小于 28d。普通混凝土小型砌块饱和吸水率较低、吸水速度迟缓，一般可不浇水；天气炎热时，可适当洒水湿润。轻集料混凝土小型空心砌块的吸水率较大，宜提前浇水湿润。

底层室内地面以下或防潮层以下的砌体，应采用强度等级不低于 C20 的混凝土灌实小砌块的孔洞。

小砌块墙体应对孔错缝搭砌，搭接长度不应小于 90mm。墙体的个别部位不能满足上述要求时，应在灰缝中设置拉结筋或钢筋网片，但竖向通缝仍不得超过两皮小砌块。浇筑芯柱的混凝土，宜选用专用的小砌块灌孔混凝土；当采用普通混凝土时，其坍落度不应小于 90mm。砌筑砂浆强度大于 1MPa 时，方可浇筑芯柱混凝土。浇筑时应清除孔洞内的砂浆等杂物，并用水冲洗；先注入适量与芯柱混凝土相同的去石水泥砂浆，再浇筑混凝土。

小砌块墙体转角处和纵、横墙交接处应同时砌筑。临时间断处应砌成斜槎，斜槎水平投影长度不应小于高度的2/3。

小砌块砌体的灰缝应横平竖直，水平灰缝厚度和竖向灰缝宽度宜为10mm，但不应大于12mm，也不应小于8mm。砌体水平灰缝的砂浆饱满度，应按净面积计算不得低于90%；竖向灰缝饱满度不得小于80%。竖缝凹槽部位应用砌筑砂浆填实，不得出现瞎缝、透明缝。

（2）蒸压加气混凝土砌块砌体施工 蒸压加气混凝土砌块可砌成单层墙或双层墙。单层墙是将砌块立砌，墙厚为砌块的宽度。双层墙是将砌块立砌两层，中间夹以空气层，两层砌块之间每隔500mm墙高在水平灰缝中放置$\phi4~\phi6$钢筋扒钉，扒钉间距为600mm，空气层厚度为70~80mm。承重砌块墙的外墙转角处、墙体交接处，均应沿墙高1m左右在水平灰缝中放置拉结筋，拉结筋为$3\phi6$，钢筋伸入墙内不少于1000mm。砌块在砌筑前，应根据建筑物的平面图、立面图绘制砌块排列图。在墙体转角处设置皮数杆，皮数杆上画出砌块皮数及砌块高度，并拉准线砌筑。砌块墙的上、下皮砌块的竖向灰缝应相互错开，相互错开长度宜为300mm，并且不小于150mm。

蒸压加气混凝土砌块墙的灰缝应横平竖直、砂浆饱满，水平灰缝的砂浆饱满度不应小于90%，竖向灰缝的砂浆饱满度不应小于80%；水平灰缝厚度宜为15mm，竖向灰缝宽度宜为20mm。

6.3.3 砌块砌体质量检查

砌块砌体质量应符合下列规定：

1）砌块砌体砌筑的基本要求与砖砌体相同，但搭接长度不应少于150mm。

2）外观应达到墙面清洁、勾缝密实、深浅一致、交接平整的要求。

3）经试验检查，在每一楼层或250m³砌体中，一组试块（每组三块）同强度等级的砂浆或细石混凝土的强度应符合设计要求。

4）预埋件、预留孔洞的位置应符合设计要求。

学 习 鉴 定

思维导图

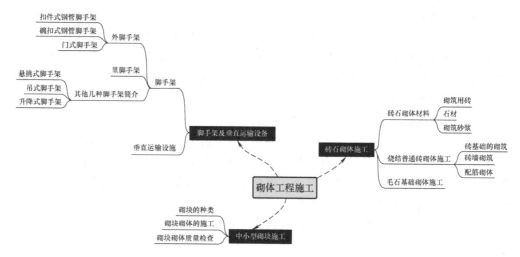

一、名词解释

1. 水泥混合砂浆。

2. 一顺一丁。

3. 三顺一丁。

4. 皮数杆。

5. "三一"砌砖法。

二、填空题

1. 扣件式钢管脚手架的基本形式有三种：_____、_____以及_____。

2. 连墙件分为_____和_____两类。

3. 目前砌筑工程中常用的垂直运输设施有_____、_____、_____、_____、_____等。

4. 砂浆按组成材料的不同可分为_____、_____和_____三类。

5. 普通砖墙的砌筑形式主要有五种：即_____、_____、_____、_____和_____。

三、问答题

1. 简述脚手架的分类。

2. 简述剪刀撑的设置要求。

3. 砖墙砌筑的施工工艺是什么？

4. 什么是皮数杆？皮数杆有何作用？如何布置？

5. 简述砌块施工的主要工序。

拓展知识

新材料——透光混凝土

混凝土给人的印象一直是冰冷粗糙的，但是透光混凝土让混凝土的"暗灰"形象透着一种别样的神秘色彩。透光混凝土，又称为半透明混凝土，在混凝土中嵌入光学元件（通常是光纤）而具有透光特性，透光率为20%~30%。光从一端传到另一端，在自然光和夜晚灯光照射下都能呈现出晶莹通透的效果。

一、材料性能及特征

透光混凝土以水泥为原材料，融入不同的导光材料（如导光纤维、树脂材料）制成。艺术性：透光混凝土可以美化建筑外立面，尤其在夜晚表现出闪烁变化的效果，使得透光混凝土在建筑物装饰中独具特色。透光性：白天使阳光透过墙体照进室内，其透光性可降低照明所消耗的电能，节能环保。

二、透光混凝土的产品样式

目前市面上常见的透光混凝土类型大致分为三类：点状散布类、线形散布类以及定制散布类，颜色有混凝土本色、黑色、白色等。这三大类型所呈现的效果不尽相同，点状散布类与线形散布类为固定样式；而定制散布类可定制徽标、广告语等，具有风格化。不论哪种类型的透光混凝土，均可根据不同的透光率、表面纹理、质感、导光材料的排列方式等制成不同的透光混凝土板材，这种板材可以直接运输到现场进行安装。

三、施工工艺

透光混凝土的安装方式有干挂式（类似石材干挂工艺）和砌块式（类似玻璃砖砌块施工）。

1）干挂式施工工艺流程：进行基层处理，安装钢骨架及槽钢立柱→将龙骨、横梁角钢焊接在立柱上→拉垂直线与水平线进行定位，确定墙体平面→将蝴蝶扣挂件通过螺栓安装在角钢横梁上，然后挂板→在两层透光板拼接缝之间填塞橡胶或泡沫条后打封缝砂浆，先勾水平缝，再勾横缝，保证缝深一致→用抹布清洁饰面。

2）砌块式施工工艺流程：采用十字缝立砖砌法施工，计算透光混凝土的数量和排列次序→根据透光混凝土板的排列做出基础底角，与其相接的建筑墙面应修整平整→做好防水层及保护层，用垫木找平并控制好标高→支撑透光混凝土的结构必须经过结构计算，现场拉线要准确拉起，避免倾倒、坍塌→将提前制备好的长方形木片作为水平固定板，每一行的第一块透光混凝土砌完之后，将水平固定板插入透光混凝土上方固定间隔框的间隙中→用专用胶粘剂勾缝（覆盖固定板）→用抹布清洁饰面。

透光混凝土自出现以来，有近百种应用，由预制景观透光混凝土制成的座椅、地面、透光景观小品，以及商业徽标、室内背景墙、楼梯、指示牌、吧台等。透光混凝土墙面效果如图 6-20 所示。

图 6-20 透光混凝土墙面效果

项目 7

装配式混凝土建筑施工

素养目标：

　　培育学生求真务实、实践创新、精益求精的工匠精神；培养学生吃苦耐劳、追求卓越、严谨求实的优秀品质。

教学目标：

　　1. 熟悉装配式混凝土建筑的构件类型。
　　2. 掌握装配式混凝土构件的制作及质量检查。
　　3. 掌握装配式混凝土建筑的施工方法。

问题引入：

　　装配式混凝土建筑是指以工厂化生产的钢筋混凝土预制构件为主，通过现场装配的方式设计、建造的混凝土结构类房屋建筑。装配式混凝土建筑一般分为全装配建筑和部分装配建筑两大类：全装配建筑一般用于低层建筑或抗震设防要求较低的多层建筑；部分装配建筑的主要构件一般采用预制构件，在现场通过现浇混凝土连接，最后形成装配整体式结构。在学习装配式混凝土建筑施工前，先思考以下问题：

　　1. 装配式混凝土建筑构件的类型有哪些？预制构件的堆放与运输有哪些注意事项？
　　2. 装配式构件吊装的施工流程有哪些？
　　3. 钢筋灌浆套筒连接的原理是什么？

7.1　装配式混凝土预制构件

　　装配式混凝土建筑发展至今，在预制厂已经能制作绝大多数的结构构件，比如楼板、梁、墙板、柱、楼梯等；同时，结合装配式施工工艺特点以及不可缺少的节点现浇湿作业施工方式，对这些结构构件进行了丰富多彩的适应性改良，在此过程中产生了许多独具特色的施工工艺及做法。

7.1.1 装配式混凝土预制构件的类型

装配式混凝土建筑是由预制柱、预制梁、预制墙板、预制楼板、预制楼梯以及功能性部品组成的，构件与构件之间的连接形式有等效现浇节点形式以及全装配式干节点形式。

装配式混凝土
建筑基本构件

1. 预制柱

预制柱一般分为两种，实体预制柱（图7-1）和空心柱。实体预制柱一般在层高位置预留钢筋接头，完成定位固定之后，在与梁、板交汇的节点位置使钢筋连通，并依靠混凝土整固成型。

预制柱安装过程中，通过吊装将预制柱调整到指定位置。吊装之前，要对节点钢筋进行有效保护，以防止安装柱身时受损，通常使用保护钢套。预制柱的基座部分预留钢筋套筒，通过注入混凝土实现连接，完成上、下柱之间的力学传递。

2. 预制梁

装配式混凝土建筑中，梁是一个关键的连接性结构构件，一般通过节点现浇的方式与叠合板以及预制柱连接成整体。装配式混凝土建筑中，梁通常以叠合梁（图7-2）、空壳梁的形式出现。作为主要横向受力部件，预制梁一般分两步实现装配和完整度：第一次浇筑混凝土在预制厂内完成，通过模具将钢筋和混凝土浇筑成型，并预留连接节点；第二次浇筑在施工现场完成，当预制楼板搁置在预制梁之上时再次浇捣梁上部的混凝土，通过这种方式将楼板和梁连接成整体。

图7-1 实体预制柱

图7-2 叠合梁

3. 预制墙板

预制混凝土墙板发展至今，显著提升了墙体的施工精度，墙体洞口误差从50mm减小到5mm。预制混凝土墙板由于在预制厂内完成了浇筑和养护，在施工现场只需要进行固定安装以及节点现浇，减少了现场施工工序，提高了效率。由于现浇过程预留了窗洞口，或者已经将窗框整体固定在墙体内，大幅度减少了外窗渗漏的可能性。预制混凝土墙板根据承重类型可分为预制外挂墙板和预制剪力墙两种形式。

（1）预制外挂墙板　预制外挂墙板可集外墙装饰面（面砖、石材、涂料、装饰混凝土等形式）、保温于一体，可分为围护板系统和装饰板系统，主要用作建筑外墙挂板或幕墙，省去了建筑外装修的环节。

（2）预制剪力墙　剪力墙又称为抗风墙或抗震墙、结构墙，在房屋或构筑物中主要承受风荷载或地震作用引起的水平荷载和竖向荷载，防止结构发生剪切破坏。预制剪力墙（图 7-3）是指在预制厂或现场预先制作的剪力墙，目前应用较广泛的预制剪力墙有夹心保温剪力墙、全预制剪力墙、双面叠合剪力墙、单面叠合剪力墙四种形式。

图 7-3　预制剪力墙

4. 预制楼板

预制楼板是装配式混凝土建筑最主要的预制水平结构构件，按照施工方式和结构性能的不同，可分为预制混凝土叠合板（图 7-4）、预制混凝土实心板（图 7-5）、预制混凝土双 T 板（图 7-6）等。

图 7-4　预制混凝土叠合板

图 7-5　预制混凝土实心板

5. 预制楼梯

楼梯是建筑垂直交通的主要形式，仅有功能性要求的混凝土楼梯形式单一，传统现浇施工工艺中通常利用模板支模现浇的方式建造，这种方式需要重复支模、浇筑、拆模，是一种较为低效的重复工作。预制楼梯（图 7-7）已提前在工厂中制作好，在施工现场直接吊装，显著加快了施工速度。预制楼梯与主体承力系统的连接方式一般有四种：支座连接、牛腿连接、钢筋连接、预埋件连接。

1）支座连接是指预制楼梯直接搭接在承载构件上，承载构件起到支座作用。支座连接一般分为固定连接、轻型连接和非固定连接，其中非固定连接可使楼梯在地震状态下产生相对位移而不损坏。

2）牛腿连接其实是一种特殊的支座连接，是指楼梯搭接在主体结构延伸出的牛腿之上。牛腿连接因为构造方式的不同，可区分为明牛腿连接、暗牛腿连接和型钢暗牛腿连接。

3）钢筋连接是对承载力要求较高的楼梯采用的方式，预制楼梯预留外露受力钢筋，采用直接或间接的方式建立钢筋之间的受力联系。

图 7-6　预制混凝土双 T 板

图 7-7　预制楼梯

4）预埋件连接是指预制楼梯和主体承力系统通过预制的方式将部件内力传递至预埋受力构件上，再通过栓接、焊接等方式将预埋件连接起来。

6. 功能性部品

部品是指构成完整成品的不同组成部分，建筑领域中的部品模块化体系是指模块单元体，是基本的工厂化预组装部品，在预制厂内制造并组装成型，然后整体运输到建设现场，可如同"拼积木"一般以吊装的方式拼装。整个建筑部品体系是住宅产业化发展的重要环节，在预制装配式混凝土技术应用之下，各种功能性部品发展迅速。

（1）预制阳台部品　阳台连接了室内外空间，集成了多种功能。传统阳台结构一般为挑梁式、挑板式现浇钢筋混凝土结构，现场施工量大、工期长。随着一体化阳台概念的发展，阳台集成了发电、集热等越来越多的功能，预制阳台部品的施工模式发展了起来。

一般依据预制程度将预制阳台划分为叠合阳台（图 7-8）和全预制阳台。预制生产的方式能够完成阳台所必需的功能属性，并且二维化的预制过程相比于三维化的现场制作，能够更简单快速地实现阳台的造型艺术，显著降低了现场施工作业的难度，减少了不必要的作业量。

图 7-8　预制叠合阳台

（2）预制浴室部品　传统浴室是由泥瓦工进行分散式的装修和装配，地面砖、墙面砖、洗手台、洁具、坐便器等分散式采购，然后装配在一起。传统浴室在装修前需要对地面进行防水处理，如果防水处理不到位，会出现渗水和漏水现象，而面砖施工和设备安装的结合处会留下卫生死角等。

区别于传统浴室，预制浴室是工厂化一次性成型，小巧、精致、功能俱全，节省了占地面积，非常干净且有利于清洁卫生。由于采用预制厂预制的方式，预制浴室在现场只需采用干法施工，施工效率很高，可以做到当天安装、当天使用，显著缩短了施工周期。

7.1.2　装配式混凝土预制构件的生产

装配式混凝土预制构件的生产主要依托于建筑的工业化，与现浇混凝土结构相比，构件生产的可控环节增加了，通过合理的生产管理，可以显著提高预制构件的品质。目前，装配式混凝土结构有关设计、施工、构件制作和检验的各级技术标准已经实施，基本满足装配式混凝土建筑的施工要求，同时各地方也在因地制宜地编制符合本地区的地方标准。

1. 预制构件生产情况

我国混凝土预制构件应用领域广泛、结构形式和种类多样，随着国家建筑产业政策的不断推进，装配式建造技术日益完善，机械装备水平不断提高，混凝土技术的不断发展，未来还将会开发出许多新型、高品质、性能各异的装配式混凝土预制构件产品服务于我国装配式建筑的发展。

（1）混凝土预制构件的特点与工艺　预制厂施工条件稳定，施工程序规范，比现浇构件更易于保证质量；利用流水线能够实现批量工业化生产，可节约材料，提高生产效率，降低施工成本；可以提前为工程施工做准备，通过现场吊装可以缩短施工工期，减少材料消耗，减少人工成本，降低建筑垃圾和扬尘污染。

预制厂的生产流程，总体来说是对传统现浇施工工艺的标准化、模块化的工业化改造，将构件拆分成模块化构件，通过蒸汽养护加快混凝土的凝结，通过流水线施工提高生产效率，最终生产出质量稳定性较高的预制化产品构件。

（2）混凝土预制构件的分类　混凝土预制构件根据应用领域和部位，可分为建筑构件、公路构件、铁路构件、市政构件和地基构件。除了建筑构件中的新型住宅产业化构件外，各类型构件虽然结构形式、外形尺寸和结构性能变化丰富，但大多属于标准产品，其应用成熟，在我国进行的大规模基础设施和城镇建设中起到了重要作用。

2. 预制构件的生产方式和设施设备

装配式混凝土结构中采用预制的部位、构件的类别及形状因结构、施工方法的不同而各不相同。因此，工程施工方必须选择满足设计条件或施工条件要求的预制厂。

预制厂应有与装配式预制构件生产规模和生产特点相适应的场地、生产工艺及设备等资源，并优先采用先进、高效的技术与设备。设施与设备操作人员必须进行专业技术培训，熟悉所使用设施设备的性能、结构和技术规范，掌握操作办法、安全技术规程和保养方法。

预制厂可分为固定工厂和移动工厂，固定工厂是指在某一地点持续进行生产；移动工厂可根据需要设置在施工现场附近，然后用大型机械把构件从生产地点或附近的存放地点直接吊装到建筑物的指定位置。

不管采用何种方式，生产预制构件的预制厂必须能够满足设计及施工的各种质量要求，并具有相应的生产和质量管理能力；并且在进行设施布置时，应做到整体优化，充分利用场地和空间，减少场内材料及构（配）件的搬运调配，以降低物流成本。

（1）生产设备　与国外相比，我国的预制构件装备制造业起步较晚，特别是长期以来建筑业以现浇为主，预制构件行业一直处于低速发展状态，制约了我国预制构件装备制造业的发展，预制混凝土成套设备的生产企业比较少。近些年来，国家启动的高铁建设促进了这一行业的发展，部分企业开始从事预制构件成套装备的研发和制造。

预制构件生产线按生产内容（构件类型）可分为外墙板生产线，内墙板生产线，叠合板生产线，预应力叠合板生产线，梁、柱、楼梯、阳台生产线；按流水生产类型（模台和作业设备关系）可分为环形流水生产线、固定生产线（包含长线台座和固定台座）、移动台模生产线等。

1）环形流水生产线。环形流水生产线一般采用水平循环流水方式，采用封闭的连续的按节拍生产的工艺流程，可生产外墙板、内墙板和叠合板等板类构件，按照环形流水作业的循环模式，经布料机把混凝土浇筑在模具内；经过振动台振捣后需要进行集中养护，当构件强度满足设计强度时才可进行拆模处理。拆模后的混凝土预制构件通过成品运输车运输至堆场，而空模台沿输送线自动返回，形成了环形流水作业的循环模式。

环形流水生产线按照混凝土预制构件的生产流程进行布置，生产工艺主要由以下部分构成：清理作业、喷油作业、安装钢筋笼、固定并调整边模板、预埋件安装、浇筑并振捣混凝土、面层刮平作业（或面层拉毛作业）、预养护、面层抹光作业、码垛、养护、拆模作业、翻转作业等。

典型的混凝土预制构件环形流水生产线主要包含以下设备：模台清理机、脱模剂喷涂机、混凝土布料机、振动台、预养护窑、面层赶平机、拉毛装置、抹光机、立体养护窑、翻转机、摆渡车、支撑装置、驱动装置、钢筋运输车、构件运输车等。

环形流水生产线根据生产构件类型的不同，在工位布置上会有一定的变化，但其整体思路是一种封闭的连续的环形布置。

2）固定生产线。固定生产线可分为长线台座生产线和固定台座生产线，其基本思路是采用模台固定、作业设备移动的生产方式进行布置。长线台座生产线是指所有的生产模台通过机械方式进行连接，形成通长的模台。固定台座生产线是指所有的生产模台按一定距离进行布置，每张模台均独立作业。

目前，长线台座生产线主要用于各种预应力楼板的生产，固定台座生产线主要用于生产截面高度超过环形流水生产线最大允许高度、尺寸过大、工艺复杂、批量较小等不适合循环流水作业的异型构件。

固定生产线因采用模台固定、作业设备移动的布置方式，无法像环形流水生产线那样大面积地布置作业设备，故该类型的生产线大多采用作业功能集成的综合一体化作业设备，如移动式布料振捣一体机、移动式面层处理一体机、移动式振平拉毛覆膜一体机、移动式清理喷涂一体机、移动式翻转机等。

3）移动台模生产线。移动台模生产线是一种混凝土预制构件生产线，将人工加工工位与设备加工工位区分开来，通过一台中央转运车来转运模台，其综合了传统环形流水生产线和固定生产线各自的优势。

移动台模生产线的基本思路是为了不影响流水线的生产节拍，将需人工作业、作业效率较低的某个工序从流水作业中分离出来，设置独立的工作区；该工序完成后可随时加入流水线中，不占用流水线的循环时间，保证整条流水线的生产节拍，同时把需要进行设备作业完成的工序仍保留流水作业的方式，不影响生产效率。

移动台模生产线的独立工作区和整条流水线类似于半成品分厂和总厂的关系，因此可根据场地的实际情况灵活布置，工艺设计的弹性更大，对生产的构件类型适应性更强。

（2）模具　模具应采用移动式或固定式钢底模板，侧模板宜采用型钢或铝合金型材，也可根据具体要求采用其他材料。模具设计应遵循用料轻量化、操作简便化、应用模块化的设计原则，并应根据预制构件的生产标准、生产工艺及技术要求、模具周转次数、通用性等相关条件确定模具设计和加工方案。

模板、模具及相关设施应具有足够的承载力、刚度和整体稳固性，并应满足预埋管线、预留孔洞、钢筋、吊件、固定件等的定位要求。模具构造应满足钢筋入模，以及混凝土浇捣、养护和便于脱模等要求，并便于清理和涂刷隔离剂。模具堆放场地应平整坚实，并应有排水措施，避免模具变形及锈蚀。

3. 预制构件的制作

预制构件制作前应进行深化设计，深化设计应包括以下内容：预制构件模板图、配筋图、预埋件的细部构造图等，带饰面砖或饰面板构件的排砖图或排版图；复合保温墙板的连接件布置图及保温板排版图，构件加工图；预制构件脱模、翻转过程中混凝土强度、构件承载力、构件变形以及吊具、预埋件的承载力验算等。

设计变更须经原施工图设计单位审核批准后才能实施。构件制作方案应根据各种预制构件的制作特点进行编制，上道工序质量检测和检查结果不合格时不得进行下道工序的生产。构件生产过程中应对原材料、半成品和成品等做好标志，并应对不合格品的标志、记录、评价、隔离和处置进行规范化处理。

下面以预制夹心保温墙体为例讲解固定台模生产线预制构件制作流程。

1）模具拼装。模具除应满足强度、刚度和整体稳固性要求外，还应满足预制构件预留孔、钢筋、预埋件的安装定位要求。

模具应安装牢固、尺寸准确、拼缝严密、不漏浆。模板组装就位时，首先要保证底模板表面平整度，以保证构件表面平整度符合规定要求。模板与模板之间，帮板与底模板之间的连接螺栓必须齐全、紧固，模板组装时应注意将销钉敲紧，以控制侧模板的定位精度。模板接缝处用腻子嵌塞抹平后再用细砂纸打磨，安装精度必须符合设计要求，并应经验收合格后再投入使用。

模具组装前应将钢模板和预埋件定位架等部位彻底清理干净，严禁使用锤子敲打。模具与混凝土接触的表面除饰面材料铺贴范围外，应均匀涂刷脱模剂。脱模剂可采用柴油与机油混合液，为避免污染墙面砖，模板表面刷一遍脱模剂后再用棉纱均匀擦拭两遍，形成均匀的薄层油膜，见亮不见油。涂刷脱模剂时注意尽量避开放置橡胶垫块处，该部位可先用胶带纸遮住。在选择脱模剂时尽量选择隔离效果较好，能确保构件在脱模起吊时不发生黏结损坏现象，能保持板面整洁，易于清理，不影响墙面粉刷质量的脱模剂。

2）饰面材料铺贴与涂装。面砖在入模铺设前，应先将单块面砖根据构件排砖图的要求分块制成面砖套件。套件应根据构件饰面砖的大小、图案、颜色取一个或若干个单元组成，每块套件的长度不宜大于600mm，宽度不宜大于300mm。

面砖套件应在定型的套件模具中制作。面砖套件的图案、排列、色泽和尺寸应符合设计要求。面砖铺贴时先在底模板上弹出面砖缝中线，然后铺设面砖，为保证接缝间隙满足设计要求，可根据面砖深化图进行排版。面砖定位后，在砖缝内采用胶条粘贴，保证砖缝满足排版图及设计要求。面砖套件的薄膜粘贴不得有褶皱，不应伸出面砖，端头应平齐。嵌缝条和薄膜粘贴后应采用专用工具沿接缝将嵌缝条压实。

石材在入模铺设前，应核对石材尺寸，并提前24h在石材背面安装锚固拉勾和涂刷防泛碱处理剂。面砖套件、石材铺贴前应清理模具，并在模具上设置安装控制线，按控制线固定和校正铺贴位置，施工时可采用双面胶带或硅胶按预制加工图分类编号铺贴。

石材和面砖等饰面材料与混凝土的连接应牢固。石材等饰面材料与混凝土之间连接件的结构、数量、位置和防腐处理应符合设计要求。满粘法施工的石材和面砖等饰面材料与混凝土之间应无空鼓。

石材和面砖等饰面材料铺设后表面应平整，接缝应顺直，接缝的宽度和深度应符合设计要求。面砖、石材需要更换时，应采用专用修补材料对嵌缝进行修整，使墙板嵌缝的外观质量一致。

3）保温材料铺设。带保温材料的预制构件宜采用平模工艺成型，生产时应先浇筑外叶混凝土层，再安装保温材料和连接件，最后成型内叶混凝土层。外叶混凝土层可采用平板振动器适当振捣。

铺放加气混凝土保温块时，表面要平整，缝隙要均匀，严禁用碎块填塞。在常温下铺放时，铺放前要浇水润湿；低温下铺放时，铺完后要喷水；冬期施工可干铺。泡沫聚苯乙烯保温条应在铺放前按设计尺寸裁剪。排放板缝部位的泡沫聚苯乙烯保温条时，入模固定位置要准确，拼缝要严密，操作要有专人负责。

当采用立模工艺生产时应同步浇筑内外叶混凝土层，生产时应采取可靠措施保证内外叶混凝土厚度、保温材料及连接件的位置准确。

4）预埋件及预埋孔设置。各种预埋件、连接用钢材、连接用机械式接头部件，以及预留孔洞模具的数量、规格、位置、安装方式等应符合设计规定，固定措施要可靠。预埋件应固定在模板或支架上，预留孔洞应采用孔洞模具的方式并加以固定。预埋件应采取固定措施保证不偏移，对于套筒预埋件应注意其定位。

5）门窗框设置。门窗框在构件制作、驳运、堆放、安装过程中，应进行包裹或遮挡。预制构件的门窗框应在浇筑混凝土前预先放置于模具中，位置应符合设计要求，并应在模具上设置限位框或限位件进行可靠固定。门窗框的品种、规格、尺寸、相关力学性能和开启方向、型材壁厚和连接方式等应符合设计要求。

6）混凝土浇筑。在混凝土浇筑成型前应进行预制构件的隐蔽工程验收，符合有关标准规定和设计文件要求后方可浇筑混凝土。

检查项目应包括下列内容：模具各部位尺寸、定位可靠性、拼缝等；饰面材料的品种及铺放质量；纵向受力钢筋的品种、规格、数量、位置等；钢筋的连接方式、接头位置、接头数量、接头面积百分率等；箍筋、横向钢筋的品种、规格、数量、间距等，预埋件及门窗框的规格、数量、位置等；灌浆套筒、吊具、钢筋及预留孔洞的规格、数量、位置等；钢筋的混凝土保护层厚度等。

混凝土浇筑应连续进行，同时应观察模具、门窗框、预埋件等的变形和移位，变形与移位超出规定的允许偏差时应及时采取补强和纠正措施。面层混凝土采用平板振动器振捣，振捣后随即用水泥砂浆找平，待表面收水后再用木抹子抹平压实。

配件、预埋件、门框和窗框处混凝土应浇捣密实，其外露部分应有防污损措施。混凝土表面应及时用木抹子抹平提浆，宜对混凝土表面进行二次抹面。预制构件与后浇混凝土的结合面或叠合面应按设计要求制成粗糙面，粗糙面可采用拉毛或凿毛处理方法，也可采用化学和其他物理处理方法。预制构件混凝土浇筑完毕后应及时养护。

7）构件养护。预制构件的成型和养护宜在车间内进行，成型后的蒸汽养护可在生产模位上或养护窑内进行。预制构件采用自然养护时，应符合《混凝土结构工程施工规范》（GB 50666—2011）、《混凝土结构工程施工质量验收规范》（GB 50204—2015）的规定。

预制构件采用蒸汽养护时，宜采用自动蒸汽养护装置，并保证蒸汽管道通畅，养护区应无积水。蒸汽养护制度应分静停、升温、恒温和降温四个阶段，并应符合下列规定：混凝土全部浇捣完毕后静停时间不宜少于 2h，升温速度不得大于 15℃ /h，恒温时最高温度不宜超过 55℃，恒温时间不宜少于 3h，降温速度不宜大于 10℃ /h。

8）构件脱模。预制构件停止蒸汽养护后，预制构件表面与环境温度的温差不宜高于 20℃。应根据模具结构的特点按照拆模顺序拆除模具，严禁使用振动模具的方式拆模。

预制构件脱模起吊应符合下列规定：预制构件的起吊应在构件与模具之间的连接部分完全拆除后进行；预制构件脱模时，同条件混凝土立方体抗压强度应根据设计要求或生产条件确定，且不应小于 15N/mm²；预应力混凝土构件脱模时，同条件混凝土立方体抗压强度不宜小于混凝土强度等级设计值的 75%；预制构件吊点设置应满足平稳起吊的要求，宜设置 4~6 个吊点。

预制构件脱模后应进行整修，并应符合下列规定：在构件生产区域旁应设置专门的混凝土构件整修区域，对刚脱模的构件进行清理、质量检查和修补；对于各种类型的混凝土外观缺陷，构件生产单位应制订相应的修补方案，并配有相应的修补材料和工具；预制构件应在修补合格后再驳运至合格品堆放场地。

9）构件标志。构件应在脱模起吊至整修堆场或平台时加设标志，标志的内容应包括工程名称、产品名称、型号、编号、生产日期。构件应待检查、修补合格后再标注合格章及预制厂名。

构件标志应标注于预制厂和施工现场堆放、安装时容易辨识的位置，可由预制厂和施工单位协商确定。标志的颜色和文字的大小、顺序应统一，宜采用喷涂或印章的方式制作标志。

4. 预制构件的质量检查

预制构件包括预制厂内的单体产品生产和工地现场装配两个大的生产环节，构件单体的材料、尺寸误差以及装配后的连接质量、尺寸偏差等在很大程度上决定了实际结构能否实现设计意图，因此预制构件质量控制问题尤为重要。

（1）外观检验　对预制构件的外观检验主要检查是否存在露筋、蜂窝、空洞、夹渣、疏松、裂缝及连接缺陷、外形缺陷，并根据其对构件结构性能和使用功能的影响程度来划分一般缺陷或严重缺陷。

（2）尺寸检验　以预制墙板为例，对预制构件的尺寸检验主要检查墙体的高度、宽度、厚度、对角线差、弯曲度、内外表面平整度等。可采用激光测距仪、钢卷尺对墙板的高、宽、洞口等尺寸进行测量。预制墙板构件的尺寸允许偏差应符合相关规定。

外观检验质量应经检验合格，尺寸允许偏差项目的合格率不应低于80%，允许偏差不得超过最大限值的1.5倍，且不应有影响结构安全、安装施工和使用要求的缺陷。

5. 预制构件的堆放与运输

（1）构件堆放　预制构件的存放场地应平整、坚实，并设有良好的排水措施。预制构件在堆放时可选择多层平放、堆放架靠放等方式，不论采用何种堆放方式，均应保证最下层预制构件要垫实，预埋吊件宜向上、标志宜朝外。成品应按合格、待修和不合格分类堆放，并应进行标志。

1）全预制外墙板堆放。全预制外墙板宜采用插放或靠放，堆放架应有足够的刚度，并应支垫稳固；构件采用靠放架立放时，宜对称靠放，与地面的倾斜角度宜大于80°；宜将相邻堆放架连成整体。

连接止水条、高低口、墙体转角等薄弱部位，应采用定型保护垫块或专用套件作加强保护。重叠堆放构件时，每层构件之间的垫木或垫块应在同一垂直线上。堆垛层数应根据构件自身荷载，以及地坪、垫木或垫块的承载能力及堆垛的稳定性确定。预制构件的码放应使预埋吊件向上、标志向外。垫木或垫块在构件下的位置宜与脱模、吊装时的起吊位置一致。

2）双面叠合墙板堆放。双面叠合墙板可采用多层平放、堆放架靠放和插放，构件也应采用成品保护的原则合理堆放，以减少二次搬运的次数。平放时每垛不宜超过5层，最下层墙板与地面不宜接触，应支垫两根与板宽相同的方木；层与层之间应垫平、垫实，各层垫木应在同一垂直线上。

（2）构件运输　构件运输计划在预制结构施工方法中非常重要，所以要认真考虑运输路径、使用车型、装车方法等。运输构件用的卡车或拖车，要根据构件的大小、质量，以及运输距离、道路状况等选择适当的车型。

成品运输时，必须使用专用吊具，应使每一根钢丝绳均匀受力。钢丝绳与成品的夹角不得小于45°，确保成品呈平稳状态，应轻起慢放。

运输车应有专用垫木，垫木位置应符合图纸要求。运输轨道时应在水平方向无障碍物，车速应平稳缓慢，不得使成品处于颠簸状态。运输过程中发生成品损伤时，必须退回车间返修，并重新检验。

预制构件的运输车辆应满足构件尺寸和载重的要求，装车运输时应符合下列规定：装卸构件时应考虑车体平衡；运输时应采取绑扎固定措施，防止构件移动或倾倒；运输竖向薄壁构件时应根据需要设置临时支架；对构件边角部位或与紧固装置接触处的混凝土，宜采用垫衬加以保护。

预制构件运输宜选用低位平板车，且应有可靠的稳定构件的措施。预制构件的运输应在混凝土强度达到设计强度的100%后进行。预制构件采用装箱方式运输时，箱内四周应采用木材、混凝土块作为支撑物，构件接触部位应用柔性垫片填实，以使支撑牢固。

构件运输应符合下列规定：

1）运输道路须平整坚实，并有足够的宽度和转弯半径。

2）根据吊装顺序组织运输。

3）用外挂（靠放）式运输车运输时，两侧质量应相等，装卸时车架下部要进行支垫，防止倾斜。用插放式运输车采用压紧装置固定墙板时，要使墙板受力均匀，防止断裂。装卸外墙板时，所有门窗扇必须扣紧，防止碰坏。

4）预制叠合楼板、预制阳台板、预制楼梯可采用平放运输，应正确选择支垫位置。

5）预制构件运输时，车辆不宜高速行驶，应根据路面情况掌握行车速度，起步、停车要稳。夜间装卸和运输构件时，施工现场要有足够的照明设施。

7.2 装配式混凝土建筑施工

装配式混凝土建筑在工地现场施工的核心工作主要包括三部分：构件的安装、连接和预埋，以及现浇部分的工作。这三部分工作体现的质量和流程管控要点是装配式混凝土建筑施工质量保证的关键。

7.2.1 装配式混凝土建筑施工准备工作

1. 施工方法选择

装配式混凝土建筑的安装方法主要有直接吊装法和储存吊装法两种，其特点见表7-1。

表7-1 装配式混凝土建筑常用安装方法对比

名　称	说　明	特　点
直接吊装法	直接吊装法又称为原车吊装法，将墙板由生产场地按墙板安装顺序配套运往施工现场，由运输工具直接向建筑物上安装	1. 可以减少构件的堆放设施，少占用场地 2. 要有严密的施工组织管理 3. 需用较多的墙板运输车
储存吊装法	构件从生产场地按型号、数量、配套要求，直接运往施工现场，在吊装机械工作半径范围内储存，然后进行安装。这是常用的安装方法	1. 有充分的时间做好安装前的施工准备工作，可以保证墙板安装连续进行 2. 墙板安装和墙板卸车可分日夜班进行，充分利用机械 3. 占用场地较多，需用较多的插放（或靠放）架

2. 吊装机械选择

墙板安装采用的吊装机械主要有塔式起重机和履带式（或轮胎式）起重机，其主要特点见表7-2。

表7-2 常用吊装机械

机械类别	特　点
塔式起重机	起吊高度和工作半径较大；驾驶室位置较高，司机视野宽广；转移、安装和拆除较麻烦；需铺设轨道
履带式（或轮胎式）起重机	行驶和转移较方便；起吊高度受到一定限制；驾驶室位置低，就位、安装不够灵活

3. 施工平面布置

根据工程项目的构件分布图制订项目的安装方案，并合理地选择吊装机械。构件临时堆场应尽可能地设置在起重机的起吊半径内，以减少现场的二次搬运；同时，构件临时堆场应平整、坚实，有排水设施。如果临时堆场及运输道路位于车库顶板，应对堆放全区域及运输道路进行加固处理。施工场地四周要设置循环道路，道路宽度一般为 4~6m，路面要平整、坚实，两旁要设置排水沟。距建筑物周围 3m 范围内为安全禁区，不准堆放任何构件和材料。

墙板堆放区要根据吊装机械的行驶路线来确定，一般应布置在吊装机械工作半径范围以内，避免吊装机械空驶和负载行驶。楼板、屋面板、楼梯、休息平台板、通风道等，一般沿建筑物堆放在墙板的外侧。结构安装阶段需要吊运到楼层的零星构（配）件、混凝土、砂浆、砖、门窗、炉片、管材等材料的堆放，应根据现场具体情况确定，要充分利用建筑物两端空地及吊装机械工作半径范围内的其他空地。这些材料应确定数量、组织吊次，按照楼层材料布置的要求，随每层结构安装逐层吊运到楼层指定地点。

4. 机具准备工作

以装配整体式剪力墙结构为例，其所需机具与设备见表 7-3。

表 7-3 装配整体式剪力墙结构所需机具与设备

序　号	名　　称	单　位	数　　量
1	塔式起重机	台	1
2	振捣棒	台	2
3	水准仪	台	1
4	横吊梁	套	1
5	工具式组合钢支撑	—	—
6	灌浆泵	台	2
7	吊带	台	3
8	铁链	个	2
9	吊钩	个	2
10	冲击钻	台	2
11	电动扳手	台	2
12	专用撬棍	个	2
13	镜子	个	4

5. 其他准备工作

1）组织现场施工人员熟悉、审查图纸，对构件的型号、尺寸以及预埋件的位置逐块检查核对，熟悉吊装顺序和各种指挥信号，准备好各种施工记录表格。

2）引进坐标桩、水平桩，按设计位置放线，经检验签证后挖土、打钎、做基础，并浇筑完首层地面混凝土。

3）对塔式起重机的行走轨道和墙板构件堆放区等场地进行碾压，然后铺轨、安装塔式起重机，并在其周围设置排水沟。

4）组织墙板等构件进场。按吊装顺序先存放配套构件，并在安装前认真检查构件的质量和数量。如质量不符合要求，应及时处理。

7.2.2　构件吊装

（1）预制框架柱吊装施工　预制框架柱吊装施工流程：预制框架柱进场、验收→按图纸要求放线→安装吊具→预制框架柱扶直→预制框架柱吊装→预留钢筋就位→水平调整、竖向校正→安放斜支撑并固定→摘钩。

（2）预制混凝土剪力墙吊装施工　预制混凝土剪力墙吊装施工流程：预制剪力墙进场、验收→按图纸要求放线→安装吊具→预制剪力墙扶直→预制剪力墙吊装→预留钢筋插入就位→水平调整、竖向校正→安放斜支撑并固定→摘钩。

（3）预制混凝土外墙挂板吊装施工　预制混凝土外墙挂板吊装施工流程：预制墙板进场、验收→放线→安装固定件→安装预制挂板→缝隙处理→安装完毕。

（4）预制框架梁吊装施工　预制框架梁吊装施工流程：预制框架梁进场、验收→接图纸要求放线→设置梁底支撑→拉设安全绳→预制梁起吊→预制梁就位安放→微调控位→摘钩。

（5）预制叠合板吊装施工　预制叠合板吊装施工流程：预制叠合板进场、验收→放线→搭设叠合板底支撑→预制叠合板吊装→预制叠合板就位→预制叠合板微调定位→摘钩。

（6）预制楼梯吊装施工　预制楼梯吊装施工流程：预制楼梯进场、验收→放线→预制楼梯吊装→预制楼梯安装就位→预制楼梯微调定位→吊具拆除。

7.2.3　构件灌浆

钢筋灌浆套筒连接是在金属套筒内灌注水泥基浆料，将钢筋对接连接所形成的机械连接接头。

1. 竖向构件钢筋灌浆套筒连接

（1）竖向构件钢筋灌浆套筒连接原理　带肋钢筋插入套筒后，向套筒内灌注无收缩或微膨胀的水泥基灌浆料，充满套筒与钢筋之间的间隙；灌浆料硬化后与钢筋的横肋和套筒内壁的凹槽或凸肋紧密啮合，钢筋连接后所受外力能够有效传递。

（2）竖向构件钢筋灌浆套筒连接工艺　竖向构件钢筋灌浆套筒连接施工分 2 个阶段进行：第 1 个阶段在预制构件加工厂中进行，第 2 个阶段在施工现场进行。预制剪力墙、柱在工厂预制加工阶段，是将一端钢筋与套筒进行连接或预安装，再与构件的钢筋结构中的其他钢筋连接固定；然后套筒侧壁接灌浆管、排浆管并引到构件模板外；最后浇筑混凝土，将连接钢筋、套筒预埋在构件内。

（3）竖向构件钢筋灌浆套筒施工方法　竖向构件钢筋灌浆套筒施工时，灌浆料应采用压浆法从灌浆套筒下方的灌浆孔中注入，当灌浆料从构件上的本套筒和其他套筒的灌浆孔、出浆孔流出后应及时封堵。

竖向构件宜采用联通腔灌浆，并合理划分联通灌浆区域，每个区域除预留灌浆孔、出浆孔与排气孔（有些需要设置排气孔）外，应形成密闭空腔，且保证灌浆压力下不漏浆；联通灌浆区域内任意两个灌浆套筒的间距不宜超过 1.5m。采用联通腔灌浆方式时，灌浆施工前应对各联通灌浆区域进行封堵，且封堵材料不应减小结合面的设计面积。当采用一点灌浆方式时（即用灌浆泵从接头下方的一个灌浆孔处向套筒内压力灌浆），在该构件灌注完成之前不得更换灌浆孔，且需连续灌注，不得断料，严禁从出浆孔灌浆。当采用一点灌浆方式遇到问题而需要改变灌浆点时，各套筒已封堵的灌浆孔、出浆孔应重新打开，待灌浆料拌合物再次流出后进行封堵。

竖向预制构件不采用联通腔灌浆方式时，构件就位前应设置坐浆层或套筒下端密封装置。

2. 水平构件钢筋灌浆套筒连接

（1）水平构件钢筋灌浆套筒连接原理 水平构件钢筋灌浆套筒连接原理同竖向构件钢筋灌浆套筒连接。

（2）水平构件钢筋灌浆套筒连接工艺 预制梁在工厂预制加工阶段只预埋连接钢筋；在结构安装阶段连接预制梁时，套筒套在两构件的连接钢筋上，然后向每个套筒内灌注灌浆料后静置到浆料硬化，梁的钢筋连接即结束。

（3）水平构件钢筋灌浆套筒施工方法 钢筋水平连接时，应采用全灌浆套筒连接，灌浆套筒各自独立灌浆。水平构件钢筋灌浆套筒连接时，灌浆料应采用压浆法从灌浆套筒一侧的灌浆孔注入，当拌合物在另一侧出浆孔流出时应停止灌浆。套筒上的灌浆孔、出浆孔应朝上，应保证灌满后浆面高于套筒内壁最高点。

7.2.4 现场浇筑

装配式混凝土结构竖向构件安装完成后，应及时穿插进行边缘构件后浇带的钢筋和模板的施工，并完成后浇带混凝土施工。

（1）钢筋施工 预制墙板连接部位宜先校正水平连接钢筋，后安装箍筋套；待墙体竖向钢筋连接完成后绑扎箍筋，连接部位加密区的箍筋宜采用封闭箍筋。装配式混凝土结构后浇混凝土节点间的钢筋施工除满足上述规定外，还需要注意以下问题：

1）后浇混凝土节点间的钢筋安装做法因受操作顺序和空间的限制而与常规做法有很大的不同，必须在符合相关规范要求的同时顺应装配式混凝土结构的要求。

2）装配式混凝土结构预制墙板间竖缝（墙板间混凝土后浇带）的钢筋安装做法应满足《装配式混凝土结构技术规程》（JGJ 1—2014）的要求，即约束边缘构件宜全部采用后浇混凝土，并且应在后浇段内设置封闭箍筋。

（2）模板施工 墙板间混凝土后浇带连接宜采用工具式定型模板支撑，除应满足设计规定外，还应符合下列规定：定型模板应通过螺栓（预置内螺母）或预留孔洞拉结的方式与预制构件可靠连接；定型模板安装应避免遮挡预制墙板下部的灌浆预留孔洞；夹芯墙板的外叶板应采用螺栓或夹板等进行加强固定；墙板接缝部位及与定型模板连接处均应采取可靠的密封防漏浆措施。

采用预制保温板作为免拆除外墙模板（PCF）进行支模时，预制外墙模板的尺寸参数及与相邻外墙板之间的拼缝宽度应符合设计要求。安装时与内侧模板或相邻构件之间应连接牢固，并采取可靠的密封防漏浆措施。

（3）后浇带混凝土施工 对预制墙板斜支撑和限位装置，应在连接节点和连接接缝部位的后浇混凝土或灌浆料强度达到设计要求后方可拆除；当设计无具体要求时，后浇混凝土或灌浆料应达到设计强度的 75% 以上时方可拆除。

学 习 鉴 定

思维导图

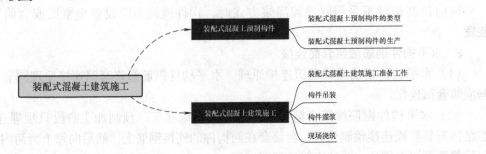

装配式混凝土预制构件 —— 装配式混凝土预制构件的类型
装配式混凝土预制构件的生产

装配式混凝土建筑施工

装配式混凝土建筑施工 —— 装配式混凝土建筑施工准备工作
构件吊装
构件灌浆
现场浇筑

一、名词解释

1. 剪力墙。

2. 环形流水生产线。

3. 固定台模生产线。

4. 钢筋灌浆套筒连接。

二、填空题

1. 装配式建筑按建筑材料的不同，主要可以分为_____、_____和_____三种类型。

2. 预制内墙板有_____、_____和_____三种。

3. 预制混凝土楼梯与主体承力系统的连接方式一般有四种：_____、_____、_____、_____。

4. 构件蒸汽养护制度应分_____、_____、_____和_____四个阶段。

5. 施工场地四周要设置循环道路，一般宽约_____m，路面要平整、坚实，两旁要设置排水沟。

6. 铝模板由_____、_____和_____组成。

三、简答题

1. 预制构件的质量检查包括哪些？

2. 简述装配式剪力墙结构的施工流程。

3. 简述铝模板的施工流程。

拓展知识

新结构——免模装配一体化钢筋混凝土结构体系

1. 技术内容

免模装配一体化钢筋混凝土结构体系（简称 PI 体系），是在工厂将结构构件模板与钢筋笼一体化制作成自平衡的笼模预制件，然后在工地现场完成吊装，一次性浇筑混凝土制成的混凝土结构，如图 7-9~ 图 7-11 所示。一体化的钢筋笼模板通过自平衡体系承受施工荷载，大幅简化了施工支撑；模板采用与结构同强度等级的钢筋混凝土薄板，施工完成后不拆除，与主体结构成为一体。

PI体系是一种新型建筑工业化体系，体系具有工业化程度高、结构整体安全好、造价低、质量好、施工速度快等优点，同时具有无建筑模板、无建筑垃圾的突出特征。

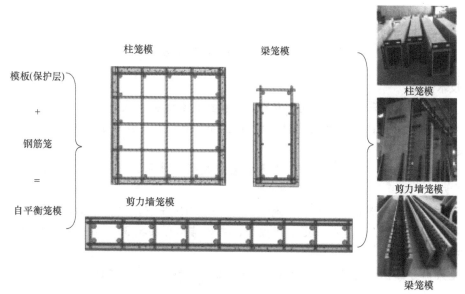

图7-9　PI体系构成

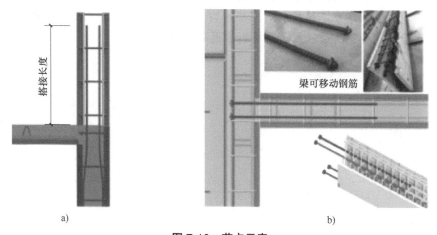

图7-10　节点示意

a）墙、柱连接节点　b）梁端部锚固节点

2. 技术指标

目前已发布的PI技术行业及地方标准规范有：《成型格网箍筋应用技术规程》（T/CECS 673—2020）、《免模装配一体化钢筋混凝土结构技术规程》（T/CECS 949—2021）、《笼模装配整体式钢筋混凝土结构技术规程》（DBJ/T 15—203—2020）。

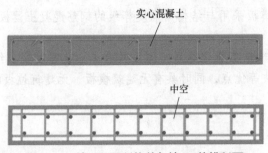

图 7-11　墙 PC 预制构件与墙 PI 笼模剖面

3. 技术优势

1）竖向构件钢筋采用搭接方式，与现浇混凝土钢筋连接方式一致。

2）结构整体性好，性能及安全性与现浇结构完全一致，适用于各种结构体系及多层、高层、超高层结构。

3）预制笼模构件在现场安装完成后形成自平衡稳定体系，可独立承担施工荷载，大幅减少施工支撑，增强了施工安全性和便利性。

4）预制笼模构件质量轻，只有传统预制构件的 30% 左右，运输、安装方便。

5）安装连接方便，显著提高了施工效率，主体结构可实现 3d 一层，总工期可缩短至现浇结构的 1/2。

6）绝大部分工作通过自动化生产线和工业机器人完成，具有绿色、节能、节材、环保、减排的优点。

4. 适用范围

免模装配一体化钢筋混凝土结构体系适用于非抗震设计和抗震设防烈度为 6 度及以上地区的框架结构、框架 - 剪力墙结构、剪力墙结构、部分框支剪力墙结构、筒体结构、板柱 - 剪力墙结构等各种多层、高层以及超高层钢筋混凝土结构。

防水工程施工

素养目标：

增强学生的专业自豪感和行业归属感；提高学生分析问题、创造性解决问题的能力。

教学目标：

1. 了解建筑防水的分类和等级。
2. 了解防水材料的种类、基本性能、质量要求和适用范围。
3. 能正确选择防水方案。
4. 掌握屋面、地下和室内其他部位防水的施工工艺、施工质量要求及质量控制方法。
5. 了解防水工程施工中质量通病的防治措施。

问题引入：

防水工程在房屋建筑中发挥着功能保障作用，防水工程质量的优劣，不仅关系到建（构）筑物的使用寿命，还直接影响到人们的生产、生活环境和卫生条件。因此，防水工程除了要考虑设计的合理性、防水材料的正确选择外，还要注意其施工工艺及施工质量。在学习防水工程施工前，先思考以下问题：

1. 防水工程按部位可分为哪些种类？
2. 防水工程按构造做法可分为哪些种类？

8.1 屋面防水工程施工

屋面防水工程是房屋建筑的一项重要工程。根据建筑物的性质、重要程度、使用功能要求及防水层耐用年限等将屋面防水分为两个等级，并按不同等级进行设防（表 8-1）。防水屋面的常见做法有卷材防水屋面、涂膜防水屋面、复合防水屋面和刚性防水屋面等。

表 8-1 屋面防水等级和设防要求

防 水 等 级	建 筑 类 别	设 防 要 求
Ⅰ级	特别重要或对防水有特殊要求的建筑	三道或三道以上防水设防
Ⅱ级	重要建筑和高层建筑	两道防水设防
Ⅲ级	一般建筑	一道防水设防

屋面工程所采用的防水、保温隔热材料应有产品合格证书和性能检测报告，材料的品种、规格、性能等应符合国家现行产品标准和设计要求。屋面工程施工前，要编制施工方案，应建立"三检"制度，并有完整的检查记录。伸出屋面的管道、设备或预埋件应在防水层施工前安设好。施工时每道工序完成后，要经监理单位检查验收合格后才可进行下道工序的施工。

屋面的保温层和防水层严禁在雨天、雪天和五级以上大风天气施工，温度过低也不宜施工。屋面工程完工后，应对屋面的细部构造、接缝、保护层等进行外观检验，并用淋水或蓄水试验进行检验，防水层不得有渗漏或积水现象。

8.1.1 卷材防水屋面施工

卷材防水屋面是用胶结材料粘贴卷材进行防水的屋面。这种屋面具有质量轻、防水性能好的优点，其防水层的柔韧性较好，能适应一定程度的结构振动和胀缩变形。其所用卷材主要有高聚物改性沥青防水卷材和合成高分子防水卷材等。

1. 卷材防水屋面的构造

卷材防水屋面的构造如图 8-1 所示。

2. 材料选择

（1）基层处理剂 基层处理剂是为了增强防水材料与基层之间的黏结力，在防水层施工前预先涂刷在基层上的涂料，其选择应与所用卷材的材性相容。常用的基层处理剂有用于高聚物改性沥青防水卷材屋面的氯丁胶沥青乳胶、橡胶改性沥青溶液、沥青溶液（即冷底子油）和用于合成高分子防水卷材屋面的聚氨酯煤焦油系列的二甲苯溶液、氯丁胶乳溶液、氯丁胶沥青乳胶等。

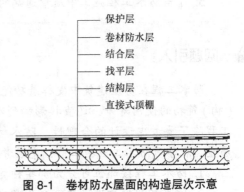

图 8-1 卷材防水屋面的构造层次示意

（2）胶粘剂 卷材防水层的黏结材料，必须选用与卷材相匹配的胶粘剂。

高聚物改性沥青防水卷材可选用橡胶或再生橡胶改性沥青的汽油溶液或水乳液作胶粘剂，其黏结剪切强度应大于 0.05MPa，黏结剥离强度应大于 8N/10mm。

合成高分子防水卷材可选用以氯丁橡胶和丁基酚醛树脂为主要成分的胶粘剂或以氯丁橡胶乳液制成的胶粘剂，其黏结剥离强度不应小于 15N/10mm，其用量为 0.4~0.5kg/m²。胶粘剂均由卷材生产厂家配套供应。

（3）卷材 防水卷材分类如图 8-2 所示。高聚物改性沥青防水卷材的外观质量要求见表 8-2，合成高分子防水卷材外观质量要求见表 8-3。

（4）密封材料 密封材料是指能承受接缝位移以达到气密、水密目的而嵌入建筑接缝中的材料。密封材料应有较好的黏结性、弹性和耐老化性，能长期经受拉伸和收缩作用，能耐振动疲劳。

密封材料的适用范围：一般用于接缝中，或配合卷材防水层做收头处理。

密封材料的性能特点：一般不大面积使用，利用其便于嵌缝处理的优点配合防水卷材和涂料做节点部位的处理。

密封材料分为不定型密封材料和定型密封材料两大类。

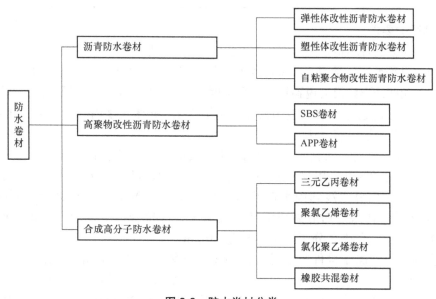

图 8-2　防水卷材分类

表 8-2　高聚物改性沥青防水卷材的外观质量要求

项　目	质　量　要　求
孔洞、缺边、裂口	不允许
边缘不整齐	不超过 10mm
胎体露白、未浸透	不允许
撒布材料的粒度、颜色	均匀
每卷卷材的接头	不超过 1 处，较短的一段不应小于 1000mm，接头处应加长 150mm

表 8-3　合成高分子防水卷材外观质量要求

项　目	质　量　要　求
折痕	每卷不超过 2 处，总长度不超过 20mm
杂质	不允许有大于 0.5mm 的颗粒，每 1m² 不超过 9 处

（续）

项　目	质　量　要　求
凹痕	每卷不超过 6 处，深度不超过卷材厚度的 30%，树脂深度不超过卷材厚度的 15%
胶块	每卷不超过 6 处，每处面积不大于 4mm²
每卷卷材的接头	橡胶类每 20m 不超过 1 处，较短的一段不应小于 3000mm，接头处应加长 150mm；树脂类每 20m 长度内不允许有接头

3. 对基层的要求

基层施工质量的好坏将直接影响屋面工程的质量。基层应有足够的强度和刚度，承受荷载时不致产生显著变形。基层一般采用水泥砂浆、细石混凝土或沥青砂浆找平，做到平整、坚实、清洁，无凹凸形状及尖锐颗粒。其平整度要求为：用 2m 长的直尺检查，基层与直尺之间的最大空隙不应超过 5mm，空隙仅允许平缓变化，每米长度内不得多于一处空隙。铺设屋面隔汽层和防水层以前，基层必须清扫干净。

屋面及檐口、檐沟、天沟的找平层的排水坡度，必须符合设计要求，平屋面采用结构找坡应不小于 3%，采用材料找坡宜为 2%，天沟、檐沟的纵向找坡不应小于 1%，沟底水落差（天沟内分水浅到雨水口的高差）不大于 200mm。在与突出屋面结构的连接处以及在基层的转角处均应做成圆弧，圆弧半径应符合以下要求：高聚物改性沥青防水卷材为 50mm，合成高分子防水卷材为 20mm。

为防止温差及混凝土构件收缩导致防水屋面开裂，找平层应留分格缝，缝宽一般为 5~20mm。分格缝应留在预制板支撑边的拼缝处，其纵、横向最大间距，当找平层采用水泥砂浆或细石混凝土时，不宜大于 6m。分格缝处应附加 200~300mm 宽的油毡，用沥青基黏结材料单边点贴覆盖。

采用水泥砂浆或细石混凝土找平层作为基层时，其厚度和技术要求应符合表 8-4 的规定。

表 8-4　找平层厚度和技术要求

找平层分类	适用的基层	厚度 /mm	技术要求
水泥砂浆	整体现浇混凝土板	15~20	1：2.5 水泥砂浆
	整体材料保温层	20~25	
细石混凝土	装配式混凝土板	30~35	C20 混凝土，宜加钢筋网片
	板状材料保温层		C20 混凝土

4. 卷材防水施工

卷材防水施工的一般工艺流程如图 8-3 所示，施工注意事项如下：

（1）环境要求　卷材铺贴应选择在好天气时进行，严禁在雨、雪天施工，有五级以上的大风时不得施工，除热熔粘贴法可在 −10℃以上气温施工外，其他施工方法均应在 5℃以上时施工。若施工中途下雨、下雪时，应做好卷

屋面卷材防水施工

材周边的防护工作。

（2）施工顺序 屋面防水层施工时，应先做好节点、附加层和屋面排水比较集中部位（如屋面与雨水口连接处、檐口、天沟、屋面转角处、板端缝等）的处理，然后由屋面最低标高处向上施工。铺贴天沟、檐口卷材时，宜顺天沟、檐口方向，并尽量减少搭接。铺贴多跨和有高低跨的屋面时，应按先高后低、先远后近的顺序进行。大面积屋面施工时，应根据屋面特征及面积等因素合理划分流水施工段。施工段的界线宜设在屋脊、天沟、变形缝等处。

（3）铺贴方向 卷材铺贴方向应结合卷材搭接缝顺水接槎和卷材铺贴可操作性两方面因素综合考虑。卷材铺贴应在保证顺直的前提下，宜平行屋脊铺贴。屋面坡度大于 25% 时为防止卷材下滑，卷材应采取满粘和钉压等方法固定，固定点应封闭严密。当卷材防水层采用叠层方法施工时，上下层卷材不得相互垂直铺贴，应尽可能避免接缝叠加。

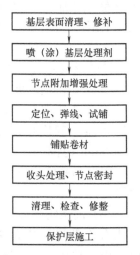

基层表面清理、修补

喷（涂）基层处理剂

节点附加增强处理

定位、弹线、试铺

铺贴卷材

收头处理、节点密封

清理、检查、修整

保护层施工

图 8-3 卷材防水施工的一般工艺流程

（4）卷材防水层搭接方法及宽度要求 为确保卷材防水层的质量，所有卷材铺贴时均应用搭接法，平行屋脊的卷材搭接缝应顺水流方向，卷材搭接宽度应符合表 8-5 的规定。为了避免卷材防水层搭接缝缺陷重合，上下层卷材长边搭接缝应错开，错开的距离不得小于幅宽的 1/3。为了避免四层卷材重叠，影响接缝质量，同一层相邻两幅卷材的短边搭接缝也应错开，错开的距离不得小于 500mm。

表 8-5 卷材搭接宽度 单位：mm

卷 材 类 别		搭 接 宽 度
合成高分子防水卷材	胶粘剂	80
	胶粘带	50
	单缝焊	60，有效焊接宽度不小于 25
	双缝焊	80，有效焊接宽度为 10×2+ 空腔宽
高聚物改性沥青防水卷材	胶粘剂	100
	自粘	80

叠层铺设的各层卷材，在天沟与屋面的连接处应采用叉接法搭接，搭接缝应错开，接缝宜留在屋面或天沟侧面，不宜留在沟底。

（5）屋面特殊部位的铺贴要求 天沟、檐沟、檐口、雨水口、泛水、变形缝和伸出屋面管道的防水构造，必须符合设计要求。天沟、檐沟、檐口、泛水和立面卷材收头的端部应裁齐，并塞入预留凹槽内，用金属压条钉压固定，最大钉距不应大于 900mm，并用密封材料嵌填封严。凹槽距屋面找平层不小于 250mm，凹槽上部墙体应做防水处理。

雨水口杯应牢固地固定在承重结构上，如是铸铁制品，所有零件均应除锈，并刷防锈漆；天沟、檐沟铺贴卷材应从沟底开始。如沟底过宽，卷材纵向搭接时，搭接缝必须用密封材料封口，密封材料嵌填必须密实、连续、饱满、黏结牢固，不得有气泡，不得开裂脱落。

沟内卷材附加层与屋面的交接处宜空铺，其空铺宽度不小于200mm，其卷材防水层应由沟底翻上至沟外檐顶部。卷材收头应用水泥钉固定并用密封材料封严，铺贴檐口800mm范围内的卷材应采取满粘法。

铺贴泛水处的卷材应采取满粘法，防水层贴入雨水口杯内不小于50mm，雨水口周围直径500mm范围内的坡度不小于5%，并用密封材料封严。

变形缝处的泛水高度不小于250mm，伸出屋面管道的周围与找平层或细石混凝土防水层之间应预留20mm×20mm的凹槽，并用密封材料嵌填严密。在管道根部直径500mm范围内，找平层应抹出高度不小于30mm的圆台。管道根部四周应增设附加层，宽度和高度均不小于300mm。管道上的防水层收头应用金属箍紧固，并用密封材料封严。

（6）高聚物改性沥青防水卷材施工 依据高聚物改性沥青防水卷材的特性，其施工方法有冷粘法、热熔法和自粘法。在立面或大坡面铺贴高聚物改性沥青防水卷材时，应采用满粘法，并宜减少短边搭接。

1）冷粘法施工。冷粘法施工是利用毛刷将胶粘剂涂刷在基层或卷材上，然后直接铺贴卷材，使卷材与基层、卷材与卷材黏结的方法。施工时，胶粘剂涂刷应均匀、不露底、不堆积。采用冷粘法中的空铺法、条粘法、点粘法施工工艺时，应按规定的位置与面积涂刷胶粘剂。铺贴卷材时应平整顺直，搭接尺寸应准确，接缝应满涂胶粘剂，黏结应牢固，不得扭曲，破口处溢出的胶粘剂要立刻刮平封口。接缝口应用密封材料封严，宽度不应小于10mm。

2）热熔法施工。热熔法施工是指利用火焰加热器熔化热熔型防水卷材底层的热熔胶进行粘贴。施工中在熔化热熔型改性沥青胶结料时，为了防止加热温度过高，导致改性沥青中的高聚物发生裂解而影响质量，宜采用专用导热油炉加热，加热温度不应高于200℃，使用温度不宜低于180℃；粘贴卷材的热熔型改性沥青胶结料的厚度宜为1.0~1.5mm。采用热熔型改性沥青胶结料粘贴卷材时，应随刮随铺，并应展平压实。

采用火焰加热器加热卷材时应均匀加热，要求火焰加热器的喷嘴与卷材的距离应适当，加热至卷材表面有光亮黑色时方可黏合。若熔化不够，会影响卷材接缝的黏结强度和密封性能；加温过高，会使改性沥青老化变焦且会把卷材烧穿。卷材表面热熔后应立即辊铺，卷材下面的空气应排尽，并应辊压粘贴牢固。卷材接缝部位应溢出热熔的改性沥青胶，溢出的改性沥青胶的宽度宜为8mm；铺贴的卷材应平整顺直，搭接尺寸应准确，不得扭曲、皱褶。

厚度小于3mm的高聚物改性沥青防水卷材，严禁采用热熔法施工。

3）自粘法施工。自粘法施工是指采用带有自粘胶的防水卷材，不用热施工，也不需涂胶结材料，直接进行铺贴。铺贴前，基层表面应均匀涂刷基层处理剂，待干燥后及时铺贴卷材。铺贴时，应先将自粘胶底面隔离纸完全撕净，排除卷材下面的空气，并碾压黏结牢固，不得空鼓。搭接部位必须采用热风焊枪加热后随即粘贴牢固，溢出的自粘胶随即刮平封口。接缝口用不小于10mm宽的密封材料封严。

5. 隔离层施工

在柔性防水层上设置块体材料、水泥砂浆、细石混凝土等刚性保护层时，为了防止刚性保护层胀缩变形对防水层造成的损坏，应在保护层与防水层之间铺设隔离层。

当基层比较平整时，在已完成淋水、蓄水检验合格的防水层上面，可以直接干铺塑料膜、土工布或卷材。当基层不太平整时，隔离层宜采用低强度等级黏土砂浆、水泥石灰砂浆或水泥砂浆。铺抹砂浆时，铺抹厚度宜为 10mm，表面应抹平、压实并养护；待砂浆干燥后，其上干铺一层塑料膜、土工布或卷材。隔离层所用的材料应能承受保护层的施工荷载，塑料膜的厚度不应小于 0.4mm；土工布应采用聚酯土工布，单位面积质量不应小于 200g/m²；卷材厚度不应小于 2mm。

隔离层所用材料的质量及配合比应符合设计要求，隔离层不得有破损和漏铺现象。塑料膜、土工布、卷材应铺设平整，其搭接宽度不应小于 50mm，不得有起皱。低强度等级砂浆表面应压实、平整，不得有起壳、起砂现象。

6. 保护层施工

防水层上的保护层施工，应待卷材铺贴完成或涂料固化成膜，并经检验合格后进行。沥青类的防水卷材也可直接采用卷材上表面覆有的矿物粒料或铝箔作为保护层。

（1）混凝土预制板保护层 混凝土预制板保护层的结合层可采用砂或水泥砂浆。混凝土板的铺砌必须平整，并满足排水要求。在砂结合层上铺砌块体时，砂结合层应洒水压实、刮平；板块应对接铺砌，缝隙应一致，缝宽为 10mm 左右，砌完应洒水轻拍压实。板缝先填砂一半高度，再用 1：2 水泥砂浆勾成凹缝。为防止砂子流失，在保护层四周 500mm 范围内，应改用低强度等级水泥砂浆作结合层。采用水泥砂浆作结合层时，应先在防水层上做隔离层。预制块体应先浸水湿润并阴干，摆铺完后应立即挤压密实、平整，使其结合牢固。预留板缝（10mm）用 1：2 水泥砂浆勾成凹缝。

上人屋面的预制块体保护层，块体材料应按照楼地面工程质量要求选用，结合层应选用 1：2 水泥砂浆。

（2）细石混凝土保护层 施工前应在防水层上铺设隔离层，并按设计要求支设好分格缝木模板，设计无要求时，分格缝纵、横间距不大于 6m，分格缝宽度为 10~20mm。一个分格内的混凝土应连续浇筑，不留施工缝。振捣宜采用铁辊辊压或人工拍实，以防破坏防水层。拍实后随即用刮尺按排水坡度刮平，初凝前用木抹子提浆抹平，初凝后及时取出分格缝木模板，终凝前用铁抹子压光。

细石混凝土保护层浇筑后应及时进行养护，养护时间不应少于 7d。养护期满即将分格缝清理干净，待干燥后嵌填密封材料。

8.1.2 涂膜防水屋面施工

涂膜防水屋面是在屋面基层上涂刷防水涂料，经固化后形成一层有一定厚度和弹性的整体涂膜，从而达到防水目的的一种防水屋面形式，其典型的构造层次如图 8-4 所示。这种屋面具有施工操作简便、无污染、冷操作、无接缝、能适应复杂基层、防水性能好、温度适应性强容易修补等特点，适用于防水等级为Ⅲ级、Ⅳ级的屋面防水；也可作为Ⅰ级、Ⅱ级屋面多道防水设防中的一道防水层。

1. 材料特点

防水涂料（涂膜防水材料）以液体高分子合成材料为主体，在常温下呈无定型状态，用涂布的方法涂刮在结构物表面，经溶剂挥发或水分挥发，或各组分之间的化学反应，形成一层致密薄膜物质，具有不透水性、一定的耐候性及延伸性。

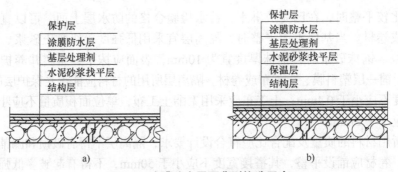

图 8-4 涂膜防水屋面典型构造层次

a）无保温层涂膜屋面 b）有保温层涂膜屋面

防水涂料一般用于厨房、卫生间、墙面、楼地面的防水。用于地下室、屋面防水时应配合防水卷材使用。

防水涂料不耐老化，抗拉强度无法和防水卷材相比，但由于防水涂料在施工固化前为无定型液体，对于任何形状复杂、管道密集和变截面的基层均易于施工，特别是阴（阳）角、管道根部、雨水口及防水层收头处等部位均易于处理，可形成一层富有弹性、无接缝的整体涂膜防水层，广泛应用于厨房、卫生间以及立墙面的防水。

2. 涂膜防水层施工

涂膜防水层施工的一般工艺流程：基层表面清理、修理→喷涂基层处理剂→特殊部位附加增强处理→涂布防水涂料及铺贴胎体增强材料→清理与检查修理→保护层施工。

基层处理剂常用防水涂料稀释后使用，其配合比应根据不同防水材料按要求配置。

涂膜防水必须由两层以上涂层组成，每层应刷 2~3 遍，且应根据防水涂料的品种分层分遍涂布，不能一次涂成，并待先涂的涂层干燥成膜后，方可涂后一遍涂料，其总厚度必须达到设计要求。

涂料的涂布顺序为：先高跨后低跨，先远后近，先立面后平面。同一屋面上先涂布排水较集中的雨水口、天沟、檐口等节点部位，再进行大面积涂布。涂层应厚度均匀、表面平整，不得有露底、漏涂和堆积现象。两层涂层的施工间隔时间不宜过长，否则易形成分层现象。涂层中夹铺增强材料时，宜边涂边铺胎体。胎体增强材料的长边搭接宽度不得小于 50mm，短边搭接宽度不得小于 70mm。当屋面坡度小于 15% 时，可平行屋脊铺设。屋面坡度大于 15% 时，应垂直屋脊铺设。采用二层胎体增强材料时，上下层不得互相垂直铺设，搭接缝应错开，其间距不应小于幅宽的 1/3。找平层分格缝处应增设胎体增强材料的空铺附加层，其宽度以 200~300mm 为宜。涂膜防水层收头应用防水涂料多遍涂刷或用密封材料封严。在涂膜未干前，不得在防水层上进行其他施工作业。涂膜防水屋面上不得直接堆放物品。涂膜防水屋面的隔汽层设置原则与卷材防水屋面相同。

涂膜防水屋面应设置保护层，保护层材料可采用水泥砂浆或块材等。采用水泥砂浆或块材时，应在涂膜与保护层之间设置隔离层。

8.1.3 复合防水屋面施工

涂膜防水层具有黏结强度高，可修补防水层基层裂缝缺陷，防水层无接缝、整体性好的特点，所以卷材与涂料复合使用时，涂膜防水层宜设置在卷材防水层的下面；而卷材防水层强度高、耐穿刺、厚度均匀、使用寿命长，宜设置在涂膜防水层的上面。

复合防水层的防水涂料与防水卷材之间应粘接牢固，尤其是天沟和立面防水部位，如出现空鼓和分层现象，一旦卷材破损，防水层会出现蹿水现象；另外，由于空鼓或分层会加速卷材的热老化和疲劳老化，从而降低卷材的使用寿命。防水卷材的黏结质量应符合表8-6的要求。

表8-6 防水卷材的黏结质量

项　　目	自粘聚合物改性沥青防水卷材和带自粘层防水卷材	高聚物改性沥青防水卷材胶粘剂	合成高分子防水卷材胶粘剂
黏结剥离强度/（N/10mm）	≥ 10 或卷材撕裂	≥ 8 或卷材撕裂	≥ 15 或卷材撕裂
剪切状态下的黏合强度/（N/10mm）	≥ 20 或卷材撕裂	≥ 20 或卷材撕裂	≥ 20 或卷材撕裂
浸水168h后黏结剥离强度保持率（%）	—	—	≥ 70

注：防水涂料作为防水卷材黏结材料复合使用时，应符合相应的防水卷材胶粘剂的规定。

复合防水层施工质量应满足卷材防水施工质量和涂膜防水施工质量的要求。

在复合防水层中，如果防水涂料既是涂膜防水层，又是防水卷材的胶粘剂，那么单独对涂膜防水层的验收是不可能的，只能待复合防水层完工后再整体验收。如果防水涂料不是防水卷材的胶粘剂，那么应对涂膜防水层和卷材防水层分别验收。复合防水层的总厚度主要包括卷材厚度、卷材胶粘剂厚度和涂膜厚度，在复合防水层中如果防水涂料既是涂膜防水层，又是防水卷材的胶粘剂，那么涂膜厚度应给予适当增加。

8.1.4 刚性防水屋面施工

刚性防水屋面是指利用刚性防水材料作防水层的屋面，主要有普通细石混凝土防水屋面、补偿收缩混凝土防水屋面、块体刚性防水屋面、预应力混凝土防水屋面等。与卷材及涂膜防水屋面相比，刚性防水屋面所用材料易得，价格便宜，耐久性好，维修方便；但刚性防水层材料的表观密度较大，抗拉强度较低，极限拉应力较小，易受混凝土或砂浆的干湿变形、温度变形和结构变位影响而产生裂缝。刚性防水屋面主要适用于防水等级为Ⅲ级、Ⅳ级的屋面防水，也可用作Ⅰ级、Ⅱ级屋面多道防水设防中的一道防水层；不适用于设有松散材料保温层的屋面，受较大振动或冲击的屋面，以及坡度大于15%的建筑屋面。

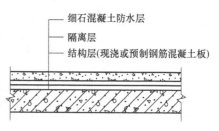

图 8-5 刚性防水屋面的一般构造形式

刚性防水屋面的一般构造形式如图8-5所示。

1. 普通细石混凝土防水层施工

混凝土浇筑应按先远后近、先高后低的原则进行，一个分格缝内的混凝土必须一次浇筑完毕，不得留施工缝。细石混凝土防水层厚度不小于 40mm，应配双向钢筋网片，间距为 100~200mm，但在分隔缝处应断开。钢筋网片应放置在混凝土的中上部，其保护层厚度不小于 10mm。混凝土的质量要严格保证，加入外加剂时应准确计量，投料顺序应得当，搅拌应均匀。混凝土搅拌应采用机械搅拌，搅拌时间不少于 2min，混凝土运输过程中应防止漏浆和离析。混凝土浇筑时，先用平板振动器振实，再用辊筒辊压至表面平整、泛浆，然后用铁抹子压实抹平，并确保防水层的设计厚度和排水坡度。抹压时严禁在表面洒水、加水泥浆或撒干水泥。待混凝土初凝收水后，应进行二次表面压光，或在终凝前三次压光成活，以提高其抗渗性。混凝土浇筑 12~24h 后应进行养护，养护时间不应少于 14d。养护初期屋面不得上人。施工时的气温宜在 5~35℃，以保证防水层的施工质量。

2. 补偿收缩混凝土防水层施工

补偿收缩混凝土防水层是在细石混凝土中掺入膨胀剂拌制而成的，硬化后的混凝土产生微膨胀，以补偿普通混凝土的收缩。它在配筋情况下，由于钢筋限制其膨胀，从而使混凝土产生自应力，起到致密混凝土、提高混凝土抗裂性和抗渗性的作用。其施工要求与普通细石混凝土防水层大致相同。当用膨胀剂拌制补偿收缩混凝土时，应按配合比准确称量，搅拌投料时膨胀剂应与水泥同时加入。混凝土连续搅拌时间不应少于 3min。

8.2　地下防水工程施工

地下防水工程是防止地下水对地下构筑物或建筑物基础的长期浸透，保证地下构筑物或地下室使用功能正常发挥的一项重要工程。

地下工程的防水等级分 4 级，各级应符合表 8-7 的规定。

表 8-7　地下工程的防水等级标准

防水等级	标　　准
1 级	不允许渗水，结构表面无湿渍
2 级	不允许漏水，结构表面可有少量湿渍 工业与民用建筑：湿渍总面积不大于总防水面积的 0.1%，单个湿渍面积不大于 0.1m²，任意 100m² 防水面积不超过 1 处 其他地下工程：湿渍总面积不大于总防水面积的 0.6%，单个湿渍面积不大于 0.2m²，任意 100m² 防水面积不超过 4 处
3 级	有少量漏水点，不得有线流和漏泥沙 单个湿渍面积不大于 0.3m²，单个漏水点的漏水量不大于 2.5L/d，任意 100m² 防水面积不超过 7 处
4 级	有漏水点，不得有线流和漏泥沙 整个工程平均漏水量不大于 2L/（m²·d），任意 100m² 防水面积的平均漏水量不大于 4L/（m²·d）

地下工程的防水方案，应遵循"防、排、截、堵结合，刚柔相济，因地制宜，综合治理"的原则，根据使用要求、自然环境条件及结构形式等因素确定。常用的防水方案有结构自防水、设防水层防水和渗排水防水。

地下工程的钢筋混凝土结构应采用防水混凝土，并根据防水等级的要求采用防水措施，其防水措施选用应根据地下工程的开挖方式确定。

8.2.1 结构主体防水的施工

1. 防水混凝土结构的施工

防水混凝土结构是指以本身的密实性而具有一定防水能力的整体式混凝土或钢筋混凝土结构，它兼有承重、围护和抗渗的功能，还可满足一定的耐冻融及耐侵蚀要求。

防水混凝土结构工程质量的优劣，除取决于合理的设计、材料的性质及配合比以外，还取决于施工质量的好坏。因此，对施工中的各主要环节，如混凝土搅拌、运输、浇筑、振捣、养护等，均应严格遵循施工及验收规范和操作规程的各项规定进行施工。

防水混凝土所用模板除满足一般要求外，应特别注意模板应拼缝严密、支撑牢固。在浇筑防水混凝土前，应将模板内部清理干净。若两侧模板需用对拉螺栓固定时，应在螺栓或套管中间加焊止水环，还可采取螺栓加堵头的结构方式（图8-6）。

钢筋不得用钢丝或铁钉固定在模板上，必须采用相同配合比的细石混凝土或砂浆块作垫块，并确保钢筋保护层厚度符合规定，不得有负误差。如结构内设置的钢筋确需用钢丝绑扎时，注意不得接触模板。

防水混凝土应连续浇筑，尽量不留或少留施工缝。必须留设施工缝时，宜留在下列部位：墙体水平施工缝不应留在剪力与弯矩最大处或底板与侧墙的交接处，应留在高出底板表面不小于300mm的墙体上；拱（板）墙结合的水平施工缝，宜留在拱（板）墙接缝线以下150~300mm处；墙体有预留孔洞时，施工缝距孔洞边缘不应小于300mm；垂直施工缝应避开地下水和裂隙水较多的地段，并宜与变形缝相结合。施工缝防水的构造形式如图8-7~图8-9所示。

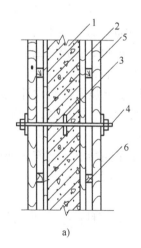 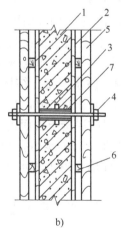 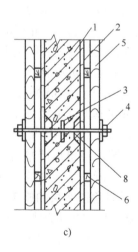

a) b) c)

图8-6 螺栓穿墙止水措施

a）螺栓加焊止水环　b）套管加焊止水环　c）螺栓加堵头
1—防水建筑　2—模板　3—止水环　4—螺栓　5、6—加劲肋
7—预埋套管（拆模后将螺栓拔出，套管内用膨胀水泥砂浆封堵）
8—堵头（拆模后将螺栓沿平凹坑底部割去，再用膨胀水泥砂浆封堵）

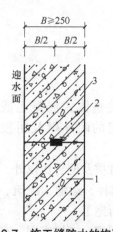 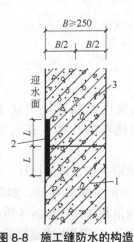 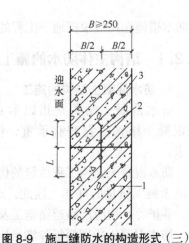

图 8-7　施工缝防水的构造
　　　　形式（一）
1—先浇混凝土　2—遇水膨胀
止水条　3—后浇混凝土

图 8-8　施工缝防水的构造
　　　　形式（二）
1—先浇混凝土　2—外贴防水
层　3—后浇混凝土
外贴止水带长度 $L \geqslant 150$mm；
外涂防水涂料长度 $L=200$mm；
外抹防水砂浆长度 $L=200$mm

图 8-9　施工缝防水的构造形式（三）
1—先浇混凝土　2—中埋止水带
3—后浇混凝土
钢板止水带长度 $L \geqslant 150$mm；橡胶止水带
长度 $L \geqslant 200$mm；钢边橡胶止水带长度
$L \geqslant 120$mm

施工缝浇筑混凝土前，应将其表面浮浆和杂物清除干净，先刷水泥净浆或涂刷混凝土界面处理剂，再铺 30~50mm 厚的 1 : 1 水泥砂浆，并及时浇筑混凝土。垂直施工缝可不铺水泥砂浆，选用的遇水膨胀止水条应牢固地安装在缝表面或预留槽内，且该止水条应具有缓胀性能，其 7d 膨胀率不应大于最终膨胀率的 60%。如采用中埋式止水带时，应位置准确、固定牢靠。

防水混凝土终凝后（一般浇筑后 4~6h）应开始覆盖浇水养护，养护时间应在 14d 以上。冬期施工的混凝土入模温度不应低于 50℃，宜采用综合蓄热法、暖棚法等养护方法，并应保持混凝土表面湿润，防止混凝土早期脱水。如采用掺化学外加剂的方法施工时，能降低水溶液的冰点，使混凝土在低温下硬化，但要适当延长混凝土搅拌时间，振捣要密实，还要采取保温保湿措施。防水混凝土不宜采用蒸汽养护和电热养护。地下构筑物应及时回填分层夯实，以避免由于干缩和温差产生裂缝。防水混凝土结构须在混凝土强度达到设计强度 40%以上时方可在其上面继续施工，达到设计强度 70% 以上时方可拆模。拆模时，混凝土表面温度与环境温度之差不得超过 15℃，以防混凝土表面出现裂缝。

防水混凝土浇筑后严禁打洞，因此所有的预留孔和预埋件在混凝土浇筑前必须埋设准确。对防水混凝土结构内的预埋件、穿墙管道等防水薄弱处，应采取措施仔细施工。

2. 水泥砂浆防水层的施工

刚性抹面防水根据防水砂浆材料组成及防水层构造不同可分为两种：掺外加剂的水泥砂浆防水层与刚性多层抹面防水层。

掺外加剂的水泥砂浆防水层所采用的水泥强度等级不应低于 32.5 级，宜采用中砂，其粒径在 3mm 以下，外加剂的技术性能应符合国家或行业标准一等品及以上的质量要求。

刚性多层抹面防水层通常采用四层或五层抹面做法，一般在防水工程的迎水面采用五层抹面做法（图 8-10）。

水泥砂浆防水层不宜在雨天及 5 级以上大风中施工，冬期施工环境温度不应低于 5℃，夏季施工不应在 35℃ 以上或烈日照射下施工。

如采用普通水泥砂浆作防水层，铺抹的面层终凝后应及时进行养护，且养护时间不得少于 14d。

聚合物水泥砂浆防水层未达硬化状态时，不得浇水养护或受雨水冲刷，硬化后应采用干湿交替的养护方法。

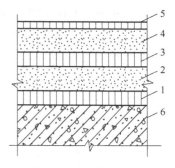

图 8-10　五层抹面做法
1、3—素灰层 2mm　2、4—砂浆层
4~5mm　5—水泥浆 1mm　6—结构层

3. 卷材防水层施工

卷材防水层是用沥青胶结材料粘贴卷材制成的一种防水层，属于柔性防水层。其特点是具有良好的韧性和延伸性，能适应一定的结构振动和微小变形，对酸、碱、盐溶液具有良好的耐腐蚀性，是地下防水工程常用的结构体系。采用高聚物改性沥青防水卷材和合成高分子防水卷材的防水层，具有抗拉强度高、延伸率大、耐久性好、施工方便等优点。但改性沥青防水卷材吸水率大，耐久性差，力学强度低，防水层质量不易保证；同时，材料成本偏高，施工工序多，操作条件差，工期较长，发生渗漏后修补困难。

地下防水工程一般把卷材防水层设置在建筑结构的外侧迎水面上制成外防水，这种防水层的铺贴可以借助土压力压紧，并与结构一起抵抗有压地下水的渗透和侵蚀作用，防水效果良好，采用比较广泛。卷材防水层用于建筑物地下室时，应铺设在结构主体底板垫层至墙体顶端的基面上，在外围形成封闭的防水层。卷材防水层一般为一层或二层，防水卷材厚度应满足表 8-8 的规定。

表 8-8　防水卷材厚度

防水等级	设 防 道 数	合成高分子防水卷材	高聚物改性沥青防水卷材
一级	三道或三道以上设防	单层：不应小于 1.5mm 双层：每层不应小于 1.2mm	单层：不应小于 4mm 双层：每层不应小于 3mm
二级	二道设防		
三级	一道设防	不应小于 1.5mm	不应小于 4mm
	复合设防	不应小于 1.2mm	不应小于 3mm

阴（阳）角处应做成圆弧或 135° 折角，其尺寸根据卷材品质确定。在转角处、阴（阳）角等特殊部位，应增贴 1~2 层相同的卷材，宽度不宜小于 500mm。

地下室卷材防水施工

外防水的卷材防水层铺贴方法，按其与地下防水结构施工的先后顺序分为外贴法和内贴法两种。

1）外贴法。在地下建筑墙体做好后，直接将卷材防水层铺贴在墙上，然后砌筑保护墙，如图 8-11 所示。其施工程序是：首先浇筑需防水结构的底面混凝土垫层；并在垫层上砌筑永久性保护墙，墙下干铺油毡一层，墙高不小于结构底板厚度＋（200~500）mm；在永久性保护墙上用石灰砂浆砌临时保护墙，墙高为 150mm×（油毡层数 +1）；在永久性保护墙上和垫层上抹 1∶3 水泥砂浆找平层，临时保护墙上用石灰砂浆找平；待找平层基本干燥后，即可在其上满涂冷底子油，然后分层铺贴立面和平面卷材防水层，并将顶端临时固定。在铺贴好的卷材表面做好保护层后，再进行需防水结构的底板和墙体施工。需防水结构施工完成后，将临时固定的接槎部位的各层卷材揭开并清理干净，再在此区段的外墙外表面上补抹水泥砂浆找平层，找平层上满涂冷底子油，将卷材分层错槎搭接向上铺贴在结构墙上。卷材接槎的搭接长度，高聚物改性沥青防水卷材为 150mm，合成高分子防水卷材为 100mm。当使用两层卷材时，卷材应错槎接缝，上层卷材应盖过下层卷材；应及时做好防水层的保护结构。

2）内贴法。在地下建筑墙体施工前先砌筑保护墙，然后将卷材防水层铺贴在保护墙上，最后施工并浇筑地下建筑墙体，如图 8-12 所示。其施工程序是：先在垫层上砌筑永久性保护墙，然后在垫层及保护墙上抹 1∶3 水泥砂浆找平层，待其基本干燥后满涂冷底子油，沿保护墙与垫层铺贴防水层。卷材防水层铺贴完成后，在立面防水层上涂刷最后一层沥青胶时，趁热粘上干净的热砂或散麻丝，待冷却后随即抹一层 10~20mm 厚 1∶3 水泥砂浆保护层。在平面上可铺设一层 30~50mm 厚 1∶3 水泥砂浆或细石混凝土保护层。最后进行防水结构的施工。

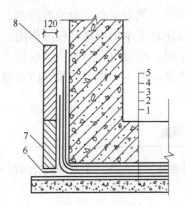 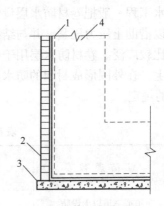

图 8-11　外贴法
1—垫层　2—找平层　3—卷材防水层
4—保护层　5—构筑物　6—油毡
7—永久性保护墙　8—临时保护墙

图 8-12　内贴法
1—卷材防水层　2—永久性保护墙
3—垫层　4—尚未施工的构筑物

8.2.2　结构细部构造防水的施工

1. 变形缝的施工

地下结构物的变形缝是防水工程的薄弱环节，防水处理比较复杂。如处理不当会引起渗漏现象，从而直接影响地下工程的正常使用和寿命。为此，在选用材料、做法及结构形式上，应考虑变形缝处的沉降、伸缩的可变性，并且还应保证其在形态中的密闭性，即不产生渗漏现象。变形缝的防水措施可根据工程开挖方法选用。

常见的变形缝止水带材料有橡胶止水带、塑料止水带、氯丁橡胶止水带和金属止水带（如镀锌钢板等）。其中，橡胶止水带与塑料止水带的柔性、适应变形能力与防水性能都比较好，是目前变形缝常用的止水材料；氯丁橡胶止水带是一种新型止水材料，具有施工简便、防水效果好、造价低且易修补的特点；金属止水带一般仅用于高温环境条件下无法采用橡胶止水带或塑料止水带的场合。金属止水带的适应变形能力差，制作困难。对工作环境温度高于50℃的场合，可采用2mm厚的纯铜片或3mm厚不锈钢金属止水带。

在不受水压的地下室防水工程中，结构变形缝可采用加防腐掺合料的沥青浸过的松散纤维材料、软质板材等填塞严密，并用封缝材料严密封缝，墙的变形缝的填嵌应按施工进度逐段进行，每300~500mm高填缝一次，缝宽不小于30mm；不受水压的卷材防水层，在变形缝处应加铺两层抗拉强度高的卷材。在受水压的地下室防水工程中，温度经常<50℃，在不受强氧化作用时，变形缝宜采用橡胶或塑料止水带；当有油类侵蚀时，应选用相应的耐油橡胶或塑料止水带。施工时止水带应整条使用，如必须接长，应采用焊接或胶接，止水带的接缝宜为一处，应设在边墙较高位置上，不得设在结构转角处。止水带埋设位置应准确，其中间空心圆环与变形缝的中心线应重合。止水带应妥善固定，顶（底）板内的止水带应呈盆状安设，宜采用专用钢筋套或扁钢固定，止水带不得穿孔或用钢钉固定，损坏处应修补，止水带应固定牢固、平直，不能有扭曲现象。

变形缝接缝处两侧应平整、清洁、无渗水，并涂刷与嵌缝材料相容的基层处理剂，嵌缝应先设置与嵌缝材料隔离开的背衬材料，并嵌填密实，与两侧黏结牢固。在缝上粘贴卷材或涂刷涂料前，应在缝上设置隔离层后才能进行施工。

止水带的构造形式通常有埋入式、可卸式、粘贴式等，目前采用较多的是埋入式。根据防水设计的要求，有时在同一变形缝处可采用数层、数种止水带共用的构造形式。图8-13是埋入式橡胶（或塑料）止水带的构造图，图8-14、图8-15分别是可卸式橡胶止水带变形缝构造和粘贴式氯丁橡胶板变形缝构造。

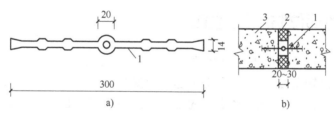

图8-13 埋入式橡胶（或塑料）止水带的构造
a）橡胶止水带 b）变形缝构造
1—止水带 2—沥青麻丝 3—构筑物

2. 后浇带的施工

后浇带（也称为后浇缝）是对不允许留设变形缝的防水混凝土结构工程（如大型设备基础等）采用的一种刚性接缝。

防水混凝土基础后浇带缝留设的位置及宽度应符合设计要求，其断面形式可留成平直缝或阶梯缝，但结构钢筋不能断开；如必须断开，则主筋搭接长度应大于45倍主筋直径，并应按设计要求加设附加钢筋。留缝时应采取支模或固定钢板网等措施，以保证留缝位置准确、断口垂直、边缘混凝土密实。后浇带需超前止水时，后浇带部位混凝土应局部加厚，并增设外贴式或埋入式止水带。留缝后要注意保护，防止边缘毁坏或缝内进入垃圾杂物。

后浇带施工

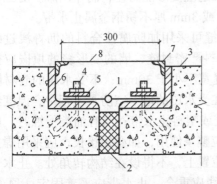
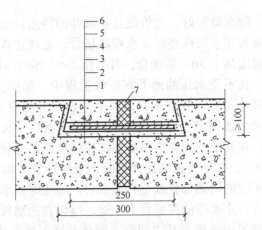

图 8-14 可卸式橡胶止水带变形缝构造
1—橡胶止水带 2—沥青麻丝 3—构筑物
4—螺栓 5—钢压条 6—角钢
7—支撑角钢 8—钢盖板

图 8-15 粘贴式氯丁橡胶板变形缝构造
1—构筑物 2—刚性防水层 3—胶粘剂
4—氯丁胶板 5—素灰层
6—细石混凝土覆盖层 7—沥青麻丝

后浇带的混凝土施工，应在其两侧混凝土浇筑完毕并养护六个星期，待混凝土收缩变形基本稳定后再进行。但高层建筑的后浇带应在结构顶板浇筑混凝土 14d 后，再施工后浇带。浇筑前应将接缝处混凝土表面凿毛并清洗干净，保持湿润；浇筑的混凝土应优先选用补偿收缩的混凝土，其强度等级不得低于两侧混凝土的强度等级；施工期的温度应低于两侧混凝土施工时的温度，而且宜选择在气温较低的季节施工。浇筑后的混凝土养护时间不应少于四个星期。

8.3 室内其他部位防水工程施工

卫生间、厨房是建筑物中不可忽视的防水工程部位，具有施工面积小、穿墙管道多、设备多、阴（阳）角转角复杂、房间长期处于潮湿受水状态等不利条件。传统的卷材防水做法已不适应卫生间、厨房防水施工的要求。通过大量的试验和实践，以涂膜防水代替各种卷材防水，尤其是选用高弹性的聚氨酯涂膜防水或弹塑性的氯丁胶乳沥青涂料防水等新材料和新工艺，可以使卫生间、厨房的地面和墙面形成一个没有接缝、封闭严密的整体防水层，从而提高其防水工程质量。下面以卫生间为例，介绍其防水做法。

8.3.1 卫生间楼地面聚氨酯涂膜防水施工

聚氨酯涂膜防水材料是一种双组份化学反应固化型的高弹性防水涂料，多以甲、乙双组份形式使用。主要材料有聚氨酯涂膜防水材料甲组份、聚氨酯涂膜防水材料乙组份和无机铝盐防水剂等。施工用辅助材料应备有二甲苯、醋酸乙酯、磷酸等。

1. 基层处理

卫生间的防水基层必须用 1∶3 的水泥砂浆找平，要求抹平、压光、无空鼓，表面要坚实，不应有起砂、掉灰现象。在抹找平层时，在管道根部的周围区域应略高于地面；在地漏的周围，应做成略低于地面的洼坑。找平层的坡度以 1%~2% 为宜，且坡向地漏。凡遇到阴（阳）角处，要抹成半径不小于 10mm 的小圆弧。与找平层相连接的管件、卫生洁具、排水口等，必须安装牢固，收头应圆滑，按设计要求用密封膏嵌固。基层必须基本干燥，一般在基层表面均匀泛白并且无明显水印时，才能进行涂膜防水层施工。施工前要把基层表面的杂物彻底清扫干净。

2. 施工工艺

（1）清理基层　需进行防水处理的基层表面，必须彻底清扫干净。

（2）涂布底胶　将聚氨酯涂膜防水材料的甲、乙组份和二甲苯按 1∶1.5∶2 的比例（质量比，以产品说明为准）配合并搅拌均匀，再用小辊刷或油漆刷均匀涂布在基层表面上。涂刷量为 0.15~0.2kg/m²，涂刷后应干燥固化 4h 以上，才能进行下道工序施工。

（3）配制聚氨酯涂膜防水涂料　将聚氨酯涂膜防水材料的甲、乙组份和二甲苯按 1∶1.5∶0.3（质量比）的比例配合，用电动搅拌器强力搅拌均匀备用。应随配随用，配好后一般在 2h 内用完。

（4）涂膜防水层施工　用小辊刷或油漆刷将已配好的防水涂料均匀涂布在底胶已干固的基层表面上。涂完第一层涂膜后，一般需固化 5h 以上，在基本不黏手时，按上述方法涂布第二、第三、第四层涂膜，并使后一层与前一层的涂布方向相垂直。对管道根部、地漏周围以及墙转角部位，必须认真涂刷，涂刷厚度不小于 2mm。在涂刷最后一层涂膜固化前，及时稀撒少许干净的粒径为 2~3mm 的小细石，使其与涂膜防水层黏结牢固，作为与水泥砂浆保护层黏结的过渡层。

（5）做好保护层　当聚氨酯涂膜防水层完全固化和通过蓄水试验并且合格后，即可铺设一层厚度为 15~25mm 的水泥砂浆保护层，然后按设计要求铺设饰面层。

3. 质量要求

聚氨酯涂膜防水材料的技术性能应符合设计要求或标准的规定，并应附有质量证明文件和现场取样检测的试验报告，以及其他有关的质量证明文件。聚氨酯涂膜防水材料的甲、乙组份必须密封存放，甲组份开盖后，吸收空气中的水分会发生化学反应而固化；如在施工中混有水分，则聚氨酯在固化后会在内部形成水泡，影响防水能力。涂膜厚度应均匀一致，总厚度不应小于 1.5mm。涂膜防水层必须均匀固化，不应有明显的凹坑、气泡和渗漏现象。

8.3.2 卫生间楼地面氯丁胶乳沥青涂料防水施工

氯丁胶乳沥青涂料是以氯丁橡胶和沥青为基料，经加工合成的一种水乳型防水涂料。它兼有橡胶和沥青的双重优点，具有防水、抗渗、耐老化、不易燃、无毒、抗基层变形能力强等优点，可冷作业施工，操作方便。

1. 基层处理

卫生间楼地面氯丁胶乳沥青涂料防水施工的基层处理与聚氨酯涂膜防水施工的要求相同。

2. 施工工艺及要点

卫生间楼地面氯丁胶乳沥青涂料防水施工一般采用二布六油施工工艺，其工艺流程为：基层找平处理→满刮一涂刮氯丁胶乳沥青水泥腻子→满刮第一遍涂料→做细部构造加强层→铺贴玻璃丝布，同时刷第二遍涂料→刷第三遍涂料→铺贴玻纤网格布，同时刷第四遍涂料→涂刷第五遍涂料→涂刷第六遍涂料并及时撒砂粒→蓄水试验→按设计要求做保护层和饰面层→防水层二次蓄水试验→验收。

施工时，在清理干净的基层上满刮一遍氯丁胶乳沥青水泥腻子，管道根部和转角处要厚刮并抹平整（腻子的配制方法是将氯丁胶乳沥青防水涂料倒入水泥中，边倒边搅拌至稠浆状即可刮涂于基层），腻子厚度为 2~3mm；待腻子干燥后，满刷一遍防水涂料，但涂刷不能过厚，也不得漏刷，表面应均匀，不流淌、不堆积，立面刷至设计标高。在细部构造部位，如阴（阳）角、管道根部、地漏、大便器蹲坑等处，分别附加一布二涂附加层。附加层干燥后，在大面铺贴玻纤网格布的同时涂刷第二遍防水涂料，使防水涂料浸透布纹并渗入下层，玻纤网格布的搭接宽度不小于 100mm，立面贴到设计高度，应顺水接槎，收口处要贴牢。

上述涂料实干后（约 24h），满刷第三遍涂料，表干后（约 4h）铺贴第二层玻纤网格布的同时满刷第四遍防水涂料。第二层玻纤网格布与第一层玻纤网格布接槎要错开。涂刷防水涂料时应均匀涂刷，将玻纤网格布展平，不得有褶皱。上述涂层实干后，满刷第五遍、第六遍防水涂料，整个防水层实干后，可进行第一次蓄水试验，蓄水时间不少于 24h，无渗漏为合格；然后做保护层和饰面层。工程交付使用前应进行第二次蓄水试验。

3. 质量要求

水泥砂浆找平层做完后，应对其平整度、强度、坡度和干燥度进行预检验收。防水涂料应有产品质量证明书以及现场取样的复检报告。施工完成的氯丁胶乳沥青涂膜防水层，不得有起鼓、裂纹、孔洞等缺陷。末端收头部位应粘贴牢固，封闭严密，成为一个整体的防水层。做完防水层的卫生间，经 24h 以上的蓄水检验，无渗漏为合格。要提供检查验收记录，连同材料质量证明文件等技术资料一并归档备查。

8.3.3 卫生间涂膜防水施工注意事项

施工材料多属易燃物质，存放、配料以及施工现场必须严禁烟火，现场要配备足够的消防器材。

在施工过程中，严禁上人踩踏未完全干燥的涂膜防水层。操作人员应穿平底胶布鞋，以免损坏涂膜防水层。

凡需做附加补强层的部位应先施工，然后再进行大面防水层施工。

已完工的涂膜防水层，必须经蓄水试验无渗漏后，方可进行刚性保护层的施工。进行刚性保护层施工时，不得损坏防水层，以免留下渗漏隐患。

8.4 防水工程质量要求

8.4.1 防水混凝土

防水混凝土的原材料、外加剂及预埋件等的质量必须符合设计和规范的规定。

防水混凝土必须密实，其强度和抗渗等级必须符合设计要求及规范的规定。

施工缝、变形缝、止水带、穿墙管件、支模组件等的设置和构造均必须符合设计要求和施工规范的规定，严禁有渗漏。

混凝土表面应平整，无漏筋、蜂窝等缺陷，预埋件的位置、标高应正确。

地下防水混凝土工程的允许偏差应符合表 8-9 的规定。

表 8-9 地下防水混凝土工程的允许偏差

项 次	项 目		允许偏差 /mm		检 验 方 法
			高层框架	高层大模	
1	轴线位移		5		尺量检查
2	楼层标高		±5	±10	用水准仪或尺量检查
3	截面尺寸		±5	−2, +5	尺量检查
4	墙垂直度	每层	5		用 2m 托线板检查
		全高	$H/1000$，且不大于 30		用经纬仪或吊线和尺量检查
5	表面平整		8	4	用 2m 靠尺和楔形尺检查
6	预埋钢板中心位置偏移		10		
7	预埋件、预埋螺栓中心位置偏移		5		尺量检查
8	电梯井	井筒长、宽对中心线	+25 0		用吊线和尺量检查
		井筒全高垂直度	$H/1000$，且不大于 30		

注：1. 表中允许偏差是指高层大模、高层框架的地下室，如是其他工程，可使用其他混凝土结构的允许偏差值。

2. H 为墙的全高。

8.4.2 卷材防水层

1. 质量检查重点

基层表面应平整、牢固，阴（阳）角处呈圆弧形或钝角；冷底子油应涂布均匀，无漏涂。

卷材防水层铺贴方式和搭接、收头符合施工规范的规定，黏结牢固、紧密，接缝封严，无损伤和空鼓等缺陷。

卷材防水层的表面应平整，不得有起皱、空鼓、气泡、翘边和封口不严等缺陷。

地下防水结构的转角处，以及穿过防水层的管道与防水层之间的空隙，均应铺贴牢固和封闭严密。

卷材防水层保护层应黏结牢固、结合紧密，厚度要均匀一致。

2. 防控措施

卷材防水层应采用高聚物改性沥青防水卷材和合成高分子防水卷材，所用的基层处理剂、胶粘剂、密封材料等配套材料，均应与铺贴的卷材材性相容。

铺贴防水卷材前，应将找平层清扫干净，在基面上涂刷基层处理剂；当基面较潮湿时，应涂刷湿固化型胶粘剂或潮湿界面剂。

两幅卷材短边和长边的搭接宽度均不应小于 100mm。

热熔法铺贴卷材应符合下列规定：火焰加热器加热卷材应加热均匀，不得过分加热或烧穿卷材；厚度小于 3mm 的高聚物改性沥青防水卷材，严禁采用热熔法施工。卷材表面热熔后应立即辊铺卷材，排除卷材下面的空气，并辊压黏结牢固，不得有空鼓、皱褶。辊铺卷材时接缝部位必须溢出沥青热熔胶，并应随即刮封接口使缝黏结严密。铺贴后的卷材应平整、顺直，搭接尺寸应正确，不得有扭曲。卷材搭接宽度的允许偏差为 −10mm。

8.4.3 涂膜防水层

1. 质量检查重点

所有涂膜防水材料的品种、牌号及配合比，必须符合设计要求和有关标准的规定，每批产品应附有出厂证明文件。

涂膜防水层及其变形缝、预埋管件等细部做法，必须符合设计要求和施工规范的规定，并不允许有渗漏现象。

基层应牢固，表面应洁净、平整，阴（阳）角处呈圆弧形或钝角，底胶涂布应均匀，无漏涂。

底胶、涂膜附加层的涂刷方法、搭接、收头应符合施工规范的规定，并应黏结牢固、紧密，接缝要封严，无损伤、空鼓等现象。

应涂刷均匀，保护层和防水层之间要黏结牢固、紧密结合，不得有损伤、厚度不均等缺陷。

2. 防控措施

施工环境温度应符合防水材料的技术要求，并宜在5℃以上。涂料刷涂前应先在基面上涂一层与涂料相容的基层处理剂。涂膜应多遍完成，涂刷应待前遍涂层干燥成膜后进行。每遍涂刷时应交替改变涂层的涂刷方向，同层涂膜的先后搭接宽度宜为30~50mm。涂膜防水层的施工缝（甩槎）应注意保护，搭接缝宽度应大于100mm，接涂前应将其甩槎表面处理干净。涂刷时应先施工转角处、穿墙管道、变形缝等部位的涂料加强层，后进行大面积涂刷。涂膜防水层中铺贴的胎体增强材料，同层相邻的搭接宽度应大于100mm，上下层接缝应错开1/3幅宽。涂膜防水层的平均厚度应符合设计要求，最小厚度不得小于设计厚度的80%。侧墙涂膜防水层的保护层与防水层应黏结牢固、结合紧密，厚度要均匀一致。

防水层完工并经验收合格后应及时做保护层。保护层应符合下列规定：顶板的细石混凝土保护层与防水层之间宜设置隔离层，底板的细石混凝土保护层厚度应大于50mm。侧墙宜采用聚苯乙烯泡沫塑料保护层，或砌砖保护墙（边砌边填实）和铺抹30mm厚水泥砂浆。

学 习 鉴 定

思维导图

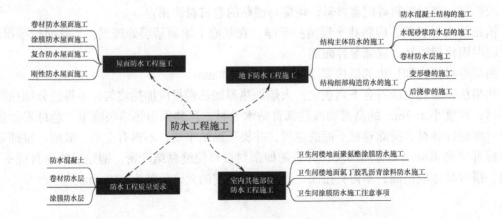

一、名词解释

1. 冷粘法施工。

2. 热熔法施工。

3. 自粘法施工。

4. 涂膜防水屋面。

5. 后浇带。

二、填空题

1. 防水屋面的常用种类有_____、_____和_____等。

2. 卷材防水屋面所用卷材主要有_____和_____等。

3. 依据高聚物改性沥青防水卷材的特性，其施工方法有_____、_____和_____之分。

4. 刚性防水屋面是指利用刚性防水材料制作防水层的屋面，主要有_____、_____、_____、_____等。

5. 外防水的卷材防水层铺贴方法，按其与地下防水结构施工的先后顺序分为_____和_____两种。

三、问答题

1. 简述屋面卷材防水施工的顺序。

2. 简述屋面卷材防水层施工的铺贴方向。

3. 简述涂膜防水屋面施工的工艺流程。

4. 地下工程的防水方案应遵循的原则是什么？简述常用的防水方案。

5. 简述地下工程外防水外贴法的施工工艺流程。

项目 9

装饰装修工程施工

素养目标：

　　使学生养成遵守行业标准、规范的习惯，增强守法意识；树立正确的世界观、人生观、价值观，塑造理想人格；培养学生民族自豪感和自信心。

教学目标：

　　1. 理解一般抹灰、装饰抹灰的质量要求；掌握一般抹灰、装饰抹灰的施工要点、施工质量验收标准及检测方法。

　　2. 掌握楼（地）面工程、吊顶工程、隔墙工程、门窗工程的施工工艺、施工要点、施工质量验收标准及检测方法。

　　3. 掌握编制一般装饰装修工程施工专项方案的方法。

　　4. 掌握玻璃幕墙的施工工艺及质量验收标准。

　　5. 掌握一般装饰装修工程施工质量检查的内容。

问题引入：

　　装饰装修工程的作用是保护建筑物各种构件免受风、雨、潮气的侵蚀，完善建筑构件隔热、隔声、防潮等功能，提高建筑物的耐久性，延长建筑物的使用寿命；同时，为人们创造良好的生产、生活及工作环境。在学习装饰装修工程施工前，先思考以下问题：

　　1. 建筑各部位的装饰装修工程的施工工艺有哪些？

　　2. 建筑各部位的装饰装修工程施工完成后，相关验收标准有哪些？

9.1　墙饰面工程

　　墙饰面工程作为装饰装修工程施工中的一个项目，一般用在建筑物的墙体、柱面等部位，它是将水泥砂浆或大理石、花岗石、实木等饰面材料，以及人工合成饰面材料加工成板材，通过构造连接安装或镶贴于墙体表面形成装饰层。其主要作用是保护墙体，防止建筑结构受到大气的侵蚀，延长使用寿命，改善墙体性能，保温隔声，美化环境。

9.1.1 抹灰饰面工程

墙体抹灰饰面工程是由水泥砂浆为主要材料组成的墙体饰面，它既可以作为墙体装饰面层，也可以作为基础出现，是墙面装修中必须要掌握的施工技术之一。抹灰饰面工程一般可分为一般抹灰和装饰抹灰。

一般抹灰是指使用石灰砂浆、水泥混合砂浆、水泥砂浆、聚合物水泥砂浆、粉刷石膏等材料的抹灰。一般抹灰按照质量要求可以分为三个等级：

1）普通抹灰：分层赶平、修整、表面压光。

2）中级抹灰：阳角找方，设置标筋，分层赶平、修整、表面压光。

3）高级抹灰：阴（阳）角找方，设置标筋，分层赶平、修整、表面压光。

装饰抹灰是指利用材料的特点和工艺处理，使饰面具有不同的质感、纹理及色泽效果。目前，抹灰饰面工程中还用到水刷石、干粘石、假面砖等。

1. 一般抹灰施工

（1）抹灰墙面构造 抹灰墙面构造如图9-1所示。

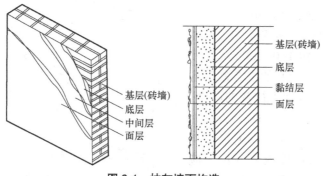

图9-1 抹灰墙面构造

1）底层抹灰。底层抹灰的作用是使灰浆与基层墙体黏结并初步找平。

2）中间层抹灰。中间层抹灰主要起结合和进一步找平的作用，还可以弥补底层的干缩裂缝。

3）面层抹灰。面层抹灰主要起装饰作用。

砂浆的强度要求应为底层＞中层＞面层，涂抹水泥砂浆每遍厚度宜为5~7mm；涂抹石灰砂浆和水泥混合砂浆每遍厚度宜为7~9mm。

（2）基层处理

1）墙面抹灰的基层处理。基层表面的残灰、浮尘、污垢等要清理干净，若有油渍，需用强碱水溶液刷洗，然后再用清水冲净。砖石、混凝土等基体的表面，应将灰尘、污垢和油渍等清除干净，并洒水湿润。平整光滑的混凝土表面，如果设计中无要求时，可不进行抹灰，用刮腻子的方法处理；如果设计要求抹灰时，必须经凿毛处理后才能进行抹灰施工。

检查门窗框的位置是否正确，与墙体连接是否牢固。门窗框的缝隙、脚手架眼、管道孔、板孔等孔洞，都要用1:3的水泥砂浆填堵密实、平整。

不同基层材料相接处的抹灰基层，应铺设金属网，搭接宽度从缝边起每边应不小于100mm，然后再进行抹灰。

抹灰工程施工前，对室内墙面、柱面和门洞的阳角宜用1:2水泥砂浆做护角，其高度不低于2m，每侧宽度不少于50mm。外墙窗台、窗楣、雨篷、阳台、压顶和突出腰线等处，上面应做成流水坡度，下面应做滴水线或滴水槽，滴水槽的深度和宽度均不应小于10mm，要求整齐一致。

2）吊顶抹灰的基层处理。目前，现浇或预制的混凝土楼板多采用钢模板或胶合板浇筑，因此表面比较光滑。在抹灰之前需将混凝土表面的油污等清理干净，凹凸处填平或凿去，用扫帚刷水后刮一遍水灰比为0.40~0.50的水泥浆进行处理。

（3）一般抹灰的施工工艺流程

1）墙面抹灰：

① 找基准。为使墙面所做的抹灰垂直、平整，保证装饰面层的施工质量，抹灰之前必须找好基准（找规矩）。

内墙抹灰施工

② 做标志块（灰饼）。首先，用托线板全面检查墙面的垂直度和平整度，根据检查的情况并考虑抹灰的平均厚度来决定墙面的抹灰厚度。接着，在2m左右的高度，距离两阴角100~200mm处用1:3的水泥砂浆或1:3:9的混合砂浆各做一个灰饼，灰饼的厚度为抹灰的厚度，大小约为50mm见方。以这两个灰饼为基准，再用托线板吊垂直，以确定墙下部位对应的两个灰饼的厚度，其位置应在踢脚板上口。灰饼做好后，再在灰饼附近墙上钉钉子，在钉子上拴线挂出水平通线，在线位上每隔1.2~1.5m加做灰饼，如图9-2所示。另外，凡窗口、垛角等处都必须做灰饼。

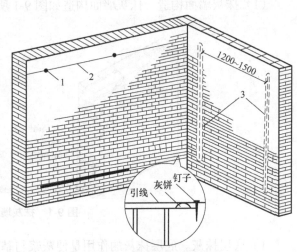

图9-2　弹线做灰饼及标筋
1—灰饼　2—弹线　3—标筋

③ 做标筋（冲筋）。做标筋是指在上下两灰饼之间抹一条宽度为50~100mm的灰埂，厚度与灰饼一样，用来控制墙面抹灰时的厚度，如图9-2所示。

标筋的做法是待灰饼中的水泥浆基本进入终凝时，洒水湿润墙面，用做灰饼的砂浆在同一垂线上下两个灰饼中间先抹一层，然后再抹第二层，使其突出呈八字形，高度要比灰饼高出10mm，然后用刮杠紧贴灰饼顶面左上右下地搓，直至灰埂与灰饼相平为止。

④ 阴（阳）角找方。除了门窗洞口外还有阳角的房间的墙面抹灰，应先在阳角一侧墙上做基准，用方尺将阳角规方，然后在墙角弹出抹灰准线，在准线上下两端挂通线，再做灰饼。

⑤ 门窗洞口做护角。室内墙面、窗口、柱面和门洞口的阳角抹灰，要求线条清晰、挺直，并要防止被碰坏，因此抹灰前都要先做护角，如图9-3所示。护角用1:2的水泥砂浆制成，以保证有足够的强度。护角做在距地面不低于2m处，护角的每侧宽度应不小于50mm。

护角做好后，也起标筋的作用。

⑥ 抹底层、中层灰。灰饼、标筋及护角达到一定强度后（用刮杠刮不发生损坏），即可以进行底层、中层抹灰。抹灰前要将墙面洒水湿润，抹灰应自上而下地在标筋中间进行。底层灰要低于标筋，待收水后即可进行中层抹灰，其厚度以填平标筋为准，随抹随用刮尺齐着标筋刮平。刮尺操作用力要均匀，不准将标筋刮坏，抹灰层也不准出现大的凹凸不平的现象。刮尺基本刮平后，再用木抹子修补、压实、搓平，使表面达到密实平整的状态。中层抹灰完成后，对墙的阴角，先用方尺上下找方正，然后用阴角器上下抽动抹平，如图9-4所示。

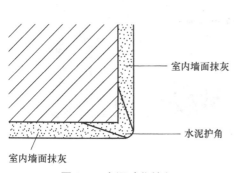

图9-3 水泥砂浆护角

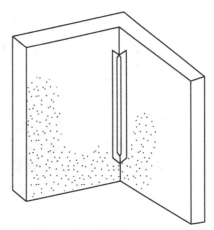

图9-4 阴角磨平找直

⑦ 抹面层灰。面层砂浆抹灰应待水泥砂浆（或水泥混合砂浆）底层凝结后，方可进行。面层砂浆抹灰时，应先在底层灰上洒水，待其收水后即可将面层砂浆抹上去，一般应从上而下、自左向右涂抹，不用再做标志及标筋。整个墙面抹满后，用木抹子来回搓抹，去高补低，再用铁抹子压抹二遍，使抹灰层平整、厚度一致。

⑧ 细部抹灰。抹水泥踢脚板（或墙裙）时，踢脚板或墙裙如没有设计要求，以突出墙面5~7mm为宜，凡突出抹灰墙面的踢脚板或墙裙上口必须保持光洁顺直。踢脚板或墙面抹好后将靠尺贴在大面与上口持平，然后用小抹子将上口抹平压光。抹水泥窗台时，先清理窗台的基层，如有松动的砖，应重新补砌好。基层用水浇透后用1:2:3的细石混凝土铺实，厚度宜大于25mm；次日刷胶黏性素水泥一遍，随后抹1:2.5水泥砂浆面层压实压光；待表面达到初凝后，浇水养护2~3d，窗台板下口抹灰要平直，没有飞边，如图9-5所示。

2）吊顶抹灰。吊顶抹灰不用做标志、标筋，只要在吊顶周围的墙面上弹出吊顶抹灰层的面层标高线即可，此标高线必须从地面量起，不可从吊顶底面向下量测。

图9-5 抹水泥窗台

2. 装饰抹灰施工

装饰抹灰与一般抹灰的区别在于两者具有不同的装饰面层，其底层和中层的做法与一般抹灰基本相同，下面介绍水刷石面层施工工艺。

水刷石面层是将水泥石子浆饰面中尚未干硬的水泥用水冲刷掉，使各色石子外露，形成具有"绒面感"的表面，如图9-6所示。水刷石是石粒类材料饰面的传统做法，这种饰面耐久性强，具有良好的装饰效果，造价较低，是传统的外墙装饰做法之一。

图 9-6　水刷石墙面

水刷石面层施工的操作方法及施工要点如下：

水泥石子浆大面积施工前，为防止面层开裂，须在中层砂浆六七成干时，按设计要求弹线、分格，钉分格条时的木分格条应事先在水中浸透。用以固定分格条的两侧八字形纯水泥浆，应抹成45°。

水刷石面层施工前，应根据中层抹灰的干燥程度浇水湿润，紧接着用铁抹子满刮水泥浆一道，随即抹水泥石子浆面层。面层厚度根据石子粒径确定，通常为石子粒径的2.5倍。水泥石子浆的稠度以5~7cm为宜，用铁抹子一次抹平、压实。

每一块分格内的抹灰顺序应自下而上，同一平面的面层要求一次完成，不宜留施工缝。如必须留施工缝时，应留在分格条位置上。

罩面灰收水后，用铁抹子溜一遍，将遗留的孔隙抹平。然后用软毛刷蘸水刷去表面灰浆，再拍平；阳角部位要往外刷，水刷石饰面应分遍拍平压实，石子应分布均匀、紧密。

喷刷、冲洗是水刷石施工的重要工序，喷刷、冲洗不净会使水刷石表面色泽灰暗或明暗不一致，故应仔细施工。

水刷石面层施工是一项传统工艺，由于其操作技术要求较高，洗刷时浪费水泥，墙面污染后不易清洗，故现在较少采用。

3. 一般抹灰、装饰抹灰的允许偏差和检验方法

一般抹灰、装饰抹灰的允许偏差和检验方法，应分别符合表9-1和表9-2的规定。

表 9-1 一般抹灰的允许偏差和检验方法

项　次	项　目	允许偏差 /mm		检验方法
		一般抹灰	装饰抹灰	
1	立面垂直度	4	3	用 2m 垂直检测尺检查
2	表面平整度	4	3	用 2m 靠尺和塞尺检查
3	阴（阳）角方正	4	3	用 200mm 直角检测尺检查
4	分格条（缝）直线度	4	3	拉 5m 线，不足 5m 拉通线，用钢直尺检查
5	墙裙、勒脚上口直线度	4	3	拉 5m 线，不足 5m 拉通线，用钢直尺检查

注：1. 一般抹灰，本表第 3 项中的阴角方正可不检查。
　　2. 顶棚抹灰，本表第 2 项中的表面平整度可不检查，但应平顺。

表 9-2 装饰抹灰的允许偏差和检验方法

项　次	项　目	允许偏差 /mm				检验方法
		水刷石	斩假石	干粘石	假面砖	
1	立面垂直度	5	4	5	5	用 2m 垂直检测尺检查
2	表面平整度	3	3	5	4	用 2m 靠尺和塞尺检查
3	阳角方正	3	3	4	4	用 200mm 直角检测尺检查
4	分格条（缝）直线度	3	3	3	3	拉 5m 线，不足 5m 拉通线，用钢直尺检查
5	墙裙、勒脚上口直线度	3	3	—	—	拉 5m 线，不足 5m 拉通线，用钢直尺检查

9.1.2 陶瓷饰面工程

　　瓷砖是以耐火的金属氧化物及半金属氧化物，经研磨、混合、压制、施釉、烧结等过程制成的一种耐酸碱的瓷质或石质建筑装饰材料，总称为瓷砖，是陶瓷饰面工程的重要材料之一。按几何形状不同，瓷砖分为正方形砖、长方形砖、异型砖和配件砖等；按釉面形式不同，瓷砖分为白釉面砖、彩釉面砖、图案釉面砖等。瓷砖具有表面光滑、亮洁美观、耐腐蚀性能好、吸水率低和污染后易擦洗等特点，因而室内需要经常擦洗的墙面一般会采用瓷砖粘贴，如图 9-7 所示。

图 9-7 陶瓷饰面

1. 陶瓷内墙面砖的施工工艺

（1）施工工艺流程　基层处理 → 做找平层 → 预排、弹线→ 浸砖 → 做标志块→ 垫托木→ 镶贴瓷砖 → 擦缝 → 养护、清理。

陶瓷内墙面砖
施工

（2）施工要点

1）基层处理。当基层为光滑的混凝土时，应先剔凿基层使其表面粗糙，然后用钢丝刷清理一遍，并用清水冲洗干净。当基层为砌块时，应先剔除墙面多余灰浆，然后用钢丝刷清理浮土，并浇水润湿墙体。在不同材料的交接处或表面有孔洞处，用1:2或1:3的水泥砂浆找平。

2）做找平层。用1:3水泥砂浆在已充分润湿的基层上涂抹，总厚度应控制在15mm左右；应分层施工；同时，注意控制砂浆的稠度且基层不得干燥。找平层表面要求平整、垂直、方正。

3）预排、弹线。底层灰六七成干时，按图纸要求，结合实际情况和瓷砖的规格进行预排、弹线。

①预排原则：根据大样图、墙面尺寸、砖的规格和缝隙宽度，进行横、竖排砖的预排。在同一面墙上横、竖排列，一般不能有一行以上的半砖，非整砖应排在阴角和次要部位。瓷砖的排列方法有通缝和错缝两种，如图9-8所示。

②弹线：根据室内水平线找出地面标高，弹出瓷砖的水平控制线和垂直控制线。

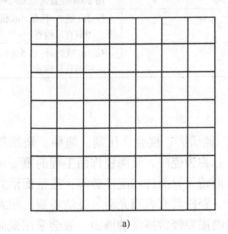
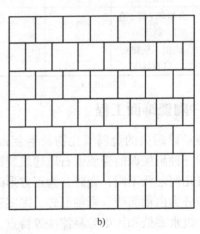

a)　　　　　　　　　　　　　b)

图 9-8　瓷砖排砖图

a）通缝排列　b）错缝排列

4）浸砖。已经分选好的瓷砖在铺贴前应充分浸水润湿（图9-9），以防用干砖铺贴上墙后吸收砂浆（灰浆）中的水分，致使砂浆中水泥不能完全水化，造成黏结不牢或面砖浮滑。一般浸水时间不少于2h，取出后阴干到表面无水膜后方可施工（通常6h左右）。如果瓷砖为全瓷面砖，则不需要浸水。

5）做标志块。铺贴面砖时，应先贴若干块废面砖作为标志块，上下用托线板挂直，作为粘贴厚度的依据。横向每隔1.5m左右做一个标志块，用拉线或靠尺校正平整度，如图9-10所示。

6）垫托木。按地面水平线嵌一根八字尺或直靠尺，用水平尺校正，作为第一行面砖水平方向的依据。铺贴时，面砖的下口应坐在八字尺或直靠尺上，防止面砖因自重而向下滑移，同时应在托木上标出砖的缝隙距离。

图9-9 瓷砖浸水

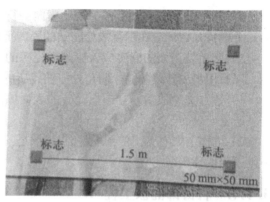

图9-10 做标志块

7）镶贴瓷砖。每一施工层从阳角或门边开始，由下往上逐步镶贴。将面砖坐在垫木上，少许用力挤压，用靠尺板沿横、竖向靠平直，偏差处用灰铲轻轻敲击，使其与底层黏结密实。在镶贴施工过程中，应边粘贴边敲击，并将挤出的砂浆刮净，同时用靠尺检查表面平整度和垂直度。

8）擦缝。饰面砖在镶贴施工完毕后应进行全面检查，合格后用棉纱将砖表面上的灰浆擦净，同时用与饰面砖颜色相同的水泥擦缝。

9）养护、清理。镶贴后的面砖应防冻、防烈日暴晒，以免砂浆酥松。完工24h后墙面应洒水湿润，以防早期脱水。施工现场、地面的残留水泥浆应及时铲除干净，多余面砖应集中堆放。

2. 吊顶镶贴方法

镶贴前，应把墙上的水平线翻到墙顶交接处（四边均弹水平线），用于校核吊顶方正情况，阴（阳）角应找直，并按水平线将吊顶找平。如果墙与吊顶均贴瓷砖，阴（阳）角都须找方正，墙与吊顶呈90°直角。排砖时，非整砖应留在同一方向，使墙顶的砖缝交圈。镶贴时应先贴标志块，间距一般为1.2m，其他操作与墙面镶贴相同。

3. 外墙饰面砖镶贴

外墙饰面砖镶贴由底层灰、中层灰、结合层及面层组成。外墙饰面砖的镶贴形式由设计确定，矩形瓷砖宜竖向镶贴，瓷砖的接缝宜采用离缝，缝宽不大于10mm。瓷砖一般应对缝排做列，不宜采用错缝排列。

（1）施工工艺流程 基层处理→做找平层→选砖→预排→分格弹线→铺贴→勾缝。

（2）施工要点

1）外墙面贴瓷砖应从上而下分段施工，每段内应自下而上镶贴。在整个墙面两头各弹一条垂直线，如墙面较长，可在墙面中间部位再增弹几条垂直线，垂直线之间距离应为瓷砖宽的整倍数（包括接缝宽），墙面两头垂直线应距墙阳角（或阴角）一块瓷砖的宽度。垂直线作为竖行标准。

外墙饰面砖
施工

2）在各分段的分界处各弹一条水平线，作为贴瓷砖的横行标准。各水平线的距离应为瓷砖高度（包括接缝）的整倍数。

3）清理底层灰表面，并浇水湿润，刷一道素水泥浆，紧接着抹一层水泥石灰砂浆，随即将瓷砖对准位置镶贴上去，用橡胶锤轻敲，使其贴实平整。

4）每个分段中宜先沿水平线贴横向一行砖，再沿垂直线贴竖向几行砖，以从下往上的第二个横行开始，应在垂直线处已贴的瓷砖上口之间拉准线，横向各行瓷砖依准线镶贴。

5）阳角处正面的瓷砖应盖住侧面瓷砖的端边，即将接缝留在侧面，或在阳角处留成方口，以后用水泥砂浆勾缝。阴角处应使瓷砖的接缝正对阴角线。

6）镶贴完一段后，立即把瓷砖的表面擦洗干净，用细水泥砂浆勾缝，待其干硬后再擦洗一遍瓷砖表面。

7）墙面上如有突出的预埋件时，此处瓷砖的镶贴应根据具体尺寸用整砖裁割后贴上去，不得用碎块砖拼贴。

9.1.3 石材饰面板工程

石材饰面板可以分为天然石材和人造石材两种。天然石材采用天然岩石经过加工而成，具有强度高、装饰效果好、耐久性好等优点，是人们广泛采用的建筑装饰材料。人造石材是经过现代的加工手段仿照天然石材的样貌加工而成的一种新型材料，无论是装饰效果还是技术性能，都不亚于天然石材，如图 9-11、图 9-12 所示。

图 9-11　人造石材饰面（一）　　　　图 9-12　人造石材饰面（二）

1. 工艺流程

（1）粘贴法　基层清理→弹线、找规矩→选板与预拼→找平→调胶、涂胶（点涂）→饰面石板就位→加胶补强→清理、嵌缝→打蜡上光。

（2）锚固灌浆法（传统湿挂法）　基层清理→弹线→钻孔、剔槽→穿丝→绑扎钢筋→安装饰面板→灌浆→清理→灌缝→打蜡。

（3）石材干挂法　基层清理→弹线→打孔→固定连接件→固定板块→嵌缝。

2. 施工要点

（1）粘贴法施工要点　块材边长小于 40cm 时，可采用粘贴法施工。

1）施工前先进行基层处理和吊垂直、套方、找规矩，其他可参考陶瓷内墙面砖施工要点的有关部分。要注意的是，同一墙面不得有一排以上的非整材，并应将其镶贴在较隐蔽的部位。

2）在基层湿润的情况下，先刷界面剂素水泥浆一道并随刷随打底。底灰采用 1∶3 水泥砂浆，厚度约为 12mm，分二遍操作，第一遍约为 5mm，第二遍约为 7mm。待底灰压实刮平后，将底子灰表面划毛。

3）石材表面处理。石材表面充分干燥（含水率应小于 8%）后用石材防护剂进行石材六面体防护处理，此工序必须在无污染的环境下进行，操作时将石材平放于木方上，用羊毛刷蘸上防护剂均匀涂刷于石材表面，涂刷必须到位。

4）待底子灰凝固后便可进行分块弹线，随即将已湿润的块材抹上厚度为 2~3mm 的素水泥浆（内掺用水量 20% 的界面剂）进行镶贴，用木锤轻敲，并用靠尺找平找直。也可用胶粘法施工，施工时严格按照产品规定调胶，并按规定在石板的背面以点涂的形式粘贴。

5）清理嵌缝。将石材表面清理干净后即可进行嵌缝工作。缝的宽度一般不小于 2mm，用透明胶混入与石板颜色近似的颜料将缝嵌实。

（2）锚固灌浆法（传统湿挂法）施工要点　锚固灌浆法铺贴工艺适用于板材厚度 20~30mm、板材边长大于 40cm、镶贴高度超过 1m 的大理石、花岗石或预制水磨石板，要求墙体为砖墙或混凝土墙，如图 9-13 所示。

1）基层清理。基层表面应平整、粗糙；若为光滑表面，要进行凿毛，凿毛深度为 5~15mm，间距不大于 30mm。基层表面的残灰、浮尘、油渍等要清理干净，表面突出的部分要剔去，凹坑要用 1:3 的水泥砂浆补平。

2）弹线。首先将准备施工的墙面、柱面和门窗套用大线坠从上至下吊垂直，吊垂直时应考虑大理石或磨光花岗石板材的厚度、灌注砂浆的空隙和钢筋网所占位置，大理石或磨光花岗石外皮距结构面的厚度以 5~7cm 为宜。找出垂直后，在地面上顺墙弹出大理石或磨光花岗石等的外轮廓尺寸线。此尺寸线即为第一层大理石或花岗石等的安装基准线。

图 9-13　锚固灌浆法施工方法
1—墙体　2—水泥砂浆　3—大理石板　4—铜丝
5—横筋　6—铁环　7—立筋　8—定位木楔

石材湿挂法
（锚固灌浆法）

3）钻孔、剔槽。在饰面板上、下边各钻不少于两个 φ5 的孔，孔深为 15mm，清理干净饰面板的背面；然后用云石机轻轻剔一道深 5mm 左右的槽，连同孔眼形成"象鼻眼"，以备埋卧铜丝，如图 9-14、图 9-15 所示。

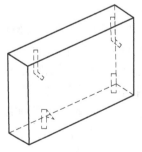

图 9-14　钻孔

4）穿丝。用双股 18 号铜丝穿过钻孔，把饰面板绑牢于钢筋网上。饰面板的背面距墙面应不小于 50mm。

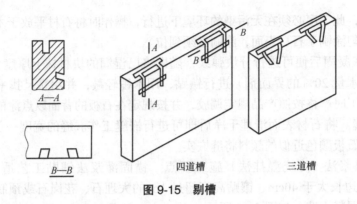

四道槽　　　　　　三道槽

图 9-15　剔槽

5）绑扎钢筋。将 $\phi6$ 钢筋网焊接或绑扎于锚固件上。钢筋网双向中距为 500mm 或按板材尺寸设置。

6）安装饰面板。饰面板必须由下向上进行安装，按部位取石板并舒直铜丝或镀锌钢丝，将石板就位。

7）灌浆。每安装好一行横向饰面板后，即刻进行灌浆。灌浆前，应浇水将饰面板背面及墙体表面湿润，在饰面板的竖向接缝内填塞 15~20mm 深的麻丝或泡沫塑料条，以防漏浆（光面、镜面和水磨石饰面板的竖缝，可用石膏灰临时封闭，并在缝内填塞泡沫塑料条）。同时拌和好 1:2.5 水泥砂浆，将砂浆分层灌注到饰面板背面与墙面之间的空隙内，每层灌注高度为 150~200mm，且不得大于板高的 1/3，并插捣密实。待砂浆初凝后，应检查板面位置，如有移动、错位应拆除重新安装；若无移位，方可安装上一行板。

8）清理、灌缝、打蜡。待水泥砂浆硬化后，将填缝材料清除干净，并将饰面板表面清洗干净。光面和镜面的饰面经清洗晾干后，方可打蜡擦亮。

（3）石材干挂法施工要点　石材干挂法施工，是将石材与墙体直接通过各种金属连接件进行连接，如图 9-16 所示。

1）基层清理。基层表面应平整、粗糙；若为光滑表面，要进行凿毛，凿毛深度为 5~15mm，间距不大于 30mm。基层表面的残灰、浮尘、油渍等要清理干净，表面突出的部分要剔去，凹坑要用 1:3 的水泥砂浆补平。

2）弹线。从结构中引出楼面标高和轴线位置，在墙面上弹出安装板材的水平和垂直控制线，并做出灰饼，以控制板材安装的平整度。

3）打孔。相邻板块采用不锈钢销钉连接固定，销钉插在板材侧面的孔内，孔径为 5mm，孔深为 12mm，用电钻打孔。由于钻孔关系到板材的安装精度，因而要求钻孔位置准确。

4）固定连接件。安装板块的顺序是自下而上进行，在墙面最下一排板材安装位置的上、下口拉两条水平控制线，板材从中间或墙面阳角处开始就位安装。先安装好第一块作为基准，其平整度以事先设置的灰饼为依据，用线垂吊直，经校准后加以固定。一排板材安装完毕后再进行上一排扣件的固定和安装。板材安装要求四角平整，纵、横对缝。

5）固定板块。钢扣件和墙身用胀铆螺栓固定，扣件为一块钻有螺栓安装孔和销钉孔的平钢板，根据墙面与板材之间的安装距离，在现场用手提式折压机将其加工成角钢。扣件上的孔洞均呈椭圆形，以便安装时调节位置。

6）嵌缝。石板饰面接缝处的防水处理采用密封硅胶嵌缝。注意嵌缝之前应先在缝隙内嵌入柔性条状泡沫聚乙烯材料作为衬底，以控制接缝的密封深度和加强密封胶的黏结力。

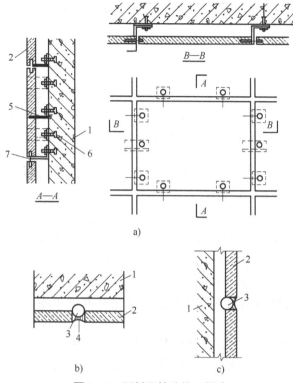

图9-16 石材干挂法施工构造

a）板材安装立面图 b）板块水平接缝剖面图 c）板块垂直接缝剖面图

1—混凝土外墙 2—饰面石板 3—泡沫聚乙烯嵌条

4—密封硅胶 5—钢扣件 6—胀铆螺栓 7—销钉

9.1.4 金属饰面板工程

金属饰面板是一种以金属为表面材料复合而成的新型室内装饰材料，它作为装饰饰面能营造现代化的装饰效果，可保护饰面层并增加耐久性。

金属饰面板工程的施工要点如下：

（1）弹线、找规矩 根据设计图纸的要求和几何尺寸，对镶贴金属饰面板的墙面进行吊直、套方、找规矩，并进行实测和弹线，以确定饰面墙板的尺寸和数量。

（2）固定骨架连接件和骨架 骨架的横（竖）杆件是通过连接件与结构固定的，而连接件与结构之间既可以与结构的预埋件连接，也可以在墙上打膨胀螺栓，施工时骨架应预先进行防腐处理。安装后应全面检查中心线表面标高等尺寸。对高层建筑外墙，为了保证饰面板的安装精度，宜用经纬仪对横（竖）杆件进行贯通。

（3）墙板的安装 墙板的安装顺序是从每面墙的边部竖向第一排下部的第一块板开始，自下而上安装，安装完该面墙的第一排后再安装第二排。每安装铺设完10排墙板后，应吊线检查一次，以便及时消除误差。固定金属饰面板的方法常用的主要有两种：一种方法是将板条或方板用螺栓拧到型钢上，这种方法耐久性较好，多用于外墙；另一种方法是将板条卡在特制的龙骨上，此方法多用于室内。板与板之间的缝隙一般为 10~20mm，多用橡胶条或密封膏等弹性材料处理。饰面板安装完毕，要注意在易污染的部位用塑料薄膜覆盖保护；易被划碰的部位，应设安全栏杆进行保护。

9.1.5 壁纸饰面工程

壁纸饰面可用在墙面、吊顶、梁、柱等处作贴面装饰。壁纸的种类较多，工程中常用的有普通壁纸、塑料壁纸和玻璃纤维壁纸；从表面装饰效果看，有仿锦缎、静电植绒、印花、压花、仿木、仿石等壁纸。

壁纸饰面施工

1. 施工工艺流程

基层处理→弹线分格→裁剪墙纸→焖水→调胶、涂胶→壁纸裱贴→成品保护。

2. 施工要点

（1）基层处理　要求基层平整、洁净，有足够的强度，并能够与壁纸牢固粘贴。基层应基本干燥，混凝土和抹灰层的含水率不高于 8%，木制品含水率不高于 12%。对局部麻点、凹坑须先用腻子找平，再满刮腻子，用砂纸磨平。然后在表面满刷一遍底胶或底油，作为对基体表面的封闭，其作用是防止基层吸水太快，引起胶粘剂脱水，从而影响壁纸黏结。底胶或底油所用材料应根据装饰部位及等级和环境情况确定，一般是涂刷 1:（0.5~1）的 108 胶水溶液。

（2）弹线分格　底胶干燥后，在墙面基层上弹水平线及垂直线，作为操作时的标准。取线位置从墙的阴角开始，用粉线在墙面上弹出垂直线，宽度以小于壁纸幅 10~20mm 为宜。为使壁纸花纹对称，应在窗口弹好中心线，由中心线往两边分线；如窗口不在中间，应弹窗间墙中心线，再向其两侧分格弹线。在壁纸粘贴前，应先预拼试贴，观察其接缝效果，以决定裁纸边沿尺寸及对好花纹图案。

（3）裁剪壁纸　根据壁纸规格及墙面尺寸统筹规划裁纸，纸幅应编号，按顺序粘贴。墙面上下要预留裁剪尺寸，一般两端应多留 30~40mm。当壁纸有花纹、图案时，要预先考虑完工后的花纹、图案、光泽，且应对接无误，不要随便裁割。同时，还应根据壁纸花纹、纸边情况采用对口裁割接缝或搭口裁割接缝。

（4）焖水　纸基塑料壁纸遇到水或胶液后开始自由膨胀，5~10min 时胀足，干燥后自行收缩，干纸刷胶立即上墙裱贴必定会出现大量气泡，起皱而不能成活。因此，必须先将壁纸在水槽中浸泡几分钟，或在壁纸背后刷清水一道，或壁纸刷胶后叠起静置 10min，使壁纸湿润，然后再裱糊，水分蒸发后壁纸便会收缩、绷紧。

（5）调胶、涂胶

1）调胶。目前市场常用的壁纸粘贴材料为胶粉＋胶浆或糯米胶。如果采用的是胶粉＋胶浆材料，在调配胶液时，先在桶中倒入规定数量的凉水，慢慢加入壁纸胶粉，然后按同一个方向搅匀，不得有结块，最后倒入胶浆，调好后须过 20min 后方可使用。如果采用的是糯米胶材料，调胶时需先在桶内倒入糯米胶，然后慢慢加水调制，调好后无需等待就可以使用。

2）涂胶。无纺纸基产品可把胶直接涂刷在墙面上，其他壁纸胶液要均匀刷在壁纸的背面，有条件的情况下，可以使用涂胶机械进行涂胶，涂胶后将壁纸折叠两边并压合焖放。施工前让胶液充分渗透基纸，以达到充分软化基纸的目的，一般须浸胶 3~10min，所有壁纸的浸胶时间必须一致。壁纸的厚度与克重不同，软化时间也不同，基纸越厚，软化时间越长。

（6）壁纸裱贴

1）裱贴壁纸时，首先要垂直拼缝，然后对花纹拼缝，再用刮板用力抹压平整。先贴长墙面，后贴短墙面。每个墙面从显眼的墙角以整幅纸开始，注意将窄条纸的裁边留在不明显的阴角处。墙面裱糊的原则是先垂直面后水平面，先细部后大面。贴垂直面时先上后下，贴水平面时先高后低。

2）裱糊壁纸时，阳角处不得拼缝。壁纸应绕过墙角，宽度不超过 12mm。包角要压实，阴角壁纸搭接时，应先裱糊压在里面的转角壁纸，再裱贴非转角的壁纸，搭接宽度一般不小于 2~3mm，且保持垂直无飞边。

3）裱贴的壁纸应与挂镜线、门窗贴脸板和踢脚板等紧接，不得有缝隙。

4）在吊顶面上裱贴壁纸时，第一段通常要贴靠主窗，并与墙壁平行。长度小于 2m 时，则可跟窗户呈直角裱贴。

5）壁纸裱贴后，若发现空鼓、气泡时，可用针刺放气，再以注射的方式挤进胶粘剂；也可用墙纸刀切开气泡面，加涂胶粘剂后，用刮板压平密实。

（7）成品保护

1）为避免被损坏、污染，裱贴壁纸作业应尽量作为施工作业的最后一道工序，特别应放在塑料踢脚板铺贴之后。

2）裱贴壁纸时的空气相对湿度不应过高，一般应低于 85%，且湿度不应剧烈变化。

3）在潮湿季节壁纸饰面工程竣工后，应在白天打开门窗加强通风，夜晚关闭门窗防止潮湿气体侵蚀。

9.1.6 饰面工程的质量验收标准

（1）主控项目

1）饰面板的品种、规格、颜色和性能应符合设计要求，木龙骨、木饰面板和塑料饰面板的燃烧性能等级应符合设计要求。

检验方法：检查产品合格证书、进场验收记录和性能检测报告。

2）饰面板孔、槽的数量、位置和尺寸应符合设计要求。

检验方法：检查进场验收记录和施工记录。

3）饰面板安装工程预埋件（或后埋件）、连接件的数量、规格、位置、连接方法和防腐处理必须符合设计要求。后埋件的现场拉拔强度必须符合设计要求。饰面板安装必须牢固。

检验方法：手扳检查；检查进场验收记录、现场拉拔检测报告、隐蔽工程验收记录和施工记录。

（2）一般项目

1）饰面板表面应平整、洁净、色泽一致，无裂痕和损伤。石材表面应无泛碱等污染。

检验方法：观察。

2）饰面板嵌缝应密实、平直，宽度和深度应符合设计要求，嵌缝材料色泽应一致。

检验方法：尺量检查。

3）采用湿作业法施工的饰面板工程，石材应进行防碱背涂处理。饰面板与基体之间的灌注材料应饱满、密实。

检验方法：观察。

4）饰面板上的孔洞应套割匹配，边缘应整齐。

检验方法：观察。

5）饰面板安装的允许偏差和检验方法应符合表 9-3 的规定。

表 9-3　饰面板安装的允许偏差和检验方法

项　次	项　目	允许偏差 /mm							检 验 方 法
		石　材			陶瓷板	木材	塑料板	金属板	
		光面	剁斧石	蘑菇石					
1	立面垂直度	2	3	3	2	2	2	2	用 2m 垂直检测尺检查
2	表面平整度	2	3	—	2	1	3	3	用 2m 靠尺和塞尺检查
3	阴（阳）角方正	2	4	4	2	2	3	3	用 200mm 直角检测尺检查
4	接缝直线度	2	4	4	2	2	2	2	拉 5m 线，不足 5m 拉通线，用钢直尺检查
5	墙裙、勒脚上口直线度	2	3	3	2	2	2	2	
6	接缝高低差	1	3	—	1	1	1	1	用钢直尺和塞尺检查
7	接缝宽度	1	2	2	1	1	1	1	用钢直尺检查

9.2　轻质隔墙工程

隔墙的出现是由于使用功能的需要，通过设计手段并采用一定的材料来分割房间和建筑物内部的大空间，并对空间做更深入、更细致的划分，使装饰空间更丰富，功能更完善。

现代室内隔墙要求隔墙自身质量轻、厚度小、拆移方便，并具有一定的刚度及隔声能力，隔墙不仅在材质、形式上种类繁多，更可以在区隔空间以外实现丰富多样的实用功能。

9.2.1　轻质隔墙的分类及相关知识

轻质隔墙有自重轻、墙体厚度小、吸声、隔声、防火、防潮、拆装方便等特点。轻质隔墙依其构造方式可分为砌块隔墙、骨架隔墙和板材隔墙。

（1）砌块隔墙　砌块隔墙是指用空心砖、玻璃砖等块材砌筑而成的隔墙，具有防潮、防火、隔声、取材方便、造价低等特点。传统砌块隔墙由于自重大、墙体厚、需现场湿作业、拆装不方便而在工程中已逐渐少用。目前，装饰工程常采用玻璃砖砌筑隔墙，如图 9-17所示。

（2）骨架隔墙（立筋式隔墙）　骨架隔墙是由骨架（龙骨）和饰面材料组成的轻质隔墙。常用的骨架有木骨架和金属骨架；另外，也常有利用工业废料和地方材料制成的龙骨，如石棉水泥骨架、浇注石膏骨架、水泥刨花板骨架等。木骨架隔墙构造如图 9-18 所示。

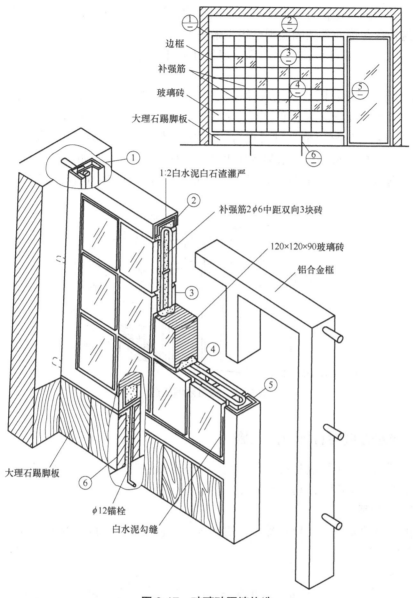

边框
补强筋
玻璃砖
大理石踢脚板

1:2白水泥白石渣灌严

补强筋2φ6中距双向3块砖

120×120×90玻璃砖

铝合金框

大理石踢脚板

φ12锚栓

白水泥勾缝

图9-17 玻璃砖隔墙构造

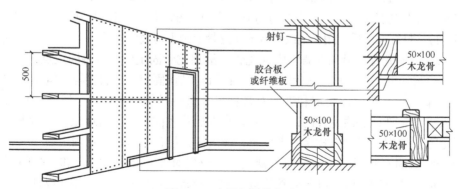

射钉

胶合板
或纤维板

50×100
木龙骨

500

50×100
木龙骨

50×100
木龙骨

图9-18 木骨架隔墙构造

抹灰饰面骨架隔墙是在骨架上加钉板条钢丝网，然后做抹灰饰面，还可在此基础上另加其他饰面，这种抹灰饰面骨架隔墙现已很少采用。

板材饰面骨架隔墙自重轻、材料新、厚度小、干作业、施工灵活方便，目前室内采用较多。

（3）板材隔墙　板材隔墙是用各种板状材料直接拼装而成的隔墙，这种隔墙一般不用骨架，有时为了提高其稳定性也可设置竖向龙骨。隔墙所用板材一般为等于房间净高的条形板材，通常分为复合板材、单一材料板材、空心板材等类型，常见的有金属夹芯板、石膏夹芯板、石膏空心板、泰柏板、增强水泥聚苯板（GRC 板）、加气混凝土条板、水泥陶粒板等。各种板材隔墙墙面上均可做喷浆油漆、贴墙纸等饰面。板材隔墙构造如图 9-19 所示。

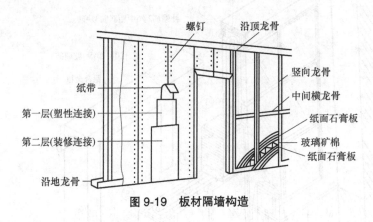

图 9-19　板材隔墙构造

9.2.2　轻钢龙骨纸面石膏板隔墙施工

轻钢龙骨纸面石膏板隔墙具有施工速度快、成本低、劳动强度小、装饰美观、防火、隔声性能好等特点，应用广泛，具有代表性。

1. 施工工艺流程

弹线→固定沿地龙骨、沿顶龙骨→骨架连接→安装纸面石膏板→安装墙内管线→纸面石膏板固定→饰面处理。

2. 施工要点

（1）弹线　根据设计要求确定隔墙的位置、隔墙门窗的位置，包括地面位置、墙面位置、高度位置以及隔墙的宽度；并在地面和墙面上弹出隔墙的宽度线和中心线，按所需龙骨的长度尺寸，对龙骨进行画线配料。配料按先配长料、后配短料的原则进行。量好尺寸后，用粉笔或记号笔在龙骨上画出切截位置线。

轻钢龙骨纸面石膏板隔墙施工

（2）固定沿地龙骨、沿顶龙骨　沿地龙骨、沿顶龙骨固定前，应将固定点与竖向龙骨位置错开，用膨胀螺栓和木楔钉、铁钉与结构固定，或直接与结构预埋件连接。

（3）骨架连接　按设计要求和纸面石膏板尺寸进行骨架分格设置，然后将切裁好的竖向龙骨装入沿地龙骨、沿顶龙骨内，校正其垂直度后将竖向龙骨与沿地龙骨、沿顶龙骨固定起来。固定方法是用点焊的方式将两者焊牢，或者用连接件与自攻螺钉固定。

（4）安装纸面石膏板　安装纸面石膏板时，应先对埋在墙中的管道和有关附属设备采取局部加强措施并进行验收，办理隐检手续后方可封板。纸面石膏板隔墙（或柱）凡是易被碰坏碰损的边角等处，应安装金属护角。

（5）安装墙内管线　所有管线等，应在纸面石膏板中间安装，必须在一面的纸面石膏板安装好后立即安装管线，如图 9-20 所示。管线安装完毕应进行验收，做好隐蔽工程记录，之后方可安装另一侧的纸面石膏板。

（6）纸面石膏板固定　固定纸面石膏板用平头自攻螺钉。安装时，将纸面石膏板竖向放置，贴在龙骨上用电钻同时把板材与龙骨一起打孔，再拧上自攻螺钉，螺钉要沉入板材平面 2~3mm。

纸面石膏板之间的接缝分为明缝和暗缝两种做法。明缝是用专门工具和砂浆胶合剂勾成立缝。明缝如果加嵌压条，装饰效果更好。暗缝的做法首先要求纸面石膏板有斜角，在两块纸面石膏板拼缝处用嵌缝石膏腻子嵌平，然后贴上 50mm 宽的穿孔纸带，再用腻子补一道，与墙面刮平。

（7）饰面处理　待嵌缝腻子完全干燥后，即可在纸面石膏板隔墙表面裱糊壁纸、织物或进行涂料施工。

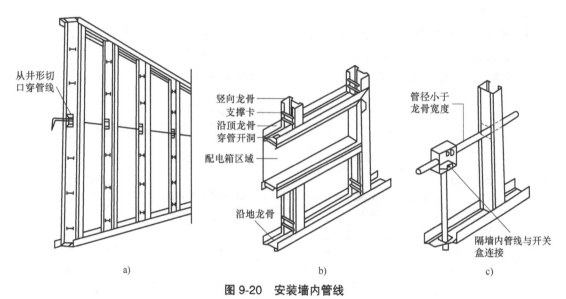

图 9-20　安装墙内管线

a）隔墙管道线路安装　b）墙体配电箱安装　c）隔墙内导线与开关盒连接

9.2.3　铝合金隔墙施工

铝合金隔墙是用铝合金型材组成框架，再配以玻璃等其他材料装配而成。

铝合金隔墙
施工

1. 施工工艺流程

弹线→下料→组装框架→安装玻璃。

2. 施工要点

1）弹线时，应根据设计要求确定隔墙在室内的具体位置、墙高，以及竖向型材的间隔位置等。

2）应在平整干净的平台上用钢尺和钢划针对型材划线，要求长度误差为 ±0.5mm，同时不要碰伤型材表面。下料时先长后短，并将竖向型材与横向型材分开。沿顶型材、沿地型材要划出与竖向型材的各连接位置线。

3）安装固定铝合金隔墙时，半高铝合金隔墙通常先在地面组装好框架后再竖立起来固定；全封铝合金隔墙通常是先固定竖向型材，再安装横档型材来组装框架。铝合金型材相互连接主要用铝角和自攻螺钉，它与地面、墙面的连接则主要用铁脚（一种连接件）固定。

4）安装玻璃时，先按框洞尺寸缩小 3~5mm 裁好玻璃，将玻璃就位后用与型材同色的铝合金槽条在玻璃两侧夹定，校正后将槽条用自攻螺钉与型材固定。安装活动窗口上的玻璃时，应与铝合金活动窗口同时安装。

9.2.4　轻质隔墙工程质量验收标准

1．主控项目

1）轻钢龙骨和纸面石膏板的材质、品种、样式、规格应符合设计要求。

2）轻钢骨架的吊杆，以及大、中、小型龙骨的安装必须位置正确、连接牢固，无松动。

3）饰面板应无脱层、无翘曲、无折裂、无缺棱掉角等缺陷，安装必须牢固。

2．一般项目

1）整面轻钢龙骨架应顺直，无弯曲、无变形；吊挂件、连接件应符合产品的组合要求。

2）饰面板表面应平整、洁净、颜色一致，无污染、反锈等缺陷。

3．隔墙安装的允许偏差和检验方法（应符合表 9-4 的要求）

表 9-4　隔墙安装的允许偏差和检验方法

项　次	项　　目	允许偏差 /mm						检 验 方 法
		板 材 隔 墙				骨 架 隔 墙		
		金属夹芯板	其他复合板	石膏空心板	增强水泥板、混凝土轻质板	纸面石膏板	人造木板、水泥纤维板	
1	立面垂直度	2	3	3	3	3	4	用 2m 垂直检测尺检查
2	表面平整度	2	3	3	3	3	3	用 2m 直尺和塞尺检查
3	阴阳角方正	3	3	3	4	3	3	用 200mm 直角检测尺检查
4	接缝直线度	—	—	—	—	—	3	拉 5m 线，不足 5m 拉通线，用钢直尺检查
5	压条直线度	—	—	—	—	—	3	
6	接缝高低差	1	2	2	3	1	1	用钢直尺和塞尺检查

9.3　楼（地）面工程

9.3.1　楼（地）面的分类和组成

1．楼（地）面的分类

楼（地）面按面层材料分为土面层、灰土面层、三合土面层、菱苦土面层、水泥砂浆混凝土面层、水磨石面层、陶瓷马赛克面层、木面层、砖面层和塑料面层等；按面层结构分为整体面层（如灰土、菱苦土、三合土、水泥砂浆、混凝土、现浇水磨石、沥青砂浆和沥青混凝土等）、板块面层（如缸砖、塑料地板、陶瓷马赛克、水泥花砖、预制水磨石块、大理石板材、花岗石板材等）和木（竹）面层（实木地板、复合木地板、竹地板等）。

2. 楼（地）面的组成

楼（地）面包括楼面和地面两部分，两者的主要区别在于承重层的不同。楼面的承重层是架空的楼面结构层，地面的承重层是室内回填土。楼面组成包括面层、结构层、吊顶三个主要部分，如图 9-21 所示；地面组成包括面层、垫层、基层三个主要部分，如图 9-22 所示。

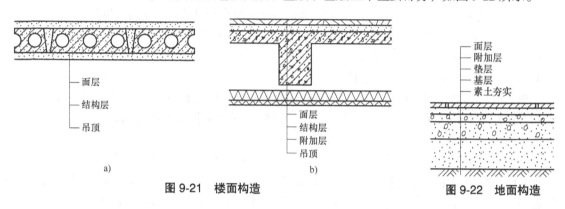

图 9-21　楼面构造　　　　　　　　图 9-22　地面构造

9.3.2　整体面层施工

1. 水泥砂浆面层

水泥砂浆面层是传统的地面中低档做法，目前室内装修工程中已不多见，大多数情况是作为其他装饰材料的基层。

水泥砂浆面层分为单层的和双层的两种。单层的厚度为 20mm，1∶2 的水泥砂浆；双层的厚度为 25mm，其中面层用 1∶1.5 的水泥砂浆抹 13mm 厚，底层用 1∶2.5 的水泥砂浆抹 12mm 厚，如图 9-23 所示。

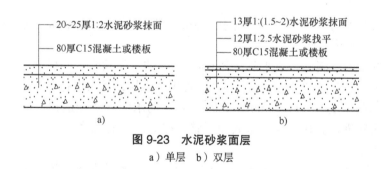

图 9-23　水泥砂浆面层

a）单层　b）双层

面层施工前，先按设计要求测定地坪面层标高，校正门框，将垫层清扫干净并洒水湿润，表面比较光滑的基层应进行凿毛，并用清水冲洗干净。铺抹砂浆前，应在四周墙上弹出一道水平基准线，作为确定水泥砂浆面层标高的依据。面积较大的房间，应根据水平基准线在四周墙角处每隔 1.5~2m 用 1∶2 水泥砂浆抹标志块，以标志块的高度做出纵、横方向通长的标筋来控制面层厚度。砂浆终凝后铺盖草袋、锯末等材料并浇水养护。当施工大面积的水泥砂浆面层时，应按设计要求留分格缝，防止砂浆面层产生不规则裂缝。水泥砂浆面层强度未达 5MPa 之前，不准上人行走或进行其他作业。

2. 细石混凝土面层

细石混凝土面层可以克服水泥砂浆面层干缩较大的弱点，这种面层强度高、干缩较小，与水泥砂浆面层相比，它的耐久性更好，但厚度较大，一般为 30~40mm。细石混凝土面层的混凝土强度等级不低于 C20，所用粗集料要求级配适当，粒径不大于 15mm，且不大于面层厚度的 2/3，应用中砂或粗砂配制。

细石混凝土面层施工的基层处理和找规矩的方法与水泥砂浆面层施工相同。

铺细石混凝土后用长刮杠刮平并振捣密实，表面塌陷处应用细石混凝土补平，再用长刮杠刮一次，用木抹子搓平。撒水泥砂子干面灰时，砂子要过 3mm 孔径的筛子，配合比应为 1:1，待灰面吸水后随即以木抹子搓平。

细石混凝土铺设 12h 以后，可以开始进行养护。浇水前先在混凝土表面覆盖一层草垫或锯末，在常温下浇水保湿养护时间不少于 7d，以确保混凝土强度的正常增长。

3. 现浇水磨石地面

现制水磨石地面是在混凝土楼面上或在混凝土垫层地面上做一道水泥砂浆找平层，然后在找平层弹线，固定好分格条，再在分格条内填筑水泥石子浆，硬化后经机械磨光即成水磨石地面。水磨石地面图案美观，造型大方，而且由于材料的原因，其坚固持久；由于施工技术的原因，其平整光滑，易于保洁。但由于施工材料的限制，水磨石地面施工工序较多，并且由于工序繁杂，其施工周期较长，施工时机械噪声较大，并且现场施工为有水作业，容易对周围环境造成污染。人流量较大的医院、影剧院、百货商场、超市等建筑都适合做现浇水磨石地面。

（1）施工工艺流程　清扫基层→弹水平标高线→做灰饼、冲筋→抹水泥砂浆找平层→弹线分格→嵌分格条→养护→刷水泥素浆结合层→摊铺水泥石粒浆→清边拍实→辊压→再次补压→养护→头遍磨光→铺水泥素浆→二遍磨光→铺二遍水泥素浆→三遍磨光→清洗、晾干→涂草酸溶液→研磨→抛光、打蜡。

（2）施工要点

1）摊铺水泥砂浆找平层。水泥砂浆找平层是在清扫基层，弹水平标高线，做灰饼、冲筋完成以后进行的工序，俗称打底子。

基层处理好以后，满刷一道水灰比为 0.40~0.50 的水泥素浆，并根据四面墙上的水平基准线用 1:2 的水泥砂浆沿纵、横相隔 1.5~2m 做出标志块；然后以标志块高度为准，在标志块之间标筋，标筋宽度为 80~100mm；最后用 1:3 的水泥砂浆摊铺找平层。摊铺找平层需待标筋砂浆硬化后进行。找平层要求表面平整、搓毛，平整度偏差不应超过 3mm，为下一步嵌分格条做准备。

2）嵌分格条。分格条分为有机玻璃、铝合金和铜合金等品种，应按设计要求进行选定。在水泥砂浆找平层上，按设计要求设置分格条。先在找平层上弹出横、纵相互垂直的水平线，分格条用素水泥浆或 1:3 的水泥砂浆固定牢固，作为铺设水磨石面层的标志。嵌条时，用木条顺线拉齐，将嵌条紧靠在木条边上，用素水泥浆涂抹嵌条一侧，稳好一面；然后移走木条，在嵌条的另一侧涂抹水泥浆。在分格条两侧抹完的水泥浆应呈八字形，素浆涂抹的高度应比分格条低 3mm，水平方向以 30° 为宜。嵌分格条如图 9-24 所示。

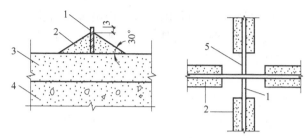

图9-24 嵌分格条
1—分格条　2—素水泥浆　3—水泥砂浆找平层
4—混凝土垫层　5—40~50mm 内不抹素水泥浆

3）摊铺水泥石粒浆。分格条经养护牢固后，刷素水泥浆一道，随即摊铺面层水泥石粒浆。然后，按设计要求，将预先准备好的石粒均匀地撒布在水泥石粒浆表面，并用抹子拍实、压平，确保面层平整，石粒分布均匀。水泥石粒浆铺好后，立即用辊筒进行辊压。

4）磨光。水泥石粒浆面层干硬后开始磨光，水磨石磨光工序可以采用机械磨光，也可以采用人工磨光，无论采用哪一种方法，都要磨制三遍，并要注意开磨时间与平均气温的关系，详见表9-5 的规定。

第一遍磨光采用粗砂轮磨石机。磨光后，用水冲去泥浆，稍干燥后即开始上浆（与面层同颜色的水泥浆），以填补细砂孔眼。第二遍磨光用稍细的砂轮石，打磨的方法与第一遍相同，主要是磨去凹痕。磨好后冲洗扫净，稍干燥后即进行第二次上浆补砂眼，2~3d 后进行第三遍磨光。第三遍磨光用细砂轮石，面层先冲洗扫净，涂草酸溶液后再进行研磨，直至磨出白浆、表面光滑为止，再用清水将草酸溶液冲净，待面层干燥发白后进入抛光工序。通过以上的"二浆三磨"工序，面层的洞眼已基本消除，给下道工序做好了准备。

表9-5 水磨石面层开磨时间

平均气温 /℃	开磨时间 /d	
	机 械 磨 光	人 工 磨 光
20~30	3~4	1~2
10~20	4~5	1.5~2.5
5~10	6~7	2~3

5）抛光、打蜡。通过抛光使面层达到要求的光亮度，符合水磨石地面质量验收的标准。打蜡是在上述作业完成后进行的，方法是在水磨石面层上涂一薄层蜡，稍干后用钉有细帆布（或麻布）的木块代替油石，安装在磨石机上进行研磨，至磨出亮光时止；再涂蜡研磨一遍至光滑洁亮的程度，到此完成了抛光、打蜡工序。

9.3.3 板块面层施工

板块面层是在结合层上用水泥砂浆或水泥浆、胶粘剂等铺设块材面层（如水泥花砖、预制水磨石板、花岗石板、大理石板、马赛克等）形成的楼面面层，如图9-25 所示。其特点是强度高、硬度大、耐磨性好、易清洁；但是因为板块面层属于刚性面层，所以只能铺在整体性、刚度都较好的基层上，如铺在要求强度等级不低于 C15 的细石混凝土垫层或现浇楼板上。

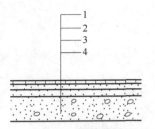

图 9-25　板块面层
1—块材面层　2—结合层
3—找平层　4—基层

1. 施工准备

铺贴前，找平层强度应达到 1.2MPa。施工时应先挂线检查地面垫层的平整度，弹出房间中心"十"字线，然后由中央向四周弹出分块线，同时在四周墙壁上弹出水平控制线。

2. 大理石板、花岗石板及预制水磨石板面层施工要点

1）板材浸水。施工前应将板材（特别是预制水磨石板）浸水湿润，阴干后应码好备用。铺贴时，板材的底面以内潮外干为宜。

大理石地面施工

2）摊铺结合层。先在基层或找平层上刷一遍掺有 4%~5%108 胶的水泥浆，水灰比为 0.4~0.5，随刷随铺水泥砂浆结合层，厚度为 10~15mm，每次摊铺面积以 2~3 块板为宜，并对照拉线将砂浆刮平。

3）铺贴。正式铺贴时，要将板块四角同时坐浆，四角平稳下落，对准纵、横缝后用木锤敲击中部，使其密实、平整，要求准确就位。

4）灌缝。要求嵌铜条的地面板材在铺贴时，先将相邻两块板铺贴平整，留出嵌条缝隙；然后向缝内灌水泥砂浆，将铜条敲入缝隙内，使其外露部分略高于板面即可，然后擦净挤出的砂浆。

5）上蜡磨亮。板块铺贴完工后，待结合层砂浆强度达到 60%~70% 即可打蜡抛光，完工后 3d 内禁止上人走动。

3. 地砖面层施工要点

铺贴前应先将地砖浸水湿润后阴干备用，阴干时间一般为 3~5d，以地砖表面有潮湿感但手按无水迹为准。

1）铺结合层砂浆。提前一天将楼地面基层表面浇水湿润后，铺 1:3 水泥砂浆结合层。

2）弹线定位。根据设计要求弹出标高线和平面中线，施工时用尼龙线或棉线在墙地面拉出标高线和垂直交叉的定位线。

3）铺贴地砖。将 1:2 水泥砂浆摊抹于地砖背面，按定位线的位置铺于地面结合层上，用木锤敲击地砖表面，使其与地面标高线匹配贴实，边贴边用水平尺检查平整度。

4）擦缝。整幅地面铺贴完成后，养护 2d 后进行擦缝，擦缝时用水泥（或白水泥）调成干团在缝隙上擦抹，使地砖的拼缝内填满水泥，再将砖面擦净即可。

9.3.4　木质面层施工

1. 木地板的主要类型

木质面层施工通常有架铺和实铺两种。空铺是在地面上先做出木格栅，然后在木格栅上铺贴基面板，最后在基面板上镶铺面层木地板，如图 9-26 所示。实铺是在建筑地面上直接拼铺木地板，如图 9-27 所示。

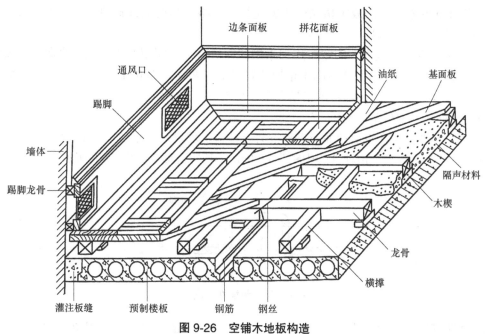

图 9-26 空铺木地板构造

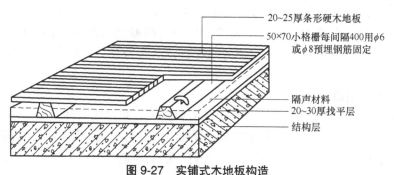

图 9-27 实铺式木地板构造

2. 基层施工

（1）高架木地板基层施工

1）地垄墙或砖墩地垄墙应用水泥砂浆砌筑，砌筑时要根据地面条件设地垄墙的基础。每条地垄墙、内横墙和散热器沟墙均需预留 120mm×120mm 的通风洞两个，而且都要在一条直线上，以利于通风。如果地垄墙不易做通风处理，需在地垄墙顶部铺设防潮油毡。

2）木格栅通常是方框或长方框结构，木格栅制作时，与木地板基面板接触的表面一定要刨平，主、次木方的连接可用榫结构或钉、胶结合的固定方法。

（2）一般架铺地板基层施工　一般架铺地板是在楼面上或已有水泥地坪的地面上施工。

1）施工前先检查地面的平整度，平整度满足施工要求后做水泥砂浆找平层，然后在找平层上刷二遍防水涂料或乳化沥青。

2）直接固定于地面的木格栅所用的木方，可采用截面尺寸为 30mm×40mm 或

40mm×50mm 的木方。组成木格栅的木方应统一规格，其连接方式通常为半槽扣接，并在两木方的扣接处涂胶加钉。

3）木格栅直接与地面的固定常用埋木楔的方法进行，即用冲击电钻在水泥地面或楼板上钻洞，钻孔位置应在地面弹出的木格栅位置线上，两孔间隔 0.8m 左右，然后向孔洞内打入木楔。固定木方时可用长钉将木格栅固定在打入地面的木楔上。

（3）实铺式木地板基层施工

1）埋设预埋件。在首层地面或钢筋混凝土楼板上埋设镀锌铅丝或"n"形预埋件，用来将木格栅固定在楼板上。预埋件的中距为 800mm，其构造形式如图 9-28 所示。

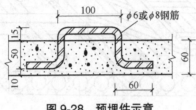

图 9-28　预埋件示意

2）做防潮层。一般可满刷一层冷底子油或热沥青一道，也可以采用两油一毡的三层做法，其作用是防止潮气侵蚀面层木地板，以防止面层木地板变形或腐蚀。

3）安放垫木和木格栅。先从四面墙上的 500mm 标准线下返找出地面面层的标高控制线，作为垫木和木格栅的安装高度基准。格栅与格栅之间的空隙内，可填充一些质量轻、保温、隔声的材料，如干焦砟、炉渣或蛭石、珍珠岩等，其厚度不得高出木格栅的上表面。

3. 面层木地板铺设

木地板铺在基面板或基层板上，铺设方法有钉接式和黏结式两种。

（1）钉接式　木地板面层有单层和双层两种。单层木地板面层是在木搁栅上直接钉直条企口板；双层木地板面层是在木格栅架上先钉一层毛地板，再钉一层企口板，毛地板应与木格栅呈 30° 或 45° 斜面，地板应与木格栅或毛地板垂直铺钉，并顺进门方向，木地板面层距墙 8~12mm。以后，逐块铺钉，缝隙不超过 1mm，圆钉长度为板厚的 2.5 倍，钉帽应砸扁，钉应从板的侧边凹角处斜向钉入，如图 9-29 所示。板与格栅的相交处至少钉一颗钉。

图 9-29　企口板钉设
1—木格栅　2—圆钉

（2）黏结式　黏结式木地板面层多用实铺式，将加工好的硬木地板块材用黏结材料直接粘贴在楼地面基层上。施工时先将基层表面清扫干净，用鬃刷在基层上涂刷一层薄而均匀的底子胶，待底子胶干燥后，按施工线位置沿轴线由中央向四面铺贴。铺贴时，人员边铺贴边往后退，要用力推紧、压平块材，并随即用沙袋等物压 6~24h。地板粘贴后应自然养护，养护期内严禁上人走动。养护期满后，即可进行刮平、磨光、涂装和打蜡工作。

4. 木踢脚板的施工

木地板房间的四周墙脚处应设木踢脚板，踢脚板一般高 100~200mm、厚 20~25mm、所用木板一般也应与木地板面层所用的材质、品种相同。

5. 木（竹）面层的允许偏差和检验方法（表9-6）

表 9-6 木（竹）面层的允许偏差和检验方法

项 次	项 目	允许偏差 /mm				检验方法
		木地板面层			实木复合地板、中密度（强化）复合地板、竹地板面层	
		松木地板	硬木地板	拼花地板		
1	板面缝隙宽度	1.0	0.5	0.2	0.5	用钢尺检查
2	表面平整度	3.0	2.0	2.0	2.0	用 2m 靠尺和楔形塞尺检查
3	踢脚板上口平齐	3.0	3.0	3.0	3.0	拉 5m 线和用钢尺检查
4	板面拼缝平直	3.0	3.0	3.0	3.0	
5	相邻板材高差	0.5	0.5	0.5	0.5	用钢尺和楔形塞尺检查
6	踢脚板与面层的接缝	1.0				用楔形塞尺检查

9.4 吊顶工程

9.4.1 吊顶的分类和组成

1. 吊顶的分类

吊顶，又称为顶棚，是建筑物室内重要的装饰部位之一。由于室内空间顶部的实用功能要求不同，因此吊顶的构造方法和装饰艺术形式也不一样。当前，建筑室内吊顶设计的形式主要有平滑式、分层式、井格式、悬挂式和玻璃吊顶等。装饰方法通常有抹灰、喷浆、裱糊、涂料及饰面板的镶贴等。吊顶按吊顶面层与结构位置的分类分为直接式吊顶和悬吊式吊顶；吊顶按龙骨使用材料可分为轻钢龙骨吊顶、铝合金龙骨吊顶、木龙骨吊顶等。

2. 吊顶的组成

吊顶在构造上一般由基层、面层、吊筋三大基本部分组成，如图 9-30 所示。

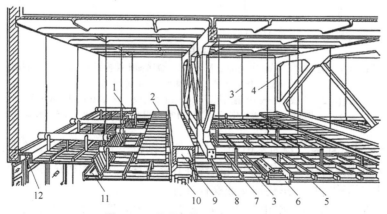

图 9-30 吊顶悬挂于屋面下的构造

1—主龙骨　2—检修通道　3—吊筋　4—屋架　5—吊顶面层　6—灯具
7—次龙骨　8—间距龙骨　9—风道　10—出风口　11—灯槽　12—窗帘盒

（1）吊筋　吊筋也叫吊杆，是将整个吊顶系统与结构构件相连接的承重传力构件。吊筋的主要作用是承受吊顶的荷载并将荷载传递给建筑结构层。

1）吊筋的设置。吊筋与楼屋盖连接的节点称为吊点，吊点应均匀布置，间距一般为900~1200mm。主龙骨端部距第一个吊点不超过300mm，如图9-31所示，否则应增设吊杆，以免主龙骨下坠。

2）吊筋与结构的固定。吊筋与结构的固定方法如图9-32所示。

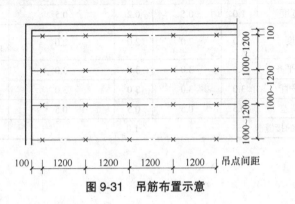

图 9-31　吊筋布置示意

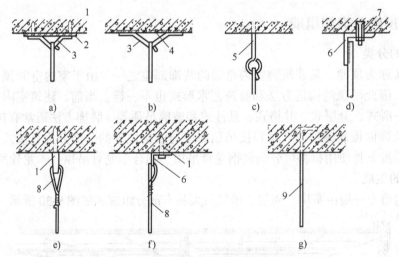

图 9-32　吊筋与结构的固定方法

a）射钉固定　b）预埋件固定　c）预埋钢筋吊环　d）金属膨胀螺栓固定　e）射钉直接连接钢丝
f）射钉角钢连接　g）预埋8号镀锌钢丝
1—射钉　2—焊板　3—φ10钢筋吊环　4—预埋钢板　5—φ10钢筋　6—角钢
7—金属膨胀螺栓　8—镀锌钢丝（8号、12号、14号）　9—8号镀锌钢丝

3）吊筋与龙骨的连接。若为木吊筋、木龙骨，则将主龙骨钉在木吊筋上；若为钢筋吊筋、木龙骨，则将主龙骨用镀锌钢丝绑扎或螺栓连接起来；若为钢筋吊筋、金属龙骨，则将主龙骨用连接件与吊筋钉接、吊钩连接或螺栓连接。

（2）基层　吊顶基层是一个由主龙骨和次龙骨形成的骨架层，其作用是支撑并固定吊顶的饰面板及承受吊顶的荷载，并将荷载通过吊筋传递给承重结构。

（3）面层　吊顶面层的作用是装饰室内空间，一些吊顶面层还兼具吸声、反射声波等特定功能。面层的构造通常要结合灯具、风口的布置等进行设计，依照吊顶类型，通常使用的面层材料可分为抹灰类、板材类和格栅类，其中最常用的是板材类。

9.4.2 轻钢龙骨吊顶施工

利用薄壁镀锌钢板经机械冲压制成的轻钢龙骨，可作为吊顶的骨架型材。轻钢龙骨有 U 型和 T 型两种，如图 9-33 所示。

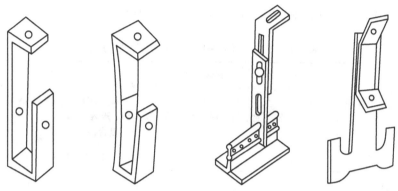

图 9-33 U 型和 T 型轻钢龙骨示意

1. 施工工艺流程

弹线→安装主龙骨→安装次龙骨→安装横撑龙骨→安装灯具→安装饰面板。

轻钢龙骨纸面石膏板吊顶施工

2. 施工要点

1）弹线。先按龙骨的标高在房间四周的墙壁上弹出水平线，再按龙骨的设计间距弹出龙骨的中心线，找出吊点中心，将吊杆焊接固定在预埋件上。

2）安装主龙骨。主龙骨用垂直吊挂件连接在吊杆上后，拧紧固定螺母。主龙骨平直的调整以一个房间为单位，按对角和十字拉线拧动吊杆螺母，按线做升降调平，调平时同时要调出拱面，一般可按 0.3% 起拱。

3）安装次龙骨。次龙骨垂直于主龙骨，用吊挂件固定在主龙骨的交叉点上。次龙骨的间距要考虑饰面板是要求离缝安装还是密缝安装。

4）安装横撑龙骨。用中龙骨截取横撑龙骨，安装时将截取合适的中龙骨端头插入挂插件，然后扣在纵向龙骨上，挂搭要用钳子弯入纵向龙骨内。横撑龙骨的间距要根据所选用的饰面板的规格和尺寸确定。安装好的纵向龙骨和横撑龙骨的底面（即饰面板的背面）应位于同一平面。

5）安装灯具。重型灯具应按设计要求安装，不准直接与轻钢龙骨连接；若为轻型灯具，则可固定在中龙骨或附加的横撑龙骨之上。

6）安装饰面板。纸面石膏板的安装可采用钉固法、粘贴法和暗式企口胶接法。U 型轻钢龙骨采用钉固法安装纸面石膏板时，使用镀锌自攻螺钉与龙骨固定。钉头要求嵌入纸面石膏板内 0.5~1mm，钉眼用腻子刮平，并用与纸面石膏板同色的色浆腻子涂刷一遍。纸面石膏板之间应留出 8~10mm 的安装缝，待纸面石膏板全部固定好后，用塑料压缝条或铝压缝条压缝。采用粘贴法安装时，胶粘剂可用 401 胶。涂胶后应待稍干后，方可把板材粘贴压紧。

9.4.3 吊顶工程质量验收标准

吊顶工程所用材料的品种、规格、颜色以及基层构造、固定方法等应符合设计要求。饰面板与龙骨应连接紧密，表面应平整，不得有污染、折裂、缺棱掉角、锤伤等缺陷，接缝应均匀一致，粘贴的饰面板不得有脱层，胶合板不得有刨透之处，搁置的饰面板不得有漏、透、翘角现象。

吊顶工程安装的允许偏差和检验方法应符合表 9-7 的规定。

表 9-7 吊顶工程安装的允许偏差和检验方法

项　次	项　目	允许偏差 /mm				检 验 方 法
		石 膏 板	金 属 板	矿 棉 板	木板、塑料板、玻璃板、复合板	
1	表面平整度	3	2	2	2	用 2m 靠尺和塞尺检查
2	接缝直线度	3	2	3	3	拉 5m 线，不足 5m 拉通线，用钢直尺检查
3	接缝高低差	1	1	2	1	用钢直尺和塞尺检查

9.5 门窗工程

9.5.1 门窗的分类和组成

1. 门窗的分类

门窗按材料分为木门窗、钢门窗、铝合金门窗和塑料门窗四大类。根据开启方式的不同，窗可分为固定窗、平开窗、悬窗、立转窗和推拉窗等；门可分为平开门、推拉门、旋转门、折叠门、弹簧门。

2. 门窗的组成

（1）门

1）门框。门框是由上框、边框、中横框等组成的。

2）门扇。门扇是由上冒头、中冒头、下冒头、门芯板、玻璃、门上五金等组成的。

门的组成如图 9-34 所示。

（2）窗

1）窗框。窗框是由上框、下框、边框、中横框等组成的。木质窗框须选用加工方便、不易变形的大料。为增加窗框的严密性，须将窗框铲出宽度略大于窗扇厚度、深约 12mm 的凹槽，称作铲口（裁口）。也可采用钉木条的方法，称作钉口，但效果较差。

2）窗扇。窗扇是由上冒头、下冒头、窗芯、玻璃等组成的。为使开启的窗扇与窗框之间的缝隙不进风沙和雨水，应采取相应的密封性的构造措施，如在框与扇之间做回风槽，用错口式或鸳鸯式铲口增加空气渗透阻力等。窗扇最主要的组成部分是玻璃，窗用玻璃的品种繁多，包括平板玻璃、浮法玻璃、钢化玻璃、夹丝玻璃、磨砂玻璃、吸热玻璃、压花玻璃、中空玻璃、夹层玻璃、防爆玻璃等。

窗的组成如图 9-35 所示。

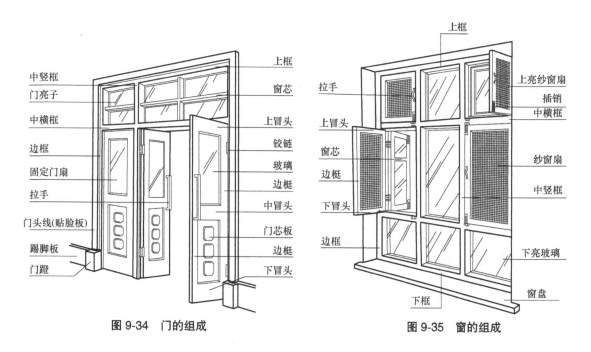

图 9-34　门的组成　　　　　　　　　　图 9-35　窗的组成

9.5.2　木门窗施工

木门窗的施工一般有立框安装和塞框安装两种方法。立框安装是先立好门窗框，再砌筑两边的墙。

1）立框安装。在墙砌到地面时立门樘，砌到窗台时立窗樘。立框时应先在地面（或墙面）画出门（窗）框的中线及边线，然后按线将门窗框立上，用临时支撑撑牢。

2）塞框安装。塞框安装是在砌墙时先留出门窗洞口，然后塞入门窗框。门窗洞口尺寸要比门窗框尺寸每边大 20mm。门窗框塞入后，先用木楔临时塞住，要求横平竖直。

3）门窗扇的安装。在安装前要先测量一下门窗樘洞口净尺寸，根据测得的准确尺寸来修刨门窗扇。扇的两边要同时修刨，门窗冒头的修刨是先刨平下冒头，以此为准再修刨上冒头。

4）玻璃安装。安装玻璃时，先清理门窗裁口，在玻璃底面与门窗裁口之间，沿裁口的全长均匀涂抹 1~3mm 厚的玻璃腻子；然后将玻璃摊铺平正，轻压玻璃使部分玻璃腻子挤出槽口；待玻璃腻子初凝后，顺裁口刮平玻璃腻子，然后用小圆钉沿玻璃四周固定玻璃，钉距为 200mm；最后抹表面玻璃腻子即可。

木门窗安装的留缝限值、允许偏差和检验方法应符合表 9-8 的规定。

表 9-8　木门窗安装的留缝限值、允许偏差和检验方法

项　次	项　目		留缝限值 /mm	允许偏差 /mm	检　验　方　法
1	门窗框的正面、侧面垂直度		—	2	用钢尺检查
2	框与扇接缝高低差			1	用 1m 垂直检测尺检查
	扇与扇接缝高低差			1	
3	门窗扇对口缝		1~4	—	用塞尺检查
4	工业厂房、围墙双扇大门对口缝		2~7	—	
5	门窗扇与上框之间留缝		1~3	—	
6	门窗扇与合页侧框之间留缝		1~3	—	
7	室外门扇与锁侧框之间留缝		1~3	—	
8	门扇与下框之间留缝		3~5	—	
9	窗扇与下框之间留缝		1~3	—	
10	双层门窗内外框间距		—	4	用钢尺检查
11	无下框时门扇与地面之间留缝	室外门	4~7	—	用钢直尺或塞尺检查
		室内门	4~8	—	
		卫生间门			
		厂房大门	10~20	—	
		围墙大门			
12	框与扇搭接宽度	门	—	2	用钢直尺检查
		窗	—	1	用钢直尺检查

9.5.3　塑钢门窗施工

1）画线定位。根据设计图纸中门窗的安装位置尺寸和标高，依据门窗中线向两边量出门窗边线。多层或高层建筑以顶层门窗边线为准，用线坠或经纬仪将门窗边线下引，并在各层门窗口处画线标志，对个别不直的边应刷凿处理。

2）门窗披水安装。按施工图纸要求将披水固定在窗上，要保证位置正确、安装牢固。

3）防腐处理。门窗框四周外表面的防腐处理如果设计有要求时，按设计要求处理；如果设计没有要求时，可涂刷防腐涂料或粘贴塑料薄膜进行保护，以免水泥砂浆直接与门窗表面接触产生电化学反应，腐蚀门窗。

4）门窗安装就位。根据画好的门窗定位线安装门窗框，并及时调整好门窗框的水平度、垂直度及对角线长度等，要符合质量标准；然后用木楔临时固定。

5）门窗的固定。当墙体上有预埋件时，可直接把门窗的铁脚与墙体上的预埋件焊牢。当墙体上没有预埋件时，可用射钉枪把门窗的铁脚固定在墙体上。

6）门窗框与墙体之间缝隙的处理。门窗框安装时应该与墙体结构之间留一定的间隙，以防止热胀冷缩引起的变形。

7）门窗扇及门窗玻璃的安装。门窗扇和门窗玻璃应在洞口墙体表面装饰完工后再安装。推拉门窗在门窗框安装固定后，将配好玻璃的门窗扇整体安入框内滑道，调整好框

与扇的缝隙即可。平开门窗在框构架与扇构架均组装上墙，且安装固定好后再安装玻璃，先调整好框与扇的缝隙，再将玻璃装入门窗扇并调整好位置，最后镶嵌密封条和填嵌密封胶。

塑料门窗安装的允许偏差和检验方法应符合表 9-9 的规定。

表 9-9 塑料门窗安装的允许偏差和检验方法

项 次	项 目		允许偏差/mm	检 验 方 法
1	门窗槽口宽度、高度	≤1500mm	2	用钢尺检查
		>1500mm	3	
2	门窗槽口对角线长度差	≤2000mm	3	用钢尺检查
		>2000mm	5	
3	门窗框的正、侧面垂直度		3	用垂直检测尺检查
4	门窗横框的水平度		3	用 1m 水平尺和塞尺检查
5	门窗横框标高		5	用钢尺检查
6	门窗竖向偏离中心		5	用钢直尺检查
7	双层门窗内外框间距		4	用钢尺检查
8	同樘平开窗相邻扇高度差		2	用钢直尺检查
9	平开门窗框扇四周的配合间隙		1	用塞尺检查
10	推拉门窗扇与框搭接量		2	用钢直尺检查
11	推拉门窗扇与竖框平行度		2	用 1m 水平尺和塞尺检查

9.5.4 铝合金门窗施工

1）画线定位。若为多层或高层建筑时，以顶层门窗边线为准，用线坠或经纬仪将门窗边线下引，并在各层门窗口处画线标记，对个别不直的口边应剔凿处理。

2）铝合金窗披水安装。按施工图纸要求将披水固定在铝合金窗上，且要保证位置正确、安装牢固。

3）防腐处理。门窗框四周外表面的防腐处理，设计有要求时，按设计要求处理；如果设计没有要求，可涂刷防腐涂料或粘贴塑料薄膜进行保护，以免水泥砂浆直接与铝合金门窗表面接触产生电化学反应，腐蚀铝合金门窗。

4）安装铝合金门窗框。根据门窗定位线的位置安装铝合金门窗框，注意调整门窗框的水平度、垂直度及对角线长度等，要符合质量标准；然后用木楔临时固定。

5）门窗框与墙体的连接一般采用固定片连接，固定片多为 1.5mm 厚的镀锌薄钢板，长度可根据现场需要进行加工。当墙体上有预埋件时，可直接把铝合金门窗的铁脚与墙体上的预埋件焊牢；当墙体上没有预埋件时，可用金属膨胀螺栓将铝合金门窗的铁脚固定到墙上。

6）门窗框与墙体之间缝隙的处理。在门窗框与墙体之间的安装缝隙进行密封处理前，需要进行隐蔽工程的验收，合格后方可进行施工。

7）安装门窗扇及门窗玻璃。平开门窗一般在框构架与扇构架组装上墙，且安装固定好之后再安装玻璃，先调整好框与扇的间隙，再将玻璃装入门窗扇并调整好位置，最后镶嵌密封条和填嵌密封胶。

8）安装五金配件齐全，并保证其使用灵活。

铝合金门窗安装的允许偏差和检验方法应符合表 9-10 的规定。

表 9-10　铝合金门窗安装的允许偏差和检验方法

项 次	项 目		允许偏差 /mm	检验方法
1	门窗槽口宽度、高度	≤ 2000mm	2	用钢卷尺检查
		>2000mm	3	
2	门窗槽口对角线长度差	≤ 2500mm	4	用钢卷尺检查
		>2500mm	5	
3	门窗框的正面、侧面垂直度		2	用 1m 垂直检测尺检查
4	门窗横框的水平度		2	用 1m 水平尺和塞尺检查
5	门窗横框标高		5	用钢卷尺检查
6	门窗竖向偏离中心		5	用钢卷尺检查
7	双层门窗内外框间距		4	用钢卷尺检查
8	推拉门窗扇与门窗框的搭接量	门	2	用钢直尺检查
		窗	1	

9.6　涂饰工程

涂料涂刷于建筑物表面并与基体材料很好地黏结，干结成膜后既对建筑物表面起到一定的保护作用，又能起到建筑装饰的效果。涂料具有色彩丰富、质感逼真、附着力强、施工方便、省工省料、施工效率高、工期短、造价低、维修方便等优点，因而应用十分广泛。

9.6.1　涂料的分类和组成

涂料的品种繁多，按装饰部位不同有内墙涂料、外墙涂料、吊顶涂料、地面涂料；按成膜物质不同有油性涂料（也称为油漆）、有机高分子涂料、无机高分子涂料、有机无机复合涂料；按涂料分散介质不同有溶剂型涂料、水性涂料、乳液型涂料（乳胶漆）。

涂料主要由胶粘剂、颜料、溶剂和辅助材料等组成。

9.6.2　涂饰工程施工

1. 基层处理

1）混凝土和抹灰表面。基层表面必须坚实，无酥松、脱层、起砂、粉化等现象，否则应铲除。基层表面要求平整，如有孔洞、裂缝，须用同种涂料配制的腻子批嵌，并除去表面的油污、灰尘、泥土等，清洗干净。对于施涂溶剂型涂料的基层，其含水率应控制在8%以内；对于施涂乳液型涂料的基层，其含水率应控制在10%以内。

2）木材基层表面。应先将木材表面上的灰尘污垢清除，并把木材表面的缝隙、飞边等用腻子填补磨光，木材基层的含水率不得大于12%。

3）金属基层表面。应将金属基层表面的灰尘、油渍、锈斑、焊渣、飞边等清除干净。

2. 涂料施工

涂料施工主要操作方法有刷涂、辊涂、喷涂、刮涂、弹涂、抹涂等。

1）刷涂是指用刷子蘸上涂料直接涂刷于基层表面，要求不流、不挂、不皱、不漏、不露刷痕。刷涂一般是多遍成活，使涂膜达到厚度一致、均匀连续的要求，故刷涂一般不少于两道，应在前一道涂料表面干燥后再涂刷下一道。

2）辊涂是利用涂料辊子蘸上少量涂料，在基层表面上下垂直来回滚动施涂。施工时阴角及上下口一般需先用排笔、鬃刷刷涂。

3）喷涂是一种利用压缩空气将涂料制成雾状（或粒状）喷出，涂于基层表面的机械施工方法。施工前，将涂料调至施工所需黏度，将其装入储罐或压力供料筒中。喷涂时，空气压缩机的压力应控制在0.4~0.8MPa，手握喷斗要稳，出料口与墙面要垂直，出料口距墙面500mm左右为宜，喷枪与墙面的相对位置如图9-36所示。喷涂前要用纸或塑料布将门窗扇及各种装饰体遮盖好，以避免污染。施工时先喷涂门窗口，然后横向来回旋转喷涂墙面，要防止漏喷和流淌。墙面一般喷两遍成活，两遍相隔的时间约为2h。喷涂路线应呈"S"形，如图9-37所示。

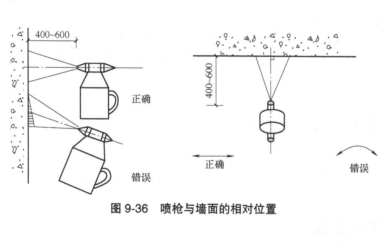

图 9-36　喷枪与墙面的相对位置

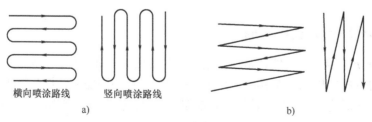

图 9-37　喷涂路线

a）正确的喷涂路线　b）错误的喷涂路线

4）刮涂是利用刮板将涂料均匀地批刮于基层表面，形成厚度为 1~2mm 的厚涂层。这种施工方法多用于地面等较厚层涂料的施涂。

5）弹涂时，先在基层刷涂 1~2 道底涂层，待其干燥后通过专用的弹涂工具将色浆均匀地溅在墙面上，形成直径 1~3mm 的圆状色点。

6）抹涂时，先在基层刷涂或辊涂 1~2 道底涂层，待其干燥后使用不锈钢抹灰工具将饰面涂料抹到底涂层上。一般抹 1~2 遍，间隔 1h 后再用不锈钢抹子压平。

9.6.3 涂饰工程质量验收标准

薄涂料的涂饰质量和检验方法应符合表 9-11 的规定，厚涂料、复层涂料的涂饰质量和检验方法应符合表 9-12 的规定。

表 9-11 薄涂料的涂饰质量和检验方法

项　次	项　目	普通涂饰	高级涂饰	检验方法
1	颜色	均匀一致	均匀一致	观察
2	泛碱、咬色	允许少量轻微	不允许	
3	流坠、疙瘩	允许少量轻微	不允许	
4	砂眼、刷纹	允许少量轻微砂眼，刷纹应通顺	无砂眼、无刷纹	
5	光泽、光滑	光泽基本均匀，光滑无挡手感	光泽均匀一致，光滑	

表 9-12 厚涂料、复层涂料的涂饰质量和检验方法

项　次	项　目	普通厚涂料	厚涂料	复层涂料	检验方法
1	颜色	均匀一致	均匀一致	均匀一致	观察
2	光泽	光泽基本均匀	光泽均匀一致	光泽基本均匀	
3	泛碱、咬色	允许少量轻微	不允许	不允许	
4	点状分布	—	疏密均匀	—	
5	喷点疏密程度	—	—	均匀，不允许连片	

9.7 玻璃幕墙工程

9.7.1 玻璃幕墙的分类和组成

幕墙又名建筑幕墙、帷幕墙，是现代建筑经常使用的一种立面，一般由金属、玻璃、石材以及各种板材等材料构成，安装在建筑物的最外层，作用同墙体，具有美观、防风、防雨、节能等特点。玻璃幕墙分为全玻璃幕墙、隐框玻璃幕墙、明框玻璃幕墙和点式玻璃幕墙。

1. 全玻璃幕墙

由玻璃面板和玻璃肋或点支撑装置、支撑结构构成的玻璃幕墙称为全玻璃幕墙。

2. 隐框玻璃幕墙

隐框玻璃幕墙是将玻璃用结构胶黏结在铝框上，大多数情况下不再加金属连接件，因此铝框全部隐蔽在玻璃后面，形成大面积的全玻璃镜面，如图9-38所示。隐框玻璃幕墙的节点大样如图9-39所示，玻璃与铝框之间完全靠结构胶黏结。

图 9-38 隐框玻璃幕墙

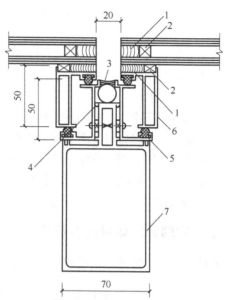

图 9-39 隐框玻璃幕墙节点大样示例
1—结构胶 2—垫块 3—耐候胶 4—泡沫棒
5—胶条 6—铝框 7—立柱

3. 明框玻璃幕墙

明框玻璃幕墙是指金属框架构件显露在外表面的玻璃幕墙，如图9-40所示，它有以型钢作骨架的玻璃幕墙和以铝合金型材作骨架的玻璃幕墙两种类型。

4. 点式玻璃幕墙

点式玻璃幕墙的支撑结构称为玻璃肋，采用金属紧固件和连接件将玻璃面板和玻璃肋相连接，形成玻璃幕墙，如图9-41所示。

图 9-40 明框玻璃幕墙

图 9-41 点式玻璃幕墙

9.7.2 玻璃幕墙施工

玻璃幕墙施工要点:

(1) 定位放线 玻璃幕墙的测量放线应与主体结构的测量放线相配合,其中心线和标高点由主体结构单位提供并校核准确。

(2) 骨架安装 骨架安装在定位放线后进行,骨架的固定是用连接件将骨架与主体结构相连。

玻璃幕墙安装
施工

(3) 立柱的安装 立柱先连接好连接件(铁马),再将连接件点焊在主体结构的预埋钢板上,然后调整位置(立柱的垂直度可用垂球控制);位置调整准确后,将支撑立柱的钢牛腿焊牢在预埋件上。

(4) 横梁的安装 横向杆件的安装,宜在竖向杆件安装后进行。如果横向杆件和竖向杆件均是型钢一类的材料,则可以采用焊接,也可以采用螺栓或其他办法连接。

(5) 玻璃安装 在安装前,应清洁玻璃表面,四边的铝框也要清除干净,以保证嵌缝耐候胶可靠黏结。幕墙玻璃之间的拼接胶缝的宽度应能满足玻璃和胶的变形要求,并不小于10mm。玻璃的镀膜面应朝室内方向。

9.7.3 玻璃幕墙质量验收标准

玻璃幕墙安装的允许偏差和检验方法应符合表 9-13、表 9-14 的规定。

表 9-13 明框玻璃幕墙安装的允许偏差和检验方法

项 次	项 目		允许偏差 /mm	检 验 方 法
1	幕墙垂直度	幕墙高度 <30m	10	用经纬仪检查
		30m< 幕墙高度 <60m	15	
		60m< 幕墙高度 <90m	20	
		幕墙高度 >90m	25	
2	幕墙水平度	幕墙幅宽 <35m	5	用水平尺检查
		幕墙幅宽 >35m	7	
3	构件直线度		2	用 2m 靠尺和塞尺检查
4	构件水平度	构件长度 <2m	2	用水平仪检查
		构件长度 >2m	3	
5	相邻构件错位		1	用钢直尺检查
6	分格框对角线长度差	对角线长度 <2m	3	用钢尺检查
		对角线长度 >2m	4	

表 9-14　隐框、半隐框玻璃幕墙安装的允许偏差和检验方法

项　次	项　　　目		允许偏差 /mm	检 验 方 法
1	幕墙垂直度	幕墙高度 <30m	10	用经纬仪检查
		30m< 幕墙高度 <60m	15	
		60m< 幕墙高度 <90m	20	
		幕墙高度 >90m	25	
2	幕墙水平度	幕墙幅宽 <35m	3	用水平尺检查
		幕墙幅宽 >35m	5	
3	幕墙表面平整度		2	用 2m 靠尺和塞尺检查
4	板材立面垂直度		2	用垂直检测尺检查
5	板材上沿水平度		2	用 1m 水平尺和钢直尺检查
6	相邻板材板角错位		1	用钢直尺检查
7	阳角方正		2	用直角检测尺检查
8	接缝直线度		3	拉 5m 线，不足 5m 拉通线，用钢尺检查
9	接缝高低差		1	用钢直尺和塞尺检查
10	接缝宽度		1	用钢直尺检查

学 习 鉴 定

思维导图

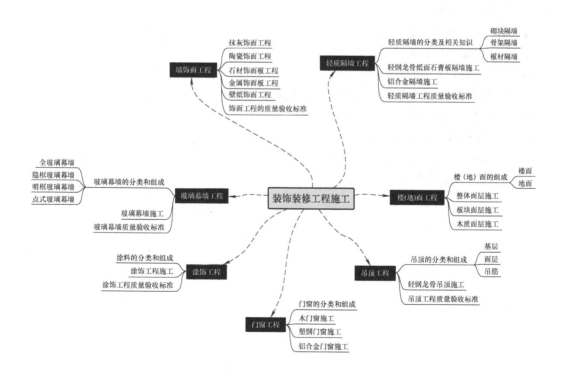

一、名词解释

1. 一般抹灰。
2. 吊筋。
3. 吊顶。
4. 立框。
5. 塞框。

二、填空题

1. 建筑装饰装修工程大致分为_____、_____、_____、_____、_____、_____、_____等。
2. 抹灰工程主要有两种：_____和_____。
3. 抹灰墙面构造主要有_____、_____、_____。
4. 铝合金隔墙是用_____组成框架，再配以玻璃等其他材料装配而成。
5. 纸面石膏板可以用_____直接固定在金属龙骨上。
6. 在骨架式隔墙安装纸面石膏板施工时，纸面石膏板之间的接缝分为_____和_____两种做法。
7. 在进行板材隔墙安装时，石膏空心板立面垂直度允许偏差不得超过_____。
8. 木门窗的安装一般有_____安装和_____安装两种方法。
9. 涂料饰面的施工方法一般有_____、辊涂、_____、弹涂、_____、刮涂等。
10. 整体面层施工包括_____、_____、_____。

三、问答题

1. 一般抹灰分为几级？具体有哪些要求？
2. 简述板块面层施工要点。
3. 石材饰面板施工的施工方法有哪些？
4. 轻质隔墙的特点是什么？
5. 骨架式隔墙常用的材料是什么？
6. 板材式隔墙常用的材料是什么？
7. 简述锚固灌浆法和干挂法的施工工艺流程。
8. 简述架铺木地板基层的施工工艺流程。
9. 门扇按材料一般分为哪些？
10. 门窗按其开启方式可以分为哪些？
11. 木门窗的安装方法有哪些？

墙体保温工程施工

素养目标：

发掘学生自我潜能，增强专业实力，锻炼学生独立思考、自主学习的能力，使学生树立正确的世界观、人生观、价值观；坚持以人为本，让学生有目的地学习，提高学习效率，不断完善个人素质，最终达到全面发展的目的。

教学目标：

1. 掌握外墙保温的基本构造和特点。
2. 掌握胶粉聚苯颗粒保温浆料外墙内保温施工的质量标准、施工工艺及质量验收方法。
3. 掌握 EPS 板薄抹灰外墙外保温系统的构造。
4. 掌握 EPS 板现浇混凝土外墙外保温系统的施工工艺。
5. 熟悉 EPS 钢丝网架聚苯板现浇混凝土外保温系统的构造。
6. 熟悉 EPS 钢丝网架聚苯板现浇混凝土外保温系统的施工工艺流程。
7. 掌握外墙外保温工程验收的基本规定。

问题引入：

当今，天气炎热或者寒冷时，人们会通过开空调来调节室内温度，达到舒适的效果，但是这样不仅造成过多的电能消耗，还会给环境造成污染，那么墙体保温怎么做呢？

10.1　外墙保温系统的构造及要求

10.1.1　外墙保温的基本构造及特点

外墙保温系统按保温层的位置分为外墙内保温系统和外墙外保温系统两大类，其基本构造做法如图 10-1 所示。

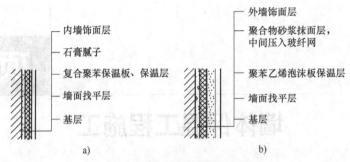

图 10-1　外墙保温系统的基本构造

a）增强石膏复合聚苯保温板外墙内保温　b）聚苯乙烯泡沫板（EPS）外墙外保温

1. 外墙内保温系统的构造及特点

外墙内保温系统主要由基层、保温层和饰面层构成，其构造如图 10-1a 所示。外墙内保温施工是在外墙结构的内部加做保温层，内保温施工速度快，操作方便灵活，可以保证施工进度。内保温已有较长的使用时间，施工技术成熟，检验标准较为完善。

目前，使用较多的内保温材料和技术有增强石膏复合聚苯保温板、聚合物砂浆、复合聚苯保温板、增强水泥复合聚苯保温板、内墙贴聚苯板、粉刷石膏抹面及聚苯颗粒保温料浆加抗裂砂浆压入网格布抹面等。

2. 外墙外保温系统的构造及特点

（1）外墙外保温系统的构造　外墙外保温系统主要由基层、保温层、抹面层、饰面层构成，其构造如图 10-1b 所示。

1）基层。基层是指外墙外保温系统所依附的外墙。

2）保温层。保温层由保温材料组成，是在外墙外保温系统中起保温作用的构造层。

3）抹面层。抹面层抹在保温层上，中间夹有增强网保护保温层，同时起防裂、防水和抗冲击作用。抹面层可分为薄抹面层和厚抹面层。用于 EPS 板和胶粉 EPS 颗粒保温浆料时为薄抹面层，用于 EPS 钢丝网架板时为厚抹面层。对于具有薄抹面层的系统，抹面层厚度应不小于 3mm，并且不宜大于 6mm；对于具有厚抹面层的系统，抹面层厚度应为 25~30mm。

4）饰面层。饰面层是外保温系统的外装饰层。

一般把抹面层和饰面层总称为保护层。

（2）外墙外保温系统的特点　外保温是目前大力推广的一种建筑保温节能技术，外保温与内保温相比较有明显的优越性，使用同样规格、同样尺寸和性能的保温材料，外保温比内保温的保温效果更好。外保温技术不仅适用于新建的结构工程，也适用于旧楼改造。外墙外保温系统有如下的特点：

1）节能。由于采用热导率较低的聚苯板整体将建筑物外面包起来，消除了热桥，减少了外界自然环境对建筑的冷热冲击，可达到较好的保温节能效果。

2）牢固。由于外保温材料与墙体采用了可靠的连接技术，使外保温材料与墙面具有可靠的附着效果，耐候性、耐久性更好、更强。

3）防水。外墙外保温系统具有高弹性和整体性，解决了墙面开裂、表面渗水的通病，特别对陈旧墙面的局部裂纹有整体覆盖作用。

4）质量轻。外墙外保温系统所用材料可将建筑房屋的外墙厚度减小，不但减少了砌筑工程量、缩短了工期，还减轻了建筑物自重。

5）阻燃。外墙外保温系统所用的聚苯板为阻燃型材料，具有隔热、无毒、自熄、防火等功能。

6）易施工。外墙外保温系统施工简单，具有一般抹灰水平的技术工人，经短期培训后即可进行现场操作。外墙外保温系统对建筑物基层有广泛的适用性，基层可以是混凝土、砌块、石材、石膏板等。

10.1.2　外墙保温的基本要求

1. 外墙保温工程的基本规定

外墙保温应能适应基层的正常变形而不产生裂缝或空鼓，应能长期承受自重而不产生有害的变形；外墙保温工程在遇地震发生时不应从基层上脱落，外保温复合墙体的保温、隔热和防潮性能应符合国家现行标准。外墙外保温工程应能承受风荷载的作用而不产生破坏，外墙外保温工程应能耐受室外气候的长期反复作用而不产生破坏，高层建筑外墙保温工程应采取防火构造措施，外墙外保温工程应具有防水渗透性能，外墙外保温工程各组成部分应具有物理、化学稳定性。外墙保温工程的所有组成材料应彼此相容并应具有防腐性；在可能受到生物侵害（鼠害、虫害等）时，外墙外保温工程还应具有防生物侵害性能。在正确使用和正常维护的条件下，外墙外保温工程的使用年限不应少于 25 年。因篇幅所限，下面只介绍外墙外保温工程的性能要求。

2. 外墙外保温工程的性能要求

（1）外墙外保温系统的性能要求　外墙外保温系统应按规定进行耐候性试验，经耐候性试验后，不得出现饰面层起泡或剥落、保护层空鼓或脱落等破坏，不得产生渗水裂缝。具有薄抹面层的外墙外保温系统，抹面层与保温层的拉伸黏结强度不得小于 0.1MPa，并且破坏部位应位于保温层内。

外墙外保温系统应按规定对玻纤网进行耐碱拉伸断裂强力检验，增强玻纤网的经向和纬向耐碱拉伸断裂强力均不得小于 750N/50mm，耐碱拉伸断裂强力保留率均不得小于 50%。

外墙外保温系统性能要求及试验方法应符合表 10-1 的规定。

表 10-1　外墙外保温系统性能要求及试验方法

检 验 项 目	性 能 要 求	试验方法 [《外墙外保温工程技术标准》（JGJ 144—2019）]
耐冻融性	30 次冻融循环后，系统无空鼓、剥落，无可见裂缝；拉伸黏结强度符合《外墙外保温工程技术标准》（JGJ 144—2019）表 4.0.2 规定	附录 A 第 A.3 节
抗冲击性	1）建筑物首层墙面及门窗口等易受碰撞部位：10J 级 2）建筑物二层及以上墙面：3J 级	附录 A 第 A.4 节
吸水量	≤ 500g/m²	附录 A 第 A.5 节
热阻	符合设计要求	附录 A 第 A.8 节
抹面层不透水性	2h 不透水	附录 A 第 A.9 节
防护层水蒸气渗透阻	符合设计要求	附录 A 第 A.10 节

注：当需要检验外保温系统抗风荷载性能时，性能指标和试验方法由供需双方协商确定。

（2）主要组成材料性能要求　外墙外保温系统主要组成材料性能要求及试验方法应符合表 10-2 的规定。

表 10-2　外墙外保温系统主要组成材料性能要求及试验方法

检验项目	性能要求				试验方法
	EPS 板		XPS 板	PUR 板	
	033 级	039 级			
热导率 / [W/（m·K）]	≤ 0.033	≤ 0.039	≤ 0.030	≤ 0.024	《绝热材料稳态热阻及有关特性的测定　防护热板法》（GB/T 10294—2008）、《绝热材料稳态热阻及有关特性的测定　热流计法》（GB/T 10295—2008）
表观密度 / （kg/m³）	18~22		25~35	≥ 35	《泡沫塑料及橡胶　表观密度的测定》（GB/T 6343—2009）
垂直于板面方向的抗拉强度 / MPa	≥ 0.10		≥ 0.10	≥ 0.10	《外墙外保温工程技术标准》（JGJ 144—2019）附录 A 第 A.6 节
尺寸稳定性 （%）	≤ 0.3		≤ 1.0	≤ 1.0	《硬质泡沫塑料　尺寸稳定性试验方法》（GB/T 8811—2008）
吸水率 （V/V，%）	≤ 3		≤ 1.5	≤ 3	《绝热用模塑聚苯乙烯泡沫塑料》（GB/T 10801.1—2021）、《绝热用挤塑聚苯乙烯泡沫塑料（XPS）》（GB/T 10801.2—2018）、《硬质泡沫塑料吸水率的测定》（GB/T 8810—2005）
燃烧性能等级	B₁ 级		不低于 B₂ 级		《建筑材料及制品燃烧性能分级》（GB 8624—2012）

注：不带表皮的挤塑聚苯板的性能指标按相关标准取值。

10.1.3　外墙保温系统施工的一般规定

除采用现浇混凝土外墙外保温系统外，外墙保温系统的施工应在基层施工质量验收合格后进行；除采用现浇混凝土外墙外保温系统外，外墙保温系统施工前，外门窗洞口应通过验收，洞口的尺寸、位置应符合设计要求和质量要求，门窗框或辅框应安装完毕，伸出墙面的消防梯、雨水管、各种进户管线和空调器等的预埋件、连接件应安装完毕，并按外墙保温系统的厚度留出间隙。

准备用于外墙保温系统施工的基层应坚实、平整；保温层施工前，应进行基层处理。

10.2　外墙内保温系统施工

10.2.1　增强石膏复合聚苯保温板外墙内保温的施工

1. 增强石膏复合聚苯保温板外墙内保温的构造

增强石膏复合聚苯保温板外墙内保温的构造如图 10-1a 所示。

2. 材料的准备及要求

1）增强石膏复合聚苯保温板。规格尺寸：长 2400~2700mm，宽 595mm，厚 50~60mm；技术性能：面密度 ≤ 25kg/m²，含水率 ≤ 5%，抗弯荷载 ≥ 1.5G（G 为板材的质量），抗压强度（面层）≥ 7.0MPa，收缩率 ≤ 0.08%，软化系数 >0.50。

复合保温外模
板生产及施工
工艺动画演示

2）胶粘剂。胶粘剂可以采用 SG-791 建筑胶与建筑石膏粉调制成，配合比是建筑石膏粉：SG-791 建筑胶 =1：(0.6 ~0.7)（质量比），适用于石膏条板之间的黏结，以及石膏条板与砖墙、混凝土墙的黏结。

3）建筑石膏粉及石膏腻子。建筑石膏粉应符合三级以上标准。石膏腻子的抗压强度 >2.5MPa，抗弯强度 >1.0MPa，黏结强度 >0.2MPa，终凝时间 3h。

4）玻纤网格布条。玻纤网格布条用于板缝处理（布宽 50mm）和墙面转角附加层施工（布宽 200mm）。

3. 作业条件

结构已验收，屋面防水层已施工完毕。墙面弹出 500mm 标高线，内隔墙、外墙、门窗框、窗台板安装完毕；门窗抹灰完毕；水暖及装饰工程分别需用的管卡、挂钩、窗帘杆等预埋件已留出位置或埋设完毕，操作地点环境温度不低于 5℃。

4. 施工工艺

（1）增强石膏复合聚苯保温板外墙内保温施工工艺流程　墙面清理→排版、弹线→配板、修补→标出管卡、挂钩等预埋件位置→墙面贴灰饼→安装接线盒、管卡、预埋件等→粘贴防水保温踢脚板→安装保温板→板缝及阴（阳）角处理→板面装饰。

（2）施工要点

1）墙面清理。凡突出墙面 20mm 的砂浆块、混凝土块必须剔除，并扫净墙面。

2）排版、弹线。以门窗洞口边为基准，向两边按板宽 600mm 排版；按保温层的厚度，在墙面、顶面、地面上弹出保温墙面的边线。

3）配板、修补。按排版进行配板。增强石膏复合聚苯保温板的长度应略小于顶板到踢脚板上口的净高尺寸；计算并量测门窗洞口上部及窗口下部的保温板尺寸，并按此尺寸配板。锯裁的窄板放置在阴角。有缺陷的板应修补。

4）墙面贴灰饼。在墙面贴灰饼位置，用钢丝刷刷出直径不少于 100mm 的洁净面，并浇水润湿，刷一道 801 胶水泥素浆；检查墙面的平整度后、垂直度后，找规矩贴灰饼。

5）安装接线盒、管卡、预埋件。安装接线盒时，接线盒高出冲筋面不得大于保温板的厚度，且要稳定牢固。

6）粘贴防水保温踢脚板。在踢脚板内侧，按 200 ~300mm 间距布设 EC-6 砂浆胶粘剂粘贴点，同时在踢脚板底面及相邻的已粘贴上墙的踢脚板侧面满刮胶粘剂。

7）安装保温板。将接线盒、管卡、预埋件的位置准确地翻样到保温板板面，并开出洞口。保温板安装顺序宜从左至右依次进行。板的侧面、顶面、底面应清扫干净，在墙侧面、墙顶面、踢脚板上口、保温板顶面、保温板底面、保温板侧面（所有拼合面）、灰饼面上先刷一道 SG-791 建筑胶，再满刮 SG-791 建筑胶，按弹线位置立即安装就位保温板，按以上操作办法依次安装其他保温板。安装过程中随时用 2m 靠尺及塞尺测量墙面的平整度，用 2m 托线板检查板的垂直度，高出的部分用橡胶锤敲平。面板安装的允许偏差及检验方法见表 10-3。

表 10-3 外墙内保温面板安装的允许偏差及检验方法

序 号	项 目	允许偏差 /mm			检 验 方 法
		增强石膏复合聚苯保温板	人造模板	水泥纤维板	
1	表面平整度	3	4	4	用 2m 靠尺和塞尺检查
2	立面垂直度	3	3	3	用 2m 垂直检测尺检查
3	阴（阳）角方正	3	3	3	用直角检测尺检查
4	接线直线度	—	3	3	拉 5m 线，不足 5m 拉通线，用钢直尺检查
5	压条直线度	—	3	3	
6	接缝高低差	1	1	1	用钢直尺和塞尺检查

8）板缝及阴（阳）角处理。保温板安装 10d 后，检查所有缝隙是否黏结良好，有无裂缝；如出现裂缝，应查明原因后进行修补。

9）板面装饰。板面打磨平整后，满刮石膏腻子一道，干燥后需打磨平整，最后按设计规定做内饰面层。

10.2.2 胶粉聚苯颗粒保温浆料外墙内保温的施工

1. 胶粉聚苯颗粒保温浆料外墙内保温的构造

胶粉聚苯颗粒保温浆料外墙内保温的构造如图 10-2 所示。

胶粉聚苯颗粒保温砂浆施工方案

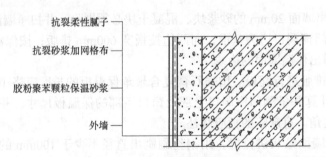

图 10-2 胶粉聚苯颗粒保温浆料外墙内保温的构造

2. 施工准备

（1）材料的准备和要求

1）水泥。矿渣水泥或普通硅酸盐水泥的强度等级不低于 32.5 级，应有出厂证明和复试单。当出厂超过三个月时，水泥必须做复试并按试验结果使用。严禁使用受潮水泥。

2）砂。应使用平均粒径为 0.35~0.5mm 的中砂，砂的颗粒要求质地坚硬、洁净，含泥量不得大于 3%，不得含有草根、树叶、碱质和其他有机物等杂质。砂在使用前应按使用要求过不同孔径的筛。

3）界面剂。界面剂应有产品合格证、性能检测报告，并应符合相关规定，进场后及时进行检验。

4）胶粉料。其主要技术性能指标见表 10-4。

表 10-4 胶粉料主要技术性能指标

项 目	单 位	指 标
初凝时间	h	≥ 4
终凝时间	h	≤ 16
安定性	—	合格
拉伸黏结强度（常温 28d）	MPa	≥ 0.6
浸水拉伸黏结强度（常温 28d，浸水 7d）	MPa	≤ 0.4

5）聚苯颗粒。其主要技术性能指标见表 10-5。

表 10-5 聚苯颗粒主要技术性能指标

项 目	单 位	指 标
堆积密度	kg/m³	8.0~21.0
粒度（5mm 筛孔筛余）	%	≤ 5

6）玻璃纤维网格布。其主要技术性能指标见表 10-6。

表 10-6 玻璃纤维网格布主要技术性能指标

项 目		单 位	指 标
外观		—	合格
长度、宽度		m	50~100；0.9~1.2
网孔中心距	普通型	mm	4 × 4
	加强型		6 × 6
单位面积质量	普通型	g/m²	≥ 160
	加强型		≥ 500
断裂强力（经向、纬向）	普通型	N/50mm	≥ 1250
	加强型	N/50mm	≥ 3000
耐碱强力保留率 28d（经向、纬向）		%	≥ 90
断裂拉伸率（经向、纬向）		%	≤ 5
涂塑量	普通型	g/m²	≥ 20
	加强型		
玻璃成分		%	符合《玻璃纤维工业用玻璃球》（JC 935—2004）的规定

7）抗裂柔性腻子。其主要技术性能指标见表 10-7。

表 10-7 抗裂柔性腻子主要技术性能指标

项 目		单 位	指 标
柔性耐水腻子	容器中状态	—	无结块、均匀
	施工性	—	刮涂无障碍
	干燥时间（表干）	h	≤ 5
	打磨性	—	手工可打磨
	耐水性 96h	—	无异常
	耐碱性 48h	—	无异常
	黏结强度 标准状态	MPa	≥ 0.60
	黏结强度 浸水后	MPa	≥ 0.40
	柔韧性	—	直径 50mm，无裂纹
	低温储存稳定性	—	−5℃冷冻 4h 无变化，刮涂无困难
	稠度	mm	110~130

（2）机具设备的准备

1）施工机械。强制式砂浆搅拌机、手提式搅拌器。

2）工具。手推车、灰槽、灰勺、刮杠、靠尺板、铁抹子、木抹子、阴（阳）角抹子、水桶、壁纸刀、辊刷、铁锹、扫帚、锤子、錾子。

3）计量检测用品。磅秤、钢尺、水平尺、方尺、托线板、线垂、探针。

4）安全防护用品。口罩、手套、护目镜等。

3. 作业条件及技术准备

1）结构工程已验收合格。

2）测设标高控制线（+500mm 线）并经预检合格。

3）门窗框已安装完毕，与墙体连接牢固，缝隙堵塞密实，有完好的保护措施。

4）墙面的预埋件位置已留出或已安装完毕，水电管线、配电箱（盒）安装完毕。

5）抹灰用的高凳或脚手架搭设完毕，脚手架（板）铺设符合安全要求并检查合格。

6）编制分项工程施工方案并经审批合格，对操作人员进行安全技术交底。

7）在大面积施工前应先做样板，经监理、设计单位确认后，方可进行大面积施工。

4. 施工工艺

（1）施工工艺流程　配置砂浆→基层墙体处理→涂刷界面砂浆→吊垂直、套方、弹控制线、贴灰饼冲筋→抹第一遍聚苯颗粒保温浆料→（24h 后）抹第二遍聚苯颗粒保温浆料→（晾干后）画分格线、开分格槽、粘贴分格条及滴水槽→保温层验收→抹抗裂砂浆、压入网格布→抗裂砂浆找平、压光→抗裂层验收→刮柔性抗裂腻子→验收。

（2）施工要点

1）配制砂浆时应注意以下两点：

① 界面砂浆的配制：水泥：中砂：界面剂 =1：1：1（质量比），要准确计量，搅拌成均匀膏状。

② 胶粉聚苯颗粒保温浆料的配制：胶粉聚苯颗粒保温浆料由胶粉料与聚苯颗粒（两种材料分袋包装）组成，配制时先将 35~40kg 水倒入砂浆搅拌机内，然后倒入 25kg 的胶粉料，搅拌 3~5min 后，再倒入 200L 的聚苯颗粒继续搅拌 3min，可按施工稠度适当调整加水量。搅拌均匀

后倒出，随拌随用，并在3~4h内用完。配置完的胶粉聚苯颗粒保温浆料的性能指标见表10-8。

表 10-8　胶粉聚苯颗粒保温浆料的性能指标

检验项目			性能要求		试验方法
			保温浆料	贴砌浆料	
热导率 /［W/（m·K）］			≤ 0.060	≤ 0.080	《绝热材料稳态热阻及有关特性的测定　防护热板法》（GB/T 10294—2008）、《绝热材料稳态热阻及有关特性的测定　热流计法》（GB/T 10295—2008）
干表观密度 /（kg/m³）			180~250	250~350	《胶粉聚苯颗粒外墙外保温系统材料》（JG/T 158—2013）
抗压强度 /MPa			≥ 0.20	≥ 0.30	《胶粉聚苯颗粒外墙外保温系统材料》（JG/T 158—2013）
抗拉强度 /MPa			≥ 0.06	≥ 0.12	《外墙外保温工程技术标准》（JGJ 144—2019）附录 A 第 A.6 节
转化系数			≥ 0.5	≥ 0.6	《胶粉聚苯颗粒外墙外保温系统材料》（JG/T 158—2013）
线性收缩率（%）			≤ 0.3	≤ 0.3	《胶粉聚苯颗粒外墙外保温系统材料》（JG/T 158—2013）
燃烧性能等级			不低于 B₁ 级	A 级	《建筑材料及制品燃烧性能分级》（GB 8624—2012）
拉伸黏结强度 /MPa	与带界面砂浆的水泥砂浆	原强度	≥ 0.06	≥ 0.12	《胶粉聚苯颗粒外墙外保温系统材料》（JG/T 158—2013）
		浸水 48h，干燥 14d		≥ 0.10	
	与带界面砂浆的EPS 板	原强度	—	≥ 0.10	
		浸水 48h，干燥 14d		≥ 0.08	

2）处理基层墙体时，应剔除混凝土墙面突出部分及杂物，用钢丝刷满刷一遍，然后用扫帚蘸清水把表面残渣、浮尘清扫干净；表面沾有油污时，用去污剂处理，并用清水冲洗晾干。应将砖墙表面的残余砂浆、灰尘清理干净，堵好脚手眼，浇水湿润。

3）涂刷界面砂浆时，用辊刷或扫帚蘸取界面砂浆并均匀涂刷（甩）在墙面上，不得漏刷（甩），也不宜太厚。

4）吊垂直、套方、弹控制线、贴灰饼冲筋时，分别在门窗口四角、垛、墙面等处吊垂直、套方，并在侧墙、顶板处根据保温层厚度弹出抹灰控制线。用胶粉聚苯颗粒保温浆料做灰饼，灰饼间距 1.2~1.5m；并用胶粉聚苯颗粒保温浆料冲筋，筋宽 50~100mm，既可冲立筋也可冲横筋。

（3）季节性施工

1）雨期施工时，保温材料应入库存放，不得雨淋受潮，并经常测试砂的含水率，随时调整砂浆用水量。

2）冬期施工时，室内环境温度不低于5℃。

3）冬期施工搅拌保温浆料、抗裂砂浆时应采用热水拌和，运输时采取保温措施，涂抹时保温浆料温度不得低于5℃。

10.3 外墙外保温系统施工

EPS 模块外保温现浇混凝土系统

10.3.1 EPS 板薄抹灰外墙外保温系统施工

1. EPS 板薄抹灰外墙外保温系统的构造

EPS 板薄抹灰外墙外保温系统（简称 EPS 板薄抹灰系统）由 EPS 板保温层、薄抹面层和饰面涂层构成（图 10-3），EPS 板用胶粘剂固定在基层上，薄抹面层中满铺玻纤网，当建筑物高度在 20m 以上时，在受负风压作用较大的部位宜使用锚栓辅助固定。

2. 施工准备

1）材料的准备及要求。EPS 板采用密度为 $18\sim20kg/m^3$ 的自熄型板材，储存时应摆放平整，防止雨淋及阳光暴晒。

2）施工工具的准备。EPS 板薄抹灰外墙外保温系统施工主要工具有：锯条或刀锯、打磨 EPS 板的粗砂挫条或专用工具、铁勺、铝合金靠尺、钢卷尺、线绳、线坠、墨斗、铁灰槽、小铁平锹、提漏（1kg/ 个或 5kg/ 个）、塑料桶（建议能装 15kg 水泥，作为量桶）、铁筛网（16 目）。

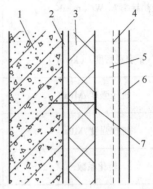

图 10-3 EPS 板薄抹灰系统的构造
1—基层 2—胶粘剂 3—EPS 板 4—玻纤网
5—薄抹面层 6—饰面涂层 7—锚栓

3. 基层的要求

基层表面应光滑、坚固、干燥、无污染或其他有害的材料；墙外的消防梯、雨水管、防盗窗等的预埋件、进口管线或其他预留洞口，应按设计图纸或施工验收规范要求提前施工并验收。

4. 施工工艺流程

EPS 板薄抹灰外墙外保温系统的施工工艺流程：基面检查或处理→工具准备→阴（阳）角、门窗与墙的交接处挂线→基层墙体湿润→配制聚合物砂浆，挑选 EPS 板→粘贴 EPS 板→ EPS 板塞缝，打磨、找平墙面→配制聚合物砂浆→ EPS 板面抹聚合物砂浆，门窗洞口处理，粘贴玻纤网，面层抹聚合物砂浆→找平修补，嵌密封膏→外饰面施工。

10.3.2 胶粉 EPS 颗粒保温浆料外墙外保温系统施工

1. 胶粉 EPS 颗粒保温浆料外墙外保温系统的构造

胶粉 EPS 颗粒保温浆料外墙外保温系统（以下简称保温浆料系统）应由界面层、胶粉 EPS 颗粒保温浆料保温层、抗裂砂浆薄抹面层和饰面层组成（图 10-4），保温浆料系统的性能应符合表 10-9 的要求。

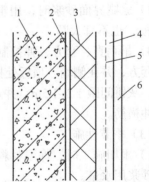

图 10-4 保温浆料系统的构造
1—基层 2—界面砂浆（界面层） 3—胶粉 EPS 颗粒保温浆料保温层 4—抗裂砂浆薄抹面层 5—玻纤网 6—饰面层

表 10-9　保温浆料系统的性能指标

试 验 项 目			性 能 指 标
耐候性			经 80 次高温（70℃）、淋水（15℃）循环和 20 次加热（50℃）、冷冻（-20℃）循环后不得出现开裂、空鼓或脱落。抗裂防护层与保温层的拉伸黏结强度不应小于 0.1MPa
吸水量 /（g/m²），浸水 1h			≤ 1000
抗冲击强度	C 型	普通型（单网）	3J 冲击合格
		加强型（双网）	10J 冲击合格
	T 型		3J 冲击合格
抗风压值			不小于工程项目的风荷载设计值
水蒸气湿流密度 /[g/（m²·h）]			≥ 0.85
耐冻融			严寒及寒冷地区 30 次循环、夏热冬冷地区 10 次循环表面无裂纹、空鼓、起泡、剥离现象
不透水性			试样防护层内侧无水渗透
耐磨损，500L 砂			无开裂、龟裂或表面保护层剥落、损伤
系统抗拉强度 /MPa			≥ 0.1，并且破坏部位不得位于各层界面
抗震性能			设防烈度等级下的砖饰面及外保温系统无脱落
耐火反应性			不应被点燃，试验结束后试件厚度变化不超过 10%

保温浆料系统施工工艺流程如图 10-5 所示，施工要点如下：

（1）基层墙面处理　保温施工前应会同相关部门做好结构验收，外墙面基层的垂直度和平整度应符合国家现行施工验收规范的要求。进行保温层隐蔽施工前应做好如下检查工作，并确认墙体的平整度、垂直度的允许偏差在验收标准规定的范围内：

1）外墙面的阳台栏杆、雨水管托架、外挂消防梯等处应安装完毕并验收合格，墙面的暗埋管线、线盒、预埋件、空调孔等应提前安装完毕并验收合格。

2）外窗辅框应安装完毕并验收合格。

3）墙面脚手架孔、模板穿墙孔及墙面缺损处用水泥砂浆修补完毕并验收合格。

4）主体结构的变形缝、伸缩缝应提前做好处理。

5）彻底清除基层墙体表面的灰尘、油污、隔离剂、风化物等影响墙面施工的物质，墙体表面突起物 ≥ 10mm 时应剔除。

6）各种材料的基层墙面均应用辊刷满刷界面砂浆，注意界面砂浆不宜施工过厚。

（2）保温层施工

1）保温浆料应分层作业施工完成，每次抹灰厚度宜控制在 20mm 左右，分层抹灰至设计保温层厚度，每层施工时间间隔 24h。

2）保温浆料底层抹灰顺序应按照从上至下、从左至右进行，在压实的基础上可尽量加大施工抹灰厚度，抹至与灰饼相差 1mm 左右为宜。

3）保温浆料中层抹灰厚度要抹至与灰饼平齐。中层抹灰完成后，应用大杠在墙面上来回搓抹，去高补低，最后用铁抹子抹压一遍，使保温浆料层表面平整，厚度与灰饼一致。

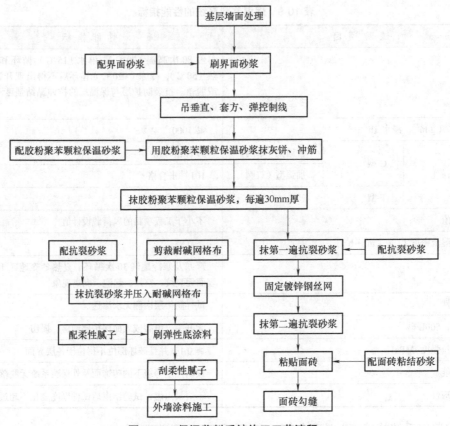

图 10-5　保温浆料系统施工工艺流程

4）保温浆料面层抹灰应在中层抹灰 4h 之后进行。施工前应用杠尺检查墙面平整度，偏差应控制在 ±2mm。保温浆料面层抹灰时应以修补为主，对于凹陷处用稀浆料抹平，对于凸起处可用抹子立起来将其刮平，最后用抹子分遍赶压平整。

5）保温浆料施工时要注意清理落地浆料，落地浆料在 4h 内重新搅拌即可使用。

10.3.3　EPS 板现浇混凝土外墙外保温系统施工

1. EPS 板现浇混凝土外墙外保温系统的构造

EPS 板现浇混凝土外墙外保温系统（以下简称无网现浇系统）以现浇混凝土外墙作为基层，以阻燃型 EPS 板为保温层（图 10-6）。EPS 板内表面（与现浇混凝土接触的表面）沿水平方向开有矩形齿槽，内、外表面均满涂界面砂浆。在施工时，将 EPS 板置于外模板内侧，并安装锚栓作为辅助固定件。浇筑混凝土后，墙体与 EPS 板以及锚栓结合为一体，拆模后外保温与墙体同时完成。EPS 板表面抹抗裂砂浆薄抹面层，外表以涂料为饰面层。

无网现浇系统具有施工简单、安全、省工、省力、经济、与墙体结合紧密、能在冬期施工等特点，并摆脱了人贴手抹的人工操作方式，实现了外保温安装的工业化施工，有很好的经济效益和社会效益，适用于现浇混凝土剪力墙结构的外保温系统。

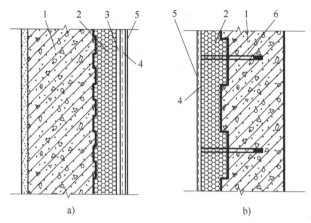

图 10-6　EPS 板现浇混凝土外墙外保温系统的基本构造

a）带胶粉聚苯颗粒保温浆料找平　b）不带胶粉聚苯颗粒保温浆料找平
1—现浇混凝土外墙　2—阻燃型 EPS 板保温层　3—胶粉聚苯颗粒浆料找平层
4—抗裂砂浆复合耐碱网布　5—弹性底涂料、柔性腻子及涂料面层　6—锚栓

2. 材料性能要求

1）无网现浇系统施工所用 EPS 板应为阻燃型，其性能指标除应符合表 10-10 的要求外，还应符合《绝热用模塑聚苯乙烯泡沫塑料（EPS）》（GB/T 10801.1—2021）的要求，EPS 板出厂前应在自然条件下陈化 42d 或在 60℃蒸汽中陈化 5d。

表 10-10　EPS 板主要性能指标

试 验 项 目	单　位	性 能 指 标
热导率	W/（m·K）	≤ 0.041
表观密度	kg/m³	18.0~22.0
垂直于板面方向的抗拉强度	MPa	≥ 1.0
尺寸稳定性	%	≤ 0.30

2）EPS 板界面砂浆的性能指标应符合表 10-11 的要求。

表 10-11　EPS 板界面砂浆的性能指标

项　　目		单位	性 能 指 标		
			基层界面砂浆	EPS 板界面砂浆	XPS 板界面砂浆
拉伸黏结强度（与水泥砂浆）	标准状态	MPa	≥ 0.5	—	
	浸水处理		≥ 0.3		
拉伸黏结强度（与 EPS 板）	标准状态	MPa	—	≥ 0.10 且 EPS 板破坏	≥ 0.15 且 XPS 板破坏
	浸水处理		—		
涂覆在 EPS 板上后的可燃性（表面点火 60s）		—	—	60s 内无火焰及燃烧滴落物引燃滤纸现象	

3）无网现浇系统施工用锚栓的技术性能指标见表10-12。

表10-12　无网现浇系统施工用锚栓的技术性能指标

项　　目		测试纸/kg	测 试 条 件
握紧力	ϕ 8 系列	≥ 300	钻孔直径 8mm，进入墙体深度 40mm
	ϕ 10 系列	≥ 400	钻孔直径 10mm，进入墙体深度 50mm
吊挂力	ϕ 8 系列	≥ 300	—
	ϕ 10 系列	≥ 400	—

3. 施工工艺流程

绑扎垫块、聚苯板加工→安装聚苯板→立内侧模板、穿穿墙螺栓→立外侧模板、紧固螺栓、调垂直→混凝土浇筑→拆除模扳→聚苯板表面清理、配胶粉聚苯颗粒保温浆料→抹胶粉聚苯颗粒并找平→配抗裂砂浆、裁剪耐碱网格布、抹抗裂砂浆、压入耐碱网格布→配制弹性底涂料、涂刷弹性底涂料→配制柔性腻子、刮涂柔性腻子→外墙饰面施工。

4. 施工要点

（1）聚苯板加工

1）带企口聚苯板加工要求：带企口聚苯板应按设计尺寸加工，板的长、宽、对角线的尺寸误差不应大于 2mm，厚度、企口误差不大于 1mm。板的双面采用聚苯板涂刷界面砂浆进行处理，注意不要漏刷，对破坏部位应及时修补；聚苯板在运输及现场堆放过程中应平放，不宜立放。

2）带有凹凸形齿槽聚苯板加工要求：带有凹凸形齿槽的聚苯板按设计要求尺寸进行加工，其尺寸误差应符合设计要求。一般板宽为 1.22m，板高按楼层高度考虑，板厚按设计要求考虑；背面凹凸槽的宽度为 100mm，深度为 10mm；周边高低槽槽宽为 25mm，深度为 1/2 板厚，外喷界面剂。

（2）模板与聚苯板的组成和安装

1）按施工设计图做好聚苯板的排版方案。墙身钢筋绑扎完毕，水电箱（盒）、门窗洞口预埋完毕，检查保护层厚度应符合设计要求，办完隐蔽工程验收手续。

2）弹好墙身线。在聚苯乙烯泡沫板外墙模板系统上支模时，首先将聚苯乙烯泡沫板按外墙身线就位于外墙钢筋的外侧，再根据建筑物平面图及其形状排列聚苯板。安装时首先安装阴（阳）角处的聚苯板，然后再安装大墙面聚苯板。注意根据其特殊节点的形状预先将聚苯板裁好，然后将聚苯板的接缝处涂刷胶粘剂，板与板之间的企口缝在安装前涂刷聚苯板胶粘剂，随即安装。安装完成后将聚苯板粘接上去，粘接完成的聚苯板不要再移动，在板的专用竖缝处用塑料夹子将两块聚苯板连接在一起，要基本拉住聚苯板，然后用工程塑料卡穿透聚苯板。就位时可用绑扎钢丝把工程塑料卡与墙体钢筋绑扎固定，绑扎时注意聚苯板底部应绑扎紧一些，使底部内收 3~5mm，以保证拆模后聚苯板底部与上口平齐。

3）绑扎垫块。外墙钢筋验收合格后，绑扎按混凝土保护层厚度要求制作好的水泥砂浆垫块。绑扎时每平方米不少于 4 个，首层的聚苯板必须严格控制在一个水平面上，以保证后序施工的聚苯板的缝隙严密和垂直。在板缝处用聚苯板胶粘剂填塞。

4）在外侧聚苯板安装完毕后，再安装门窗洞口模板。安装内模板之前要检查钢筋、各种水电预埋件的位置是否正确，并清除模板内的杂物。

5. 混凝土浇筑

1）在外墙外侧安装 EPS 板时，应将企口缝对齐，墙宽不满足模数要求的用小块 EPS 板补齐。门窗洞口处 EPS 板可不开洞，待墙体拆模后再开洞。门窗洞口及外墙阳角处 EPS 板外侧的缝隙，用楔形 EPS 板条塞堵，深度为 10~30mm。

2）在浇筑混凝土时，注意振捣棒在插、拔过程中不要损坏保温层。

3）在整理下层甩出的钢筋时，要特别注意下层 EPS 板边的槽口，以免受损。

4）墙体混凝土浇筑完毕后，如槽口处有砂浆存在应立即清理。

5）穿墙螺栓孔应以干硬性砂浆捻实填补（厚度小于墙厚），并随即用保温浆料填补至保温层表面。

6）在常温条件下墙体混凝土浇筑完成，间隔 12h 后且混凝土强度不小于 1MPa 时即可拆除墙体内、外侧面的大模板。

6. 找平及抗裂防护层和饰面层施工

需要找平时，用胶粉聚苯颗粒保温浆料找平，并用胶粉聚苯颗粒对浇筑的缺陷进行处理。胶粉聚苯颗粒保温浆料的施工方法及抗裂防护层和饰面层的施工参见本项目相关内容。

10.3.4 EPS 钢丝网架聚苯板现浇混凝土外保温系统施工

1. EPS 钢丝网架聚苯板现浇混凝土外保温系统的构造

EPS 钢丝网架聚苯板现浇混凝土外保温系统以 EPS 单面钢丝网架聚苯板为保温材料，在现场浇筑混凝土时将 EPS 单面钢丝网架聚苯板置于外模板内侧，保温材料与混凝土基层一次浇筑成型，钢丝网架聚苯板表面抹水泥抗裂砂浆并可粘贴面砖材料，如图 10-7 所示。

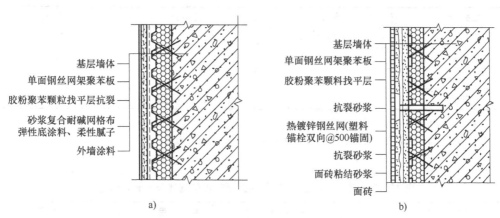

图 10-7 EPS 钢丝网架聚苯板现浇混凝土外保温系统基本构造

a）涂料饰面 b）面砖饰面

2. 材料性能要求

斜嵌入式 EPS 钢丝网架聚苯板的性能指标应符合表 10-13~ 表 10-15 的要求。

表 10-13　斜嵌入式 EPS 钢丝网架聚苯板的质量要求

项　目	质 量 要 求
凹槽	钢丝网片一侧的聚苯板面上凹槽宽度为 20~30mm，深度为 12mm±2mm，并且间距均匀
企口	聚苯板两长边设高低槽，宽度为 20~25mm，深度为 1/2 板厚，要求尺寸准确
界面处理	聚苯板的两面及钢丝网架上均匀喷涂聚苯板界面砂浆，聚苯板界面砂浆与聚苯板应黏结牢固，涂层应均匀一致，不得露底，干擦不掉粉
镀锌低碳钢丝	用于钢丝网片的镀锌低碳钢丝的直径为 2.00mm、2.20mm；用于斜插钢丝的镀锌低碳钢丝的直径为 2.20mm、2.50mm，误差为 ±0.05mm，其性能指标应符合《钢丝网架夹芯板用钢丝》（YB/T 126—1997）的要求
焊点强度	抗拉力不小于 330N，无过烧现象
焊点质量	网片漏焊、脱焊点数量不超过焊点数的 8%，且不应集中在一处，连续脱焊点不应多于 2 点，板端 200mm 区段内的焊点不允许脱焊、虚焊，斜插钢丝脱焊点不超过 2%
斜插钢丝（腹丝）密度	（100~150）根/m²
斜插钢丝与钢丝网片所夹锐角	60°±5°
钢丝挑头	网边挑头长度不大于 6mm，斜插钢丝挑头不大于 5mm
穿透聚苯板挑头	聚苯板厚度 ≤ 50mm 时，穿透聚苯板挑头离板面垂直距离不小于 30mm；50mm< 聚苯板厚度 <80mm 时，穿透聚苯板挑头离板面垂直距离不小于 35mm；80mm ≤ 聚苯板厚度 ≤ 150mm 时，穿透聚苯板挑头离板面垂直距离不小于 40mm
聚苯板对接	不大于 3000mm 长板中聚苯板对接不得多于两外，且对接处须用聚氨酯胶黏牢
钢丝网片与聚苯板的最短距离	5mm±1mm

注：横向钢丝应对准凹槽中心。

表 10-14　斜嵌入式 EPS 钢丝网架聚苯板的规格

层高/mm	长/mm	宽/mm	厚/mm
2800	2825~2850	1220	40~150
2900	2925~2950		
3000	3025~3050		
其他	其他规格可根据实际层高协商确定		

注：1. 斜嵌入式 EPS 钢丝网架聚苯板的钢丝网片尺寸略小于聚苯板的尺寸。
　　2. 聚苯板的厚度包括梯形槽部分的厚度，厚度根据保温要求经计算确定。

表 10-15　斜嵌入式 EPS 钢丝网架聚苯板的规格尺寸允许偏差

项　目		允许偏差/mm	项　目		允许偏差/mm
长度、宽度/mm	<1000	±5	厚度/mm	50	±2
	1000~2000	±5		50~75	±3
	2000~4000	±5		75~150	±4
	>4000	−10，正偏差不限		含钢丝网时	±5
两对角线偏差		≤ 10	钢丝网两对角线偏差		≤ 10

3. 施工准备

（1）技术准备　施工前应熟悉各方有关图纸资料，参阅有关施工工艺，做好内业；同时应了解材料性能，掌握施工要领，明确施工顺序；做好对工人的技术培训和技术交底工作。

（2）材料准备

1）斜嵌入式 EPS 钢丝网架聚苯板的厚度应满足设计要求，其表观密度应在 18~2kg/m³，表面应喷涂界面剂。

2）保温板与墙体连接应采用经防锈处理的"L"形 ϕ6 钢筋或尼龙膨胀螺栓。

3）抗裂抹灰砂浆材料一般采用 32.5 级普通硅酸盐水泥，砂应采用干净的中砂。干粉料或聚合物乳液、防裂外加剂、耐碱涂塑型玻纤网格布及聚苯颗粒保温浆料、泡沫塑料棒、塑料滴水线槽、分格条和嵌缝油膏等的性能应符合设计要求。

4. 施工工艺流程

支模板浇筑单面钢丝网架聚苯板→拆除模板→配制抗裂砂浆或胶粉聚苯颗粒→抹抗裂砂浆或胶粉聚苯颗粒、找平→裁剪耐碱网格布、配制抗裂砂浆→抹抗裂砂浆、压入耐碱网格布（抹第一遍抗裂砂浆）→刷弹性底涂料、配制柔性腻子，固定镀锌钢丝网→刮柔性腻子（抹第二遍抗裂砂浆、配制面砖砂浆）→外墙涂料施工（贴面砖并勾缝）（括号内为面砖饰面施工）。

5. 施工要点

（1）安全外墙保温构件

1）单面 EPS 钢丝网架聚苯板在工厂加工成型，板面及钢丝网架均匀喷涂聚苯板界面砂浆，注意不得有漏喷之处，厚度不小于 1mm，对漏喷部位应及时补涂。聚苯板在运输及现场堆放过程中应平放，不宜立摆，要轻拿轻放。

2）内、外墙钢筋绑扎经验收合格后，方可进行保温构件安装。

3）按照设计所要求的墙体厚度弹水平线及垂直线，以确定外墙厚度尺寸；同时，在外墙钢筋外侧绑定砂浆块，每块板内不少于 6 块，以确保钢筋与保温层构件之间的保护层厚度。

（2）模板安装　宜采用大模板，并按聚苯板厚度确定模板的尺寸、数量。

按弹出的墙线位置安装模板。在底层混凝土强度不低于 7.5MPa 时，开始安装上一层模板。安装上一层模板时，可利用下一层外墙螺栓孔挂设三角平台架（安全防护架）。

（3）混凝土浇筑　混凝土的坍落度应不小于 180mm。

1）墙体混凝土浇筑前，聚苯板上面必须采取遮挡措施，且应安装槽口保护套，宽度为聚苯板厚度加模板厚度。新旧混凝土接槎处应均匀浇筑 30~50mm 同等强度等级的细石混凝土。混凝土应分层浇筑，厚度控制在 500mm，一次浇筑高度不宜超过 1.0m。混凝土下料点应分散布置，混凝土浇筑应连续进行，间隔时间不超过 2h。

2）振捣棒振动间距一般应小于 500mm，每一个振捣点的持续振捣时间以表面泛浆和不再下沉为准。

（4）模板拆除

1）在常温条件下墙体混凝土强度不低于 1.0MPa 时，冬期施工时墙体混凝土强度不低于 7.5MPa 时，方可拆除模板，拆模时应以同条件养护试块的抗压强度为准。

2）先拆外墙外侧模板，再拆除外墙内侧模板。

3）穿墙套管拆除后，混凝土墙部分孔洞应用干硬性砂浆捻塞密实，聚苯板部分孔洞应用保温材料补齐。

4）拆模后聚苯板上的横向钢丝必须对准凹槽，钢丝距槽底不小于 8mm。

10.4 外墙保温工程施工质量要求

10.4.1 外墙外保温工程验收的基本规定

1）外保温工程应能适应基层墙体的正常变形而不产生裂缝或空鼓。

2）外保温工程应能长期承受自重、风荷载和室外气候的长期反复作用，且不产生有害的变形和破坏。

3）外保温工程在正常使用中或地震时不应发生脱落。

4）外保温工程应具有防止火焰沿外墙面蔓延的能力。

5）外保温工程应具有防止水渗透的性能。

6）外保温复合墙体的保温、隔热和防潮性能应符合《民用建筑热工设计规范》（GB 50176—2016）的规定。

7）外保温工程各组成部分应具有物理、化学稳定性，所有组成材料应彼此相容并应具有防腐性。在可能受到生物侵害（鼠害、虫害等）时，外保温工程还应具有防生物侵害性能。

8）在正确使用和正常维护的条件下，外保温工程的使用年限不应少于 25 年。

9）检测数据的判定应采用《数值修约规则与极限数值的表示和判定》（GB/T 8170—2008）中规定的修约值比较法。

10.4.2 外墙外保温工程质量验收

1. 一般规定

1）外保温工程应按《建筑工程施工质量验收统一标准》（GB 50300—2013）和《建筑节能工程施工质量验收标准》（GB 50411—2019）的有关规定进行施工质量验收。

2）外保温工程检验批的划分、检查数量和隐蔽工程验收应符合《建筑节能工程施工质量验收标准》（GB 50411—2019）的规定。

3）外保温工程主要验收工序应符合表 10-16 的规定。

表 10-16 外保温工程主要验收工序

外保温工程	主要验收工序
粘贴保温板薄抹灰外保温系统外保温工程	基层墙体处理，粘贴保温板，局部构造处理，首层及其他层抹面层施工，饰面层施工
胶粉聚苯颗粒保温浆料外保温系统外保温工程	基层墙体处理，抹胶粉聚苯颗粒保温浆料，局部构造处理，首层及其他层抹面层施工，饰面层施工
聚苯乙烯泡沫板现浇混凝土外保温系统外保温工程	固定聚苯乙烯泡沫板，现浇混凝土，聚苯乙烯泡沫板局部找平，局部构造处理，首层及其他层抹面层施工，饰面层施工
聚苯乙烯泡沫钢丝网架板现浇混凝土外保温系统外保温工程	固定聚苯乙烯泡沫钢丝网架板，现浇混凝土，局部构造处理，首层及其他层抹面层施工，饰面层施工

2. 主控项目

1）外保温系统主要组成材料应按表 10-17 的规定进行现场见证取样复验，检验方法和检查数量应符合《建筑节能工程施工质量验收标准》（GB 50411—2019）的规定。

表 10-17　外保温系统主要组成材料复验项目

组 成 材 料	复 验 项 目
聚苯乙烯泡沫板	热导率，表观密度，垂直于板面方向的抗拉强度，燃烧性能
胶粉聚苯颗粒保温浆料	热导率，干表观密度，抗压强度，燃烧性能
聚苯乙烯泡沫钢丝网架板	热阻，燃烧性能
胶粘剂、抹面胶浆、界面砂浆	养护 14d 和浸水 48h 拉伸黏结强度
玻纤网	单位面积质量，耐碱拉伸断裂强力，耐碱拉伸断裂强力保留率、断裂伸长率
腹丝	镀锌层质量，焊点质量
防火隔离带保温板	热导率，表观密度，垂直于表面的抗拉强度，燃烧性能

注：胶粘剂、抹面胶浆、界面砂浆制样后养护 14d 进行拉伸黏结强度检验。发生争议时，以养护 28d 为准。

2）保温层厚度应符合设计要求，保温层厚度检查方法应采用插针法进行检验。

3）胶粉聚苯颗粒保温浆料的干表观密度不应大于 250kg/m³，且不应小于 180kg/m³。干表观密度检查方法应采用现场制样，并应依据《无机硬质绝热制品试验方法》（GB/T 5486—2008）的规定进行检验。

4）胶粉聚苯颗粒保温浆料外保温系统在现场检验出的系统拉伸黏结强度不应小于 0.06MPa，胶粉聚苯颗粒浆料贴砌聚苯乙烯泡沫板外保温系统在现场检验出的系统拉伸黏结强度不应小于 0.10MPa，且破坏部位不得位于各层界面处。

5）聚苯乙烯泡沫板现浇混凝土外保温系统在现场检验出的聚苯乙烯泡沫板与基层墙体的拉伸黏结强度不应小于 0.10MPa，且应为聚苯乙烯泡沫板破坏。

3. 一般项目

1）现浇混凝土施工质量应符合《混凝土结构工程施工质量验收规范》（GB 50204—2015）的规定。

2）外保温工程保温层表面垂直度和尺寸允许偏差应符合《建筑装饰装修工程质量验收标准》（GB 50210—2018）的规定。

3）外保温工程防护层厚度应符合以下规定：当薄抹灰外保温系统采用燃烧性能等级为 B_1、B_2 级的保温材料时，首层防护层厚度不应小于 15mm，其他防护层厚度不应小于 5mm 且不宜大于 6mm，并应在外保温系统中每层设置水平防火隔离带。防火隔离带的设计与施工应符合《建筑设计防火规范》（GB 50016—2014）和《建筑外墙外保温防火隔离带技术规程》（JGJ 289—2012）的规定。防护层厚度检查方法应采用钻芯法进行检验。

10.4.3　外墙内保温工程验收的基本规定

1）内保温工程应能适应基层墙体的正常变形而不产生裂缝、空鼓和脱落。

2）内保温工程各组成部分应具有物理、化学稳定性，所有组成材料应彼此相容并应具有防腐性。在可能受到生物侵害时，内保温工程应具有防生物侵害性能。所有组成材料应符合《民用建筑工程室内环境污染控制标准》（GB 50325—2020）和《建筑材料放射性核素限量》（GB 6566—2010）的相关规定。

3）内保温工程应能防止火灾危害。

4）内保温工程应与基层墙体有可靠连接。

5）内保温工程用于厨房、卫生间等潮湿环境时，应具有防水渗透的性能。

6）内保温复合墙体的保温、隔热和防潮性能应符合《民用建筑热工设计规范》（GB 50176—2016）和国家现行有关建筑节能设计标准的规定。

7）内保温工程有关检测数据的判定，应采用《数值修约规则与极限数值的表示和判定》（GB/T 8170—2008）中规定的修约值比较法。

10.4.4 外墙内保温工程质量验收

1. 一般规定

1）内保温工程应按《建筑工程施工质量验收统一标准》（GB 50300—2013）和《建筑节能工程施工质量验收标准》（GB 50411—2019）的有关规定进行施工质量验收。

2）内保温工程主要组成材料进场时，应提供产品品种、规格、性能等的有效的型式检验报告，并应按表 10-18 的规定进行现场抽样复验，抽样数量应符合《建筑节能工程施工质量验收标准》（GB 50411—2019）的规定。

表 10-18 内保温系统主要组成材料复验项目

组 成 材 料	复 验 项 目
复合板	拉伸黏结强度，抗冲击性
有机保温板	密度，热导率，垂直于板面方向的抗拉强度
喷涂硬泡聚氨酯	密度，热导率，拉伸黏结强度
纸蜂窝填充憎水型膨胀珍珠岩保温板	热导率，抗拉强度
岩棉板（毡）	标称密度，热导率
玻璃棉板（毡）	标称密度，热导率
无机保温板	干密度，热导率，垂直于板面方向的抗拉强度
保温砂浆	干密度，热导率，抗拉强度
界面砂浆	拉伸黏结强度
胶粘剂	与保温板或复合板拉伸黏结强度的原强度
黏结石膏	凝结时间，与有机保温板拉伸黏结强度
粉刷石膏	凝结时间，拉伸黏结强度
抹面胶浆	拉伸黏结强度
玻璃纤维网布	单位面积质量、拉伸断裂强力
锚栓	单个锚栓抗拉承载力标准值
腻子	施工性、初期干燥抗裂性

注：界面砂浆、胶粘剂、抹面胶浆在制样后养护 7d，进行拉伸黏结强度检验。发生争议时，以养护 28d 为准。

3）内保温分项工程需进行验收的主要施工工序应符合表 10-19 的规定。

表 10-19　内保温分项工程需进行验收的主要施工工序

分项工程	施工工序
复合板内保温系统	基层处理，保温板安装，板缝处理，饰面层施工
有机保温板内保温系统	基层处理，保温板安装，抹面层施工，饰面层施工
无机保温板内保温系统	基层处理，保温板安装，抹面层施工，饰面层施工
保温砂浆内保温系统	基层处理，涂抹保温砂浆，抹面层施工，饰面层施工
喷涂硬泡聚氨酯内保温系统	基层处理，喷涂保温层，保温层找平，抹面层施工，饰面层施工
玻璃棉、岩棉、喷涂硬泡聚氨酯龙骨内保温系统	基层处理，保温板安装，面板安装，饰面层施工

4）内保温工程应按《建筑节能工程施工质量验收标准》（GB 50411—2019）的规定进行隐蔽工程验收。对隐蔽工程应随施工进度及时验收，并应做好下列内容的文字记录和图像资料。

① 保温层附着的基层及其表面处理。

② 保温板黏结或固定，空气层的厚度。

③ 锚栓安装。

④ 增强网铺设。

⑤ 墙体热桥部位处理。

⑥ 复合板的板缝处理。

⑦ 喷涂硬泡聚氨酯、保温砂浆或被封闭的保温材料的厚度。

⑧ 隔汽层铺设。

⑨ 龙骨固定。

5）内保温分项工程宜以每 500~1000m^2 划分为一个检验批，不足 500m^2 也宜划分为一个检验批；每个检验批每 100m^2 应至少抽查一处，每处不得少于 10m^2。

6）内保温工程竣工验收应提交下列文件：

① 内保温系统的设计文件、图纸会审、设计变更和洽商记录。

② 施工方案和施工工艺。

③ 内保温系统的型式检验报告及其主要组成材料的产品合格证、出厂检验报告、进场复检报告和现场检验记录。

④ 施工技术交底。

⑤ 施工工艺记录及施工质量检验记录。

2. 主控项目

1）内保温工程及主要组成材料性能应符合《外墙内保温工程技术规程》（JGJ/T 261—2011）的规定。

检查方法：检查产品合格证、出厂检验报告和进场复验报告。

2）保温层厚度应符合设计要求。

检查方法：插针法检查。

3）复合板内保温系统、有机保温板内保温系统和无机保温板内保温系统的保温板粘贴面积应符合《外墙内保温工程技术规程》（JGJ/T 261—2011）的规定。

检查方法：现场测量。

4）复合板内保温系统、有机保温板内保温系统和无机保温板内保温系统，保温板与基层墙体的拉伸黏结强度不得小于 0.10MPa，并且应为保温板破坏。

检查方法：按《建筑工程饰面砖黏结强度检验标准》（JGJ/T 110—2017）的规定进行现场检验，试样尺寸应为 100mm×100mm。

5）保温砂浆内保温系统，保温砂浆与基层墙体的拉伸黏结强度不得小于 0.1MPa，且应为保温层破坏。

检查方法：按《建筑工程饰面砖黏结强度检验标准》（JGJ/T 110—2017）的规定进行现场检验，试样尺寸应为 100mm×100mm。

6）保温砂浆内保温系统，应在施工中制作同条件养护试件，检测其热导率、干密度和抗压强度。保温砂浆的同条件养护试件应见证取样送检。

检验方法：核查试验报告。

保温砂浆的干密度应符合设计要求，且不应大于 350kg/m³。保温砂浆应现场制样，并按《建筑保温砂浆》（GB/T 20473—2021）的规定检验。

7）喷涂硬泡聚氨酯内保温系统，保温层与基层墙体的拉伸黏结强度不得小于 0.10MPa，抹面层与保温层的拉伸黏结强度不得小于 0.10MPa，且破坏部位不得位于各层界面处。

检查方法：按《硬泡聚氨酯保温防水工程技术规范》（GB 50404—2017）的规定现场检验。

8）当设计要求在墙体内设置隔汽层时，隔汽层的位置、使用的材料及构造做法应符合设计要求和有关标准的规定。隔汽层应完整、严密，穿透隔汽层处应采取密封措施。

检验方法：对照设计观察检查；核查质量证明文件和隐蔽工程验收记录。

3. 一般项目

1）内保温工程的饰面层施工质量应符合《建筑装饰装修工程质量验收标准》（GB 50210—2018）的有关规定。

2）抹面层厚度应符合《外墙内保温工程技术规程》（JGJ/T 261—2011）的要求。

检查方法：插针法检查。

3）内保温系统抗冲击性应符合《外墙内保温工程技术规程》（JGJ/T 261—2011）的规定。

检查方法：按《外墙内保温板》（JG/T 159—2004）的规定检验。

4）采用增强网作为防止开裂的措施时，增强网的铺贴和搭接应符合设计和施工方案的要求。抹面胶浆抹压应密实，不得空鼓；增强网不得皱褶、外露。

检验方法：观察检查；核查隐蔽工程验收记录。

5）复合板之间及龙骨固定系统面板之间的接缝方法应符合施工方案要求，复合板接缝应平整严密。

检验方法：观察检查。

6）墙体上易撞的阳角、门窗洞口及同材料基体的交接处等特殊部位，抹面层的加强措施和增强网做法，应符合设计和施工方案的要求。

检验方法：观察检查；核查隐蔽工程验收记录。

学 习 鉴 定

思维导图

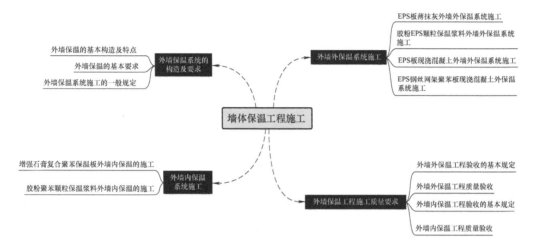

一、名词解释

1. 饰面层。

2. 基层。

3. 保温层。

4. 抹面层。

二、填空题

1. 外墙外保温工程各组成部分应具有____、____稳定性。

2. 外墙外保温工程的使用年限不应少于____年。

3. 外墙外保温系统应按规定对玻纤网进行耐碱拉伸断裂强力检验，增强玻纤网的经向和纬向耐碱拉伸断裂强力均不得小于_____，耐碱拉伸断裂强力保留率均不得小____。

4. 墙面清理：凡突出墙面____mm 的砂浆块、混凝土块必须剔除，并扫净墙面。

5. 胶粘剂要随配随用，配制的胶粘剂应在____min 内用完。

6. 墙体混凝土浇筑完毕后，如槽口处有_____存在应立即清理。

三、问答题

1. 什么是外墙内保温施工？外墙内保温有什么优缺点？

2. 新型聚苯板外墙外保温有哪些特点？

3. 外墙外保温有哪些优点？请举出本地区的几个外墙外保温工程的例子。

4. 简要回答外墙外保温有哪些性能要求？外墙外保温和外墙内保温有哪些区别？

5. 什么是聚苯板外墙外保温薄抹灰系统？画出它的基本构造图。

6. 简要回答薄抹灰系统外保温工程的施工工序、施工方法。

7. 什么是界面砂浆？什么是胶粉聚苯颗粒保温浆料、聚苯颗粒及抗裂柔性耐水腻子？如何进行胶粉聚苯颗粒保温浆料的配制？

8. 简要叙述胶粉聚苯颗粒外墙外保温的施工要点。

9. 外墙外保温工程验收的方法是什么？

10. 外墙外保温工程验收的主控项目、一般项目有哪些内容？

冬期与雨期施工

素养目标：

　　培养学生爱岗敬业、遵纪守法的工匠精神；发掘学生学习潜能，从而具备独立思考自主学习的能力，使学生树立正确的世界观、人生观、价值观。

🏠 **教学目标：**

1. 了解混凝土受冻的变化机理和危害。
2. 掌握混凝土冬期施工的常用方法和施工工艺。
3. 掌握砌体工程冬期施工的施工准备和施工要求。
4. 掌握土方工程冬期施工的施工准备和施工要求。
5. 掌握雨期施工的施工准备和各分项工程技术措施。

⬇ **问题引入：**

　　当冬季和雨季来临，寒冷和雨水对工程质量的影响是不可忽视的，在学习冬期与雨期施工前，先思考以下问题：

1. 冬期施工时，为了保证工程的质量，在施工过程中应采用哪些方法和措施？
2. 雨期施工时，为了保证工程的质量，在施工过程中应采用哪些方法和措施？
3. 冬期施工在我国是怎样界定的？
4. 气候变化对工程质量有哪些危害？

11.1　冬期施工基本知识

冬季施工的
技术措施

11.1.1　冬期施工概述

　　《建筑工程冬期施工规程》（JGJ/T 104—2011）规定：根据当地多年的气象资料确定，在秋冬期节，当室外日平均气温连续 5d 稳定低于 5℃的初始日至翌年的春季连续稳定高于 5℃的终止日即为冬期施工的具体日期。一般取连续 5d 气温稳定低于 5℃的第一天作为冬期施工的初始日；同样，当气温升高时取连续 5d 稳定高于 5℃的末日作为冬期施工的终止日。但也应注意，在上述期限以外，有时由于寒流袭来，最低气温可能暂时突然降到 0℃以下，但寒流过后气温又回升，因而在突然降温期也应注意防止混凝土和砌体、抹灰遭到冻害。

冬季由于气候寒冷，经常有风雪天气，施工环境要比夏季复杂、艰难得多，加之在严寒中工人操作时手脚不甚灵活，易发生安全事故；冬期施工用电比夏期施工增加许多，临时用电设备及电线敷设较多，管理不善易出现安全事故；并且，冬期施工现场使用明火较多，使用煤炉、天然气（煤气）时，管理不善也易发生火灾。

冬期施工应对各类外加剂及化学物品加强施工管理，材料堆放要设标牌，防止使用时分不清，造成事故。特别要防止将亚硝酸钠防冻剂误认为食用盐而发生中毒事故。

冬期施工期间，由于施工方法不同，要使用许多专用材料、设备和仪器，对它们都要预先储备、安装并调试好，否则会影响工程进度；供热设备不足，会影响混凝土养护而不能保证工程质量；若相关的测温仪器、仪表缺乏，则难于控制混凝土的施工质量。

冬期施工时，由于气温常处于零度以下，在进行焊接操作时应和常温时有所不同，如果不了解、不熟悉而盲目操作，可能会造成焊接质量不合格。

11.1.2 混凝土在负温下的受冻模式及机理

1. 混凝土在负温下的四种受冻模式

混凝土在负温下硬化并受冻，其作用机理到现在仍然没有一种公认的理论，一般主张将混凝土受冻分为已硬化混凝土受冻及新拌混凝土浇筑后早期受冻两种类型。

在泛称早期受冻的情况中，也包含着彼此极为不同的场合，它们的受冻机理也极为不同。

（1）混凝土初龄受冻（第一种受冻模式） 新拌混凝土浇筑后，初凝前或刚初凝立即受冻属于这种情况。这种模式的典型情况是，水泥来不及水化就受冻，没有或只有极微水化热，冻前强度等于零。这种受冻在 C10~C20 混凝土中多见，由于水泥用量少，水化热少，可以迅速冻结。

这种受冻模式下，水泥受冻后处于"休眠"状态；恢复正温养护后，强度可以重新发展，直到与未受冻时基本相同，没有什么强度损失。

（2）混凝土幼龄受冻（第二种受冻模式） 新拌混凝土中水泥初凝后，在水化胶凝期间受冻属于这种模式。这种受冻可使后期强度损失 20%~50%。与混凝土初龄受冻的主要区别在于：混凝土初龄受冻的冻结温度低，冻结迅速，混凝土中水分在受冻期间基本没有转移现象；而本模式受冻的特点是，冻结温度较高（0~5℃），冻结缓慢，混凝土中水分在冻结期间有水分转移。混凝土的绝大部分早期受冻属于这种模式，其强度损失的大小取决于水分转移程度。

（3）混凝土龄期受冻（第三种受冻模式） 它相当于水泥水化已进入凝聚结晶阶段，已经达到能抵抗受一次冻融破坏的强度。这种受冻模式可以看作水泥水化产生的结构形成作用，已经等于或大于冰冻产生的结构破坏作用。水泥与水化合时水化生成物体积减小，基本上可与水结冰的体积增大相补偿。在这种情况下，混凝土受冻是可以允许的，其强度可以没有损失或其损失最多不超过 5%，耐久性也基本上不降低。

（4）已硬化达到设计强度后混凝土受冻（第四种受冻模式） 这一阶段受冻，相当于水泥水化的结晶期，其受冻机理与第一、第二种模式截然不同。

冬期混凝土施工中的主要任务就在于尽量杜绝第二种受冻模式。第一种受冻模式虽然基本上没有强度损失，但由于工程有工期要求，所以最好要避免。从节约冬期施工费用及节能出发，第三种受冻模式是可以允许的。

2. 混凝土受冻机理

混凝土的不同受冻模式，不仅对混凝土冬期施工有着极为重要的技术经济意义，还对混凝土结构的力学性质、耐久性等都有着重大影响。

1）第一种受冻模式是由于此时水化热很小，气温迅速下降到 -20℃或更低，冻结过程迅速，水分没有转移或基本上没有转移，因此冻结水分在混凝土中的分布是比较均匀的，冰的形态是微小冰晶。水分在混凝土中没有重新分布现象，所以基本上没有强度损失或损失很小。

2）第二种受冻模式的破坏机理与土的冻胀相似，造成破坏的主要原因并不完全是由于水转变为冰及在相变过程中体积增大产生膨胀压力，另一个原因是在整个混凝土硬化期间受负温影响所造成的水分移动。这种移动的后果引起水分在混凝土中重新分布，在混凝土内部生成较大的扁平冰聚体，造成严重的物理损害。

新成型混凝土中的水分移动，最初是由于混凝土内部及表面的温度差引起的，冷却只是从表面开始，逐渐扩大至混凝土的内部。低温区的蒸汽压力较低，因此水分向表面的低温区移动。当表面温度与周围介质的温差为零时，水分冻结成冰。冰晶从水泥颗粒上移开，并以冰聚体形式破坏水泥水化所形成的结晶骨架。除此之外，它还减弱混凝土各组分的黏结力，然后移动的水分以冰膜的形式包围粗集料及钢筋的表面。当混凝土为密实级配时，由于毛细管现象，冰膜的形成则更快速。当混凝土融化时，冰聚体及冰膜也消失，但在其位置上形成了空隙，影响了混凝土的密实性。

第二种受冻模式下，混凝土除了抗压强度指标降低，其他各项物理力学指标如抗拉强度、弹性模量、混凝土和钢筋的握裹力等都有较大的降低，抗冻性、抗渗性和耐久性均有下降。因此，第二种受冻破坏主要是水分转移引起的。缓慢受冻是造成水分转移的良好条件（在 -5℃下冻结），这就是混凝土在 -20℃下冻结强度损失大的原因。

3）第三种受冻模式下，当混凝土达到了临界强度时，虽然混凝土中还有少量的拌合水存在，但受一次冻结后对抗压强度没有重大影响。承受多次冻融后，其破坏机理同第四种受冻模式。

4）第四种受冻模式下，混凝土在饱水状态下经过多次冻融而降低强度或质量。这种受冻模式是冰晶的膨胀压力起主要作用，如混凝土全部孔隙都充满了水，则一次冻融循环后应立即破坏。在饱水状态下混凝土经多次循环未被破坏，主要是由于混凝土孔隙容积中没有全被水所充满，以及在冻结过程中在冰晶生长的压力作用下，水的一部分受到压缩的缘故。

11.2 土方工程冬期施工

土在冬季由于遭受冻结而变得坚硬，挖掘困难，施工费用比常温期要高，所以土方工程的冬期施工应在经济及技术条件认为合理时方可进行。

11.2.1　土的冻结

土在地表面无雪和草皮覆盖条件下的全年标准冻结深度（单位为 m）可按下式估算：

$$H_0 = 0.28\sqrt{\sum T_m + 7} - 0.5 \tag{11-1}$$

式中　$\sum T_m$——低于 0℃的月平均气温的累计值（连续 10 年以上的年平均值），以正号代入。

【例】根据气象资料查得某地低于 0℃的月平均气温为：1 月为 20.2℃，2 月为 16℃，3 月为 6.2℃，11 月为 6.9℃，12 月为 17.1℃。试估计该地的全年冻结深度。

【解】$\sum T_m$=20.2℃ +16℃ + 6.2℃ + 6.9℃ + 17.1℃ = 66.4℃

按式（11-1）得

$$H_0 = 0.28\sqrt{\sum T_m + 7} - 0.5$$
$$= (0.28\sqrt{66.4 + 7} - 0.5)\,\text{m}$$
$$= 1.90\text{m}$$

即该地的全年冻结深度为 1.90m。

暴露在外界大气中的土冻结时，其冻结速度与外界气温的规律见表 11-1。表 11-1 只是冻结时期的规律，当上层土冻结以后，下层土由于有了上层冻结层的覆盖，传热发生变化，就不应再按这一规律进行测算。

表 11-1　暴露条件下土冻结速度与外界气温的规律

土 的 种 类	在下列条件下，接近最佳含水率时土的冻结速度 /（cm/h）			
	–5℃	–10℃	–15℃	–20℃
覆盖有积雪的砂质粉土和粉质黏土	0.03	0.05	0.08	0.10
没有积雪的砂质粉土和粉质黏土	0.15	0.30	0.35	0.50

基于土冻结的规律，冬期施工时必须周密计划，组织好施工力量连续不断地进行作业。一般来说，土方工程尽量安排在入冬之前较为合理。

土受冻变得坚硬，除不便开挖施工外，对工程质量有很大的影响和危害。在冻土层或受冻后的土上做基础、埋设管道时，土的冻胀可破坏结构；解冻后土收缩变形，使房屋基础遭受沉陷、地面开裂等危害。

11.2.2　回填土

由于土冻结后变成坚硬的土块，在回填过程中不能压实、夯实；土解冻后就会造成大量下沉，所以冬季后尽量避免房心、管沟等处的回填土作业。工作需要时，每层铺土厚度应比常温施工时减少 20%~25%，预留沉陷量应比常温施工时增加，并应采取以下措施：

1）把回填土预先保温。在入冬前，将挖土堆积在一处进行严密覆盖保温。

2）在冬季挖土，将挖出的未受冻的土堆在一起进行覆盖保温，留作回填用。

3）回填前将基底的冰雪和保温材料清理干净。

4）用人工夯实时，每层铺土厚度不得超过 200mm，夯实厚度为 100~150mm。

5）为确保冬期施工回填土的质量，对一些重大工程项目，必要时可用砂土进行回填。

6）位于冻胀土上的地梁、桩基础承台等，其下面可能被冻土隆起，可垫以炉砖、矿砖、碎石等松散材料。

7）冬期施工回填土应连续进行，并逐层夯实。

11.3 混凝土工程冬期施工

11.3.1 混凝土工程冬期施工方法主要理论

根据 11.1.2 节讲述的混凝土受冻模式，可以对冬期施工方法进行分类。混凝土冬期施工总的要求是杜绝第二种受冻模式，也应尽量避免第一种受冻模式。要使混凝土不出现第一种及第二种受冻模式，一般有 3 类方法：

1）第一类方法是使混凝土在负温下仍有液相存在，水泥可照常水化，混凝土强度仍能按一定的速度增长，这可以通过加抗冻外加剂实现。用这种方法浇筑的混凝土，称为负温混凝土或冷温混凝土。

2）第二类方法是混凝土浇筑后在进入第三种受冻模式前，一直能在正温条件下养护，因而要对混凝土进行加热，或在拌和前对混凝土所用材料进行加热。

3）第三类方法是上述两类方法的复合，常用的复合方案是先对组成材料、混凝土拌合物加热，然后蓄热，直到混凝土达到临界强度为止；另一种方法是加入少量外加剂，同时进行短期加热。由于施工时的当地条件及构件类型不同，影响方法选择的因素很多，很难制定固定的施工原则，必须结合具体条件进行技术、经济分析，并根据工程进度要求，结合能源情况予以综合考虑。从节能考虑出发，应首选第一及第三类方法。

1. 第一类方法：负温混凝土（机理）方法

根据前已述及的混凝土在负温下硬化的基本理论，要保证混凝土在负温下硬化并获得强度，首要条件就在于必须有液相存在。

加入抗冻外加剂是使水的冰点下降，促使混凝土在负温下硬化。掺加抗冻外加剂时，其剂量应适宜，当气温降至设计温度以下时，允许有 30%~50% 的水变为冰。因掺抗冻外加剂生成的冰，不对混凝土产生显著的损害。当水泥水化所需要的水随着水化进程增多时，可由融冰来补充，直到含冰量减少并逐渐消失。

尽管掺有抗冻外加剂，仍需提防第二种受冻模式造成的损害发生。产生这种受冻现象的条件是正、负温度反复交替出现，混凝土的冷却及受热的速率是 1~5℃/h，一般是初春及初冬，以及冬季气候转暖出现融冰时刻。当空气中相对湿度增加，混凝土中水泥及抗冻外加剂用量大时，第二种受冻模式就会加速进行。这时，外加剂溶液会在混凝土中发生迁移现象，并可能在构件中的某些部位集中。这些部位多是表面、截面的变动处，以及构件内有缺陷处，然后有结晶析出，并可能同时有体积的增大，在构件内造成局部损害。因此，造成负温混凝土耐久性降低的原因，可能不只是遭受寒流的袭击，还要注意突然来临的暖流。

2. 第二类方法：临界强度（理论）方法

受冻临界强度是指混凝土抵抗负温冻害时的最小强度。对于不同负温下冻结或用不同品种水泥拌制的混凝土，或不同等级的混凝土，其受冻临界强度值不同，当采用不同防冻剂时其受冻临界强度值也不同。其具体要求见《建筑工程冬期施工规程》（JGJ/T 104—2011）。

临界强度，是混凝土进入第三种受冻模式所需的最低强度，这一概念只是从技术、经济考虑，当采用第二类方法或第三类方法时才有实际意义。混凝土进入第三种受冻模式的最短养护龄期称为临界龄期。

在什么条件下混凝土才按第三种模式受冻，从而没有强度损失，耐久性也不降低呢？这是个复杂的问题，必须根据水泥的水化程度、水化生成物的结晶度、孔结构特征等综合考虑，是不可能用某个值来表示的。但是，混凝土的强度是它的一个重要参数，是判断混凝土中结构形成与破坏过程的标准，所以选用临界强度作为允许受冻的指标。

由于第三种受冻模式的受冻破坏机理与第四种模式基本相同，主要由混凝土的孔结构决定，因此对有抗冻性要求的混凝土结构一定要加入引气外加剂，改变其孔结构。在设计混凝土配合比时，要采用尽可能小的水灰比，可以加减水剂，并酌情提高其临界强度值。不管混凝土的使用条件、强度，而只采用某一固定值是不够合理的。

11.3.2　混凝土冬期施工的准备工作及施工方法

1. 选择冬期施工方法考虑的因素

在混凝土冬期施工中，要解决的问题主要有两个：第一个问题是根据设计强度要求，如何确定最短的养护龄期；第二个问题是在冬季如何防止混凝土遭受初期冻害，以免损害混凝土的其他性能。通常在选择混凝土冬期施工方案时，考虑的主要因素有：气温情况、结构类型、水泥的品种、工期的限制条件以及经济情况。

2. 冬期施工方法

（1）蓄热法施工　蓄热法是将混凝土的原材料（水、砂、石）预先加热，经过搅拌、运输、浇筑成型后的混凝土仍能保持一定的温度，并以保温材料覆盖保温，防止热量散失过快，同时充分利用水泥的水化热，使混凝土在设计温度条件下增长强度。蓄热法适用于气温不太低的地区或是秋冬和冬末季节。蓄热法施工时应进行热工计算。

（2）蒸汽养护法施工　在混凝土冬期施工中，当要求混凝土强度增长较快，采用蓄热法等方法无法满足要求时，通常采用蒸汽养护法施工。蒸汽养护法施工分为湿热养护和干热养护两类。湿热养护是让蒸汽与混凝土直接接触，利用蒸汽的湿热作用来养护混凝土，常用的有棚罩法、蒸汽套法以及内部通汽法；而干热养护则是将蒸汽作为热载体，通过某种形式的散热器将热量传导给混凝土使其升温，常用的有毛管法和热模法等。

（3）电热法施工　电热法施工时，柱、墙结构在钢筋绑扎成型经验收合格后，在表面钢筋骨架上（底面、顶面除外）分部位按计算的线圈数缠绕塑料表皮铝芯导线，并在混凝土浇筑前先通电预热（使用电磁感应加热法），以提高混凝土结构表面的养护温度。具体施工时，在混凝土浇筑过程中，采取边浇筑、边成型、边插钢筋电极（混凝土外露表面及时覆盖），并逐段（逐根混凝土柱）及时通电的方法，避免成型混凝土在加热养护前遭受冻害。电热法施工设备简单、收效快，可以在任何温度下使用，所以当工程要求紧迫且条件具备时可以采用。常用的电热法大致可分为两大类：直接加热法（主要为电极法，如棒形电极、片形电极、弦形电极等）和间接加热法（如电热焙烘、电加热器、电热模板等），主要用于板式结构。由于电热法施工耗电能较多，一般工程不宜采用。

（4）电热毯法施工　混凝土浇筑后，在混凝土表面或模板外覆盖柔性电热毯，通电加热养护混凝土的施工方法，称为电热毯法。

（5）负温养护法（又称为化学外加剂法）　负温养护法是指在混凝土中掺入防冻剂，使其在负温环境下能够不断硬化，从而保证混凝土在温度降到规定的温度前达到受冻临界强度。混凝土冬期施工使用的化学外加剂大致可分为 5 种类型，即氯盐及其复合剂、三乙醇胺及其复合剂、硫酸钠及其复合剂、亚硝酸钠及其复合剂、减水剂及其复合剂。

（6）电极加热法　用钢筋作电极，利用电流通过混凝土所产生的热量对混凝土进行养护的施工方法，称为电极加热法。

其他混凝土冬期施工常用方法见表 11-2。

表 11-2　其他混凝土冬期施工常用方法（养护期间无须加热的方法）

施 工 方 法	施工方法的特点	适 用 条 件
综合蓄热法	① 原材料加热 ② 混凝土中掺早强剂或早强型防冻剂 ③ 混凝土表面用塑料薄膜覆盖后，上铺高效保温材料进行保温蓄热，防止水分和热量散失 ④ 混凝土内温度降低到外加剂设计温度前要达到早期允许受冻临界强度值 ⑤ 混凝土早期强度增长较好，费用较低	① 混凝土结构表面系数为 $5m^{-1} \leq M \leq 15m^{-1}$； ② 混凝土养护期间平均气温不低于 -15℃ ③ 适用于梁、板、柱及框架结构，以及大模板墙结构
硫（铁）铝酸盐早强水泥法	① 原材料加热根据气温条件决定 ② 水泥采用硫（铁）铝酸盐早强水泥，并掺用亚硝酸钠及其他专用外加剂 ③ 混凝土浇筑后要用塑料薄膜进行覆盖防护，可适当用保温材料保温 ④ 混凝土早期强度增长快，具有早强防冻性能 ⑤ 水泥价格较贵	① 适用于 -25℃ 以内气温 ② 适用于梁、板、柱及预制构件接头的现浇混凝土 ③ 表面系数小于 $6m^{-1}$ 的大体积结构不宜采用 ④ 使用条件处于 100℃ 以上高温下的结构不适用
电加热法	1. 工频涡流法 ① 采用涡流模板，能以交流电使模板发热，以此养护混凝土 ② 加热温度均匀，温度可控制，加热效率高 ③ 制作涡流模板要用很多钢材，一次投资大，但模板可重复利用	① 适用于各种温度条件 ② 适用于梁、板、柱、大型墙板等结构 ③ 适用于现浇的梁、柱接头混凝土养护
	2. 线圈感应法 ① 在构件钢模板外面用导线缠绕成线圈，能以电能加热钢模板及混凝土构件内部的钢筋，以此养护混凝土 ② 操作简单，缠绕线圈的导线可重复利用 ③ 加热时间及温度根据构件体积及内部配筋率来控制	① 适用于 -20℃ 以内温度 ② 适用于配筋较多的梁、柱类构件养护，也适用于配筋较多的现浇混凝土构件接头养护 ③ 可用于钢板预热及受冻构件解冻

11.3.3　混凝土冬期施工工艺

1. 混凝土冬期施工对材料的要求

（1）对组成混凝土的原材料要求　冬期施工对组成混凝土的原材料要求见表 11-3。

表 11-3 冬期施工对组成混凝土原材料的要求

养护方法	所以材料要求			
	水泥	集料	外加剂	保温材料
蓄热法、综合蓄热法、负温养护法、暖棚法	优先选用强度等级 ≥ 42.5MPa 的硅酸盐水泥或普通硅酸盐水泥	集料除应符合有关质量要求外，集料必须清洁，不得含有冰雪和冻块，以及易冻裂的物质。在掺有含钾、钠离子的外加剂时，不得使用活性集料；对重要工程混凝土使用的砂，应采用化学法和砂浆长度法进行集料的碱活性检验；对重要工程的混凝土使用的碎石或卵石，应进行碱活性检验	参考《混凝土外加剂应用技术规范》（GB 50119—2013）	草袋、草帘、珍珠岩、岩棉及聚酯泡沫塑料等
蒸汽加热法	宜采用强度等级 ≥ 42.5MPa 的矿渣硅酸盐水泥、火山灰质硅酸盐水泥或普通硅酸盐水泥			
电加热法	应采用 32.5MPa 的普通硅酸盐水泥、火山灰质硅酸盐水泥、矿渣硅酸盐水泥			

（2）对原材料加热的要求

1）原材料加热方法见表 11-4。

表 11-4 原材料加热方法

加热方法		原材料要求
水	直接加热	用铁桶、大锅或热水锅炉直接用燃料提高水的温度
	间接加热	一种方法是直接向储水箱内通蒸汽，以提高水的温度；另一种方法是水箱内安装蒸汽加热器、电加热器或汽 - 水 - 热交换罐，以提高水的温度
集料	直接加热	在砂堆内插入蒸汽汽化管，直接向砂堆排放蒸汽，以提高砂子温度。砂堆也可用帆布覆盖，有条件的可将热空气装入帆布内
	间接加热（干热法）	在砂堆中安设排汽管或采用保温加热斗。砂堆用帆布覆面，有条件时可将热空气吹入帆布内

2）水、集料加热最高温度。拌合水及集料加热温度应根据热工计算确定，但不得超过表 11-5 的规定。

表 11-5 拌合水及集料加热最高温度 （单位：℃）

项 次	原材料要求	拌 合 水	集 料
1	强度等级 <42.5 的普通硅酸盐水泥、矿渣硅酸盐水泥	80	60
2	强度等级 ≥ 42.5 的普通硅酸盐水泥、硅酸盐水泥	60	40

2. 混凝土的搅拌、运输与浇筑

（1）混凝土的搅拌 在常温条件下施工，搅拌塑性混凝土常选用自落式搅拌机；搅拌干硬性混凝土宜采用强制式搅拌机。在冬期施工时，除考虑上述条件外，还应考虑混凝土的水灰比减少和外加剂的掺入等因素，宜选择强制式搅拌机。

为确保混凝土的搅拌质量，冬期施工时除合理选择搅拌机型号外，还要确定装料容积、投料顺序和搅拌时间等。

1）装料容积。混凝土搅拌机的规格常以装料容积表示，装料容积通常只为搅拌几何容积的 1/3~1/2。一次搅拌好的混凝土体积称为出料容积，为装料容积的 55%~75%。

混凝土搅拌机以其出料容积标定规格，常用规格有 150L、250L、350L 等。

2）投料顺序。冬季搅拌混凝土的合理投料顺序应与材料加热条件相适应。一般是先投集料和加热的水，待搅拌一定时间后，水温降到 40℃ 左右时，再投入水泥继续搅拌到规定的时间，要绝对避免水泥出现假凝。

3）搅拌时间。为满足各组成材料之间的热平衡，冬季拌制混凝土时应比常温规定的搅拌时间适当延长。对搅拌掺有外加剂的混凝土时，搅拌时间应取常温搅拌时间的 1.5 倍。

（2）混凝土的运输和浇筑

1）混凝土的运输。混凝土拌合物出机后，应及时运到浇筑地点。在运输过程中，要采取措施防止混凝土热量散失和出现冻结。在条件许可的情况下，可加强运输工具的保温覆盖、制作定型保温车或运输采暖设备。运输途中混凝土温度不能降低过快，一般每小时温度降低不宜超过 5℃。

混凝土浇筑时的入模温度除与拌合物的出机温度有关外，主要取决于运输过程中的蓄热温度。因此，运输速度要快，运输距离要短，倒运次数要少，保温效果要好。其他有关事宜可参照混凝土工程中的有关规定执行。

2）混凝土浇筑。在浇筑前，应清除模板和钢筋表面的冰雪和污垢。在施工缝处接槎浇筑混凝土时，应去除水泥薄膜和松动石子，将表面湿润并冲洗干净，注意使接缝处原混凝土的温度高于 2℃，然后铺抹一层水泥浆或与混凝土砂浆成分相同的砂浆；待已浇筑的混凝土强度高于 1.2MPa 时方可继续浇筑。

有条件时宜采用热风机清除模板、钢筋上的冰雪并进行预热。

分层浇筑厚大整体式结构时，已浇筑层的混凝土温度在被上层混凝土覆盖时，不应降至热工计算的数值以下，且不得低于 2℃。

浇筑承受内力的接头混凝土（或砂浆）时，宜先将结合处的表面加热到正温（0℃ 以上）。浇筑后的接头混凝土（或砂浆）在温度不超过 45℃ 的条件下，应养护至设计要求强度；当设计无要求时，其强度不得低于设计强度等级的 70%。

冬季一般不得在强冻胀性地基上浇筑混凝土；在弱冻胀性地基上浇筑混凝土时，地基土应保温；在非冻胀性地基上浇筑混凝土时，可不考虑土对混凝土的冻胀影响，但在受冻前，混凝土的抗压强度不得低于受冻临界强度。

其他混凝土浇筑技术与要求，可按混凝土工程中的有关规定执行。

3. 蓄热法养护

混凝土蓄热法养护是利用原材料加热及水泥水化热的热量，通过适当的保温措施延缓混凝土冷却，使混凝土冷却到 0℃ 以前达到预期要求强度。

（1）施工控制要点

1）蓄热法是目前冬期施工混凝土养护最简易的方法，适用于室外平均温度在 -15℃ 以上的环境，对结构易受冻的部位，应采取加强保温措施。

2）蓄热法使用的保温材料，以选用热导率小、价格低廉的地方材料为宜。保温材料必须干燥，以免降低保温性能。软质塑料薄膜是广泛应用的养护保温材料，其透风系数小，适于覆盖任何形状的构件。

3）测温。应在构件的适宜位置设置测温孔，每天测温不少于 4 次，以掌握混凝土的强度发展情况，防止混凝土早期受冻。

4）蓄热法常与防冻外加剂和具有减水、引气作用的外加剂配合使用，以扩大蓄热法的适用范围。

（2）适用条件

1）当浇筑大体积和地下构筑物的混凝土时，蓄热法的效果最好。但当使用快硬硫铝酸盐水泥和高效能的保温材料，特别是当天气不太严寒时，在中等体积结构的混凝土施工中也适于用蓄热法养护。

2）对于一般的建筑工程，混凝土及钢筋混凝土浇筑区域的表面系数不大于5，日平均气温在−10℃以上、日最低气温不低于−15℃期间，以及地下结构也适宜采用蓄热法养护。

3）混凝土结构尺寸越大，外露表面越少，则蓄热量也较大，因此冷却到0℃的时间较长。在大体积混凝土中，混凝土浇筑后水泥的放热量很大，可以在长时间内维持很高的温度，因此对大体积水工混凝土、桥墩等适宜采用蓄热法养护。

11.3.4 混凝土冬期施工的质量控制

1）混凝土冬期施工除应符合《混凝土结构工程施工质量验收规范》（GB 50204—2015）的规定外，还应符合下列规定。

① 应检查外加剂质量及掺量；外加剂进入施工现场后应进行抽样检验，合格后方准使用。

② 应根据施工方案确定的参数检查水、集料、外加剂溶液的温度，以及混凝土出机、浇筑、起始养护时的温度。

③ 应检查混凝土从入模到拆除保温层或保温模板期间的温度。

④ 采用预拌混凝土时，原材料在搅拌、运输过程中的温度及混凝土质量检查应由预拌混凝土生产企业进行，并应将记录资料提供给施工单位。

2）混凝土养护期间的温度测量应符合下列规定：

① 采用蓄热法或综合蓄热法时，在达到受冻临界强度之前应每隔4~6h测量一次。

② 采用负温养护法时，在达到受冻临界强度之前应每隔2h测量一次。

③ 采用加热法时，升温和降温阶段应每隔1h测量一次，恒温阶段每隔2h测量一次。

④ 混凝土在达到受冻临界强度后，可停止测温。

⑤ 大体积混凝土养护期间的温度测量还应符合《大体积混凝土施工标准》（GB 50496—2018）的相关规定。

3）养护温度的测量方法应符合下列规定：

① 测温孔应编号，并应绘制测温孔布置图，现场应设置明显标志。

② 测温时，测温元件应采取措施与外界气温隔离；测温元件的测量位置应处于结构表面下20mm处，留置在测温孔内的时间不应少于3min。

③ 采用非加热法养护时，测温孔应设置在易于散热的部位；采用加热法养护时，应分别设置在离热源不同的位置。

4）混凝土质量检查应符合下列规定：

① 应检查混凝土表面是否出现受冻、黏连、收缩裂缝，边角是否脱落，施工缝处有无受冻痕迹。

② 应检查同条件养护试块的养护条件是否与结构实体相一致。

③ 按《建筑工程冬期施工规程》（JGJ/T 104—2011）附录B成熟度法推定混凝土强度

时，应检查测温记录与计算公式要求是否相符。

④采用电加热养护时，应检查供电变压器二次电压和二次电流强度，每一工作班检查次数不应少于两次。

11.4 砌体工程冬期施工

砌体工程的冬期施工方法有外加剂法、暖棚法等。由于外加剂砂浆在负温条件下强度可以持续增长，砌体不会发生沉降变形，且施工工艺简单，因此常被采用。对地下工程或急需投入使用的工程可采用暖棚法。本节主要介绍外加剂法。

11.4.1 冬期施工前的资源及原料准备

1. 冬期施工前的资源准备工作

1）暂设工棚的搭设。

2）加热设备的准备。

3）机械设备的准备及试运转。

4）防寒保温材料的品种及储备。

2. 冬期施工保温材料的品种及储备

在冬期施工前，应收集原材料出厂化验单、外加剂产品说明书等，对水泥、外加剂等产品进入施工现场后要取样送往实验室检验，经实验室复验合格后方准使用。

冬期施工所用材料应符合下列规定：

1）砖、砌块在砌筑前，应清除表面污物、冰雪等，不得使用遭水浸和受冻后表面结冰、污染的砖或砌块。

2）砌筑砂浆宜采用普通硅酸盐水泥配制，不得使用无水泥拌制的砂浆。

3）现场拌制砂浆所用砂中不得含有直径大于10mm的冻结块或冰块。

4）石灰膏、电石渣膏等材料应有保温措施，遭冻结时应经融化后方可使用。

5）砂浆拌和用水的温度不宜超过80℃，砂加热温度不宜超过40℃，且水泥不得与80℃以上热水直接接触；砂浆稠度宜较常温适当增大，且不得二次加水调整砂浆和易性。

3. 砌筑砂浆的要求和准备

在负温条件下砌筑时，砂浆稠度可比常温时大10~30mm，但不宜超过130mm。冬期施工砌筑砂浆的稠度要求见表11-6，冬期施工砌筑砂浆使用温度见表11-7。

表11-6 冬期施工砌筑砂浆的稠度要求

项　　次	砌体类别	常温时砂浆稠度/mm	冬季时砂浆稠度/mm
1	实心砖墙、柱	70~100	80~130
2	空心砖墙、柱	60~80	80~100
3	空心砖墙、拱式过梁	50~70	80~100
4	空斗墙	50~70	70~90
5	石砌体	30~50	40~60
6	加气混凝土砌块	—	130

表 11-7　冬期施工砌筑砂浆使用温度

气　温	外加剂法	气　温	外加剂法
–10℃~0℃	5℃	低于 –25℃	15℃
–25℃~–11℃	10℃		

11.4.2　外加剂法施工

外加剂法是指在水泥砂浆、水泥混合砂浆中掺入一定量的外加剂，并用这种掺外加剂砂浆进行砌筑。

1. 外加剂的掺量

冬季砌筑采用外加剂法时，可使用氯盐或亚硝酸盐等盐类外加剂拌制砂浆。氯盐应以氯化钠为主，当气温低于 –15℃时，可与氯化钙复合使用。氯盐外加剂掺量见表 11-8。

表 11-8　氯盐外加剂掺量（占用水质量的百分数，%）

氯盐及砌体材料种类		日最低气温 /℃			
		≥ –10	–15~–11	–20~–16	–25~–21
单掺氯化钠	砖、砌块	3	5	7	—
	石材	4	7	10	—
复掺氯化钠	氯化钠	砖、砌块			5	7
	氯化钙				2	3

注：氯盐以无水盐计算，掺量为占拌合水质量的百分数。

2. 外加剂溶液的配制

外加剂溶液的配制一般有两种方法：一种方法是配制定量浓度的溶液，在拌制砂浆时掺进去；另一种方法是先配制高浓度的溶液，使用时再稀释到设计要求浓度的溶液，作为拌合水加进去。

每个搅拌站应备有不少于两个盛溶液的容器，使用时应先将一个容器内的溶液用完，再用另一个容器内的溶液。空容器可继续配制溶液，但应确保溶液中溶质含量的准确性。如果采用两种以上溶液时，应分别配制，容器应标上不同的明显标志，以便辨认。溶液的配制应设专人负责，用比重计随时测定溶液的浓度。

3. 外加剂法施工要点

（1）掺外加剂砂浆的拌制　掺盐砂浆掺入有机塑化剂时，盐溶液和有机塑化剂必须分开存放，在砂浆拌和过程中应先加入盐溶液拌和，再加有机塑化剂拌和（防止砂浆失去塑化作用），砂浆搅拌机的搅拌时间应比常温季节增加 0.5~1.0 倍。

当室外温度低于 –10℃时，对原材料要进行加热。首先将拌合水加热，当只加热拌合水满足不了热工计算温度时，可再加热砂子。水泥可不加热，但应放在不低于 0℃的室内。当拌合水的温度超过 60℃时，拌制时的投料顺序是：水和砂子先拌和，然后再投入水泥。

（2）砌筑砂浆温度控制　冬期施工使用的砂浆的温度，不应低于 5℃。砖与砂浆的温差最好控制在 20℃以内，最大不超过 30℃。砂浆的出机温度不宜超过 35℃。

（3）砌筑砂浆的强度等级　使用掺外加剂砂浆，如设计无要求时，当最低气温等于或低于 -15℃时，砌筑承重砌体的砂浆强度等级应按常温施工的规定提高一级。冬期施工时，不应忽视加外加剂砂浆的保温。

（4）砌筑砖浆稠度　冬期施工给砌块浇水有困难时，可通过增加砂浆稠度的办法来解决砌块含水率不足的问题，但砂浆最大稠度不应超过 130mm。

（5）墙体内施工洞口的留置　施工时，墙体内留置的施工洞口边缘距离交接处的距离不小于 500mm，洞口顶部应设置过梁。冬期施工时的每日砌筑高度不宜超过 1.20m。

（6）砌体内钢筋及金属预埋件应做防锈处理　掺氯盐砂浆对钢筋及金属预埋件有锈蚀作用，因此钢筋及金属预埋件要涂刷防锈涂料，一般做法是涂防锈漆 2 道。

其他施工要点可按常温要求做法执行。

4. 掺用氯盐的砂浆严禁采用的结构

1）对装饰工程有特殊要求的建筑物。

2）使用时，相对湿度大于 80% 的建筑物。

3）配筋、预埋件无可靠的防腐处理措施的砌体。

4）接近高压电线的建筑物（如变电所、发电站等）。

5）经常处于地下水位变化范围内，以及在地下未设防水层的结构。

6）热工要求高的建筑物。

11.4.3　施工质量措施

1）砌体工程冬期施工应有完整的冬期施工方案。

2）冬期施工砂浆试块的留置，除应满足常温规定要求外，还应增留不少于 1 组与砌体同条件养护的试块，用于测试检验 28d 强度。

3）砌块在气温高于 0℃条件下砌筑时，应浇水湿润；在气温低于或等于 0℃条件下砌筑时，可不浇水，但必须增大砂浆稠度。抗震设防烈度为 9 度的建筑物，砌块无法浇水湿润时，如无特殊措施，不得砌筑。

4）拌和砂浆时宜采用两步投料法。水的温度不得超过 80℃，砂的温度不得超过 40℃。

5）砂浆使用温度应符合下列规定：采用掺外加剂法时，不应低于 5℃；采用氯盐砂浆时，不应低于 5℃。

6）当采用氯盐砂浆时，宜将砂浆强度等级按常温施工的强度等级提高一级。配筋砌体不得采用氯盐砂浆施工。

11.5　雨期施工

11.5.1　雨期概述

1. 降水与降雨量

降水是降雨、降雪、降雹等的总称，在夏季则突出表现为降雨。雨量用积水的高度来计算，假定所下的雨既不流到别处，又不蒸发到空中，也不渗透到土里，其所积累的高度就是这个地方的降雨量。如果是雪、雹等，则等它们化成水之后再观测水的高度。降雨量一般以 mm 为计算单位。

2. 雨季降水强度的划分

一般情况下的降水强度以一天的降雨量来计算：当一天的降雨量小于 10mm 时为小雨；当降雨量为 10~25mm 时为中雨；降雨量为 25~50mm 时为大雨；降雨量大于 50mm 时为暴雨（衡量暴雨也有以 12h 内的降雨量大于 30mm 来计算的）。

11.5.2 雨期施工部署原则

1）根据雨期施工的特点分轻重缓急，对不适于雨期施工的工程可以拖后或移前。例如雨季到来后尽量不开土方、基础和地下室工程；在不影响竣工的情况下，外线工程可移至雨季后进行。对必须在雨季施工的工程，一定要在有针对性的保证措施的条件下采取集中突击的方法完成。同时，对于雨期施工的工程，还要考虑既不影响工程顺利进行，又不过多增加施工费用。

2）在施工部署上要采取内外结合的原则。晴天多搞室外工程，雨天多搞室内工程，尽量缩短雨天露天作业时间，缩小雨天露天作业面，尽可能采取分栋、分段、分部位突击施工的方法。例如，加快基础工程的施工速度，突击抢出地面工程，避免雨水倒灌和塌方；对已完结构的工程，突击将屋面防水层做完，将雨水管安装完成或采取至少铺一层防水的做法；对停工的工程要停到指定的部位等。在安排雨期施工的工程时，要考虑降雨的影响，要考虑雨期施工的作业面，要加强劳动力调配，要强调合理的工序穿插，要善于利用各种有利条件减少防雨措施，加快施工速度，并适当考虑一些机动的施工项目，要加强生产调度工作。

3）要将雨期施工准备工作纳入生产计划，考虑一定的劳动力，安排一定的作业时间，搞好雨期施工期间材料的储备。

4）加强技术管理和安全工作，要认真编制和贯彻雨期施工技术措施和安全措施，要定期组织雨期施工交底和检查，积极督促做好有关工作。

11.5.3 雨期施工准备

1. 现场排水

1）要根据工程情况，预先做好下水道。施工时贯彻先地下后地上的原则，在施工基础的同时，根据自然排水的流向配合外线工程（包括雨水管线及污水管线）施工。

2）结合总平面图利用自然地形确定排水方向，找出坡度并挖临时排水沟，排水沟应按规定放坡。

3）排水管沟如不通往泄水处时，可选择远离建筑物地点挖集水池，用水泵外调，但对其他建筑物不得有影响。

4）布置排水路线须横过马路时，应埋置横管，防止路面溢水。

5）现场排水应随时保证畅通，可设专人负责，要定期疏浚。

6）现场邻近高地的，高地边沿应挖截水沟，以防止雨水浸入现场。傍山或在山坡下的工地，要结合防洪沟考虑防洪和排洪问题。同时，还要在雨季前做好对危岩的处理，防止滑坡及塌方，同时要加强观测工作。

7）要防止地面水排入地下室、基础、地沟及室内，应在雨季前将其封严。

2. 运输道路的维护

1）现场道路和排水应结合施工总平面图布置统一安排，争取先做正式道路，作为施工中的运输干线。要保证现场做到道路循环畅通和防滑。

2）道路施工有困难或不能修道路时应注意：

① 不论做什么样的路面，路基起拱高度按设计规定设置，路基两旁要做排水沟，路旁要辗实，路基易受冲刷的部分可采取用石块堆置的方法加固，主要路面可铺焦渣、碎石、砂、砾石等渗水防滑材料，应经常保持道路畅通无阻。

② 砂性土壤区，渗水排水能力强的土质可不另铺临时路面，重型车辆通行地区可加做路面。

③ 为了使干线上减少泥泞淤滑，凡黏土焦渣路或黏土碎石路与高级路面的交接处可修10~15m长的碎石截泥道，将车辆轮胎上的泥土截在该段路上。

④ 道路维护需指定专人负责，特别是在路面稍有不平和积水处应抓紧在晴天及时修好。

⑤ 临时道路可起拱0.5%，两侧做宽30cm、深20cm的排水沟。

⑥ 消防道要标志鲜明、保证畅通。

3. 原材料、成品、半成品放置要求

1）水泥放置应满足以下要求：

① 水泥应按不同品种、强度等级、出厂日期和厂家分别堆放。在雨季应遵守"先收先发，后收后发"的原则，避免久存的水泥受潮影响性能。

② 尽量堆放在标准规格的房屋内，要做到不使水泥因雨受潮。雨季前要检查库房，防止渗漏，四周要排水通畅。处于低洼地区的库房，要把垛台适当加高。散水泥库也要保证不漏不灌。

③ 露天堆垛要砌砖平台，高度不少于50cm，四周应设排水沟，在垛底应铺塑料压膜等防水材料，并用篷布覆盖封好。

2）砂、石、炉渣应尽量集中大堆堆置，并堆置于地势较高地区，排水要有出路。

3）石灰应随到随淋，使用时间较长的淋灰池可搭雨篷。

4）砌块要尽可能大堆码放，四周注意排水。

5）钢、木门窗等怕潮湿的材料可架高放置，并用雨篷覆盖或堆放在室内。

6）构件及大模板的堆放场地要碾压平整坚实，靠放架要检查加固，必要时可砌地垄墙，防止因下沉造成倒塌事故。

7）要适当储备篷布、塑料布等防雨材料，以及排水用的水泵及有关器材。

4. 其他准备工作

1）现场的工棚、仓库、食堂、宿舍等暂设工程应在雨季前整修完毕，要保证不塌、不漏和周围不积水。

2）正在施工使用的脚手架、高车架的地脚埋深、缆风绳等应进行一次全面检查，每次大风（雨）后也要及时复查，检查中发现松动、腐蚀情况应及时做好处理。人员通行道必须钉好防滑条。

3）雨季多在夏季，不但雨多量大而且多伴有大风和雷电，高耸建筑和钢架、竖立的钢筋、塔式起重机等结构是易遭风袭和引雷的导体，应注意防雷击。塔式起重机，高于15m

的高车架或其他临时设施，应有避雷装置。各种结构的基础、地锚等在雨季前应做好检查。

4）现场机电设备（配电盘、闸箱、电焊机、水泵等）都应有防雨措施，照明线检查有无混线、漏电，线杆有无埋设不牢、腐蚀等情况，发现问题要处理及时，保证正常供电。

5）在江、河、湖、低洼地施工时，要防山洪和河（湖）水暴涨；海岸和易受大风侵袭的地方，临时建筑和新建的房屋应有抗风措施。

6）加强气象预报工作，每日上班后、下班前要及时掌握气象预报情况，便于采取措施，做好防风雨、防雷暴工作。

11.5.4 雨期施工分项工程技术措施

1. 地基和基础工程

1）大型基槽或施工期较长的地下工程，可先在建筑物四周做好截水沟或挡水堤，防止场内雨水倒灌。基槽内也要挖引水沟、集水坑，随时抽水。在基槽开挖后发现地下水较多时，可沿槽底在开挖的同一方向挖引水边沟，沟宽根据槽宽确定，一般为 20~30cm，沟底至少要比槽底深 20cm，将槽内的积水引向集水坑，用抽水机排出。

2）一般挖槽要根据土壤的性质、湿度和挖槽深度按安全规程的规定放坡。由基槽开挖到下一工序时，施工要搭接紧凑，可采取墙基础分段、柱基础分组、地下室分层分段的办法；如当天不能进行下一工序时，应在槽底预留不少于 30cm 的土层，待下一工序施工时再挖。

3）挖出的土方要集中运至场外，避免场内造成积水引发塌方；如需用于回填土，要集中堆置于槽边 3m 以外。槽外有机械行驶时，应距槽边 5m 以外，手推车距槽边应大于 1m。

4）个别独立柱基础或地下施工部位，必须在大雨期间施工时，可专门考虑雨篷或雨搭的做法。

5）回填时，槽内如有积水应先排掉，灰土基础要做到四随（筛、拌、运、打），如未经夯实遇雨冲刷，则应重做。雨期施工期间，当日所下灰土当日必须打完，槽内不得留有虚土，并尽快做好垫层。

6）钻孔灌注桩施工时，基础土方挖至承台梁上平面，基底土方要加灰碾压，然后机械进场钻孔。雨季要边钻孔边浇筑混凝土，每日不得留有空桩，防止灌水坍孔。基底四周要挖排水沟，基槽四周要加挡水堤或截水沟。

2. 砌体工程

1）雨季期间一般采取"大雨停、小雨可干"的施工方法。砌筑收工时应在墙顶盖一层干砌块，避免大雨时冲刷灰浆；如大雨后发现砌体灰浆被水冲刷时，可将砌体翻掉一～二层另铺砂浆重砌，过湿的砌块不可上墙。

2）砌体施工时，内外墙要尽量同时砌筑，并注意转角及丁字墙之间的连接，要同时跟上。遇大风时，独立墙在与风向相反方向应加临时支撑保护。

3. 混凝土工程

1）雨季施工混凝土时，要注意根据砂、石含水率及时调整加水量，浇筑要做适当覆盖，避免大雨淋坏混凝土表面。

2）模板支柱下要夯实，并加好垫板，雨后要及时检查有无下沉。

3）现浇混凝土应根据结构情况多考虑几道施工缝，以便大雨来时随时停到设计要求部位。

4. 吊装工程

1）构件堆放地点要平整坚实，周围要做好排水。

2）构件就位或堆放的临时支撑和靠放架要牢固可靠，并指定专人经常检查，有问题及时处理。

3）塔式起重机基础应在雨期施工期间严格检查，严禁雨水浸泡基础。

4）雨后吊装时，要先做试吊，将构件吊至1m左右往返上下数次，稳妥后再进行工作。

5）电（气）焊时要注意采取措施防止触电、引爆。

5. 屋面及防水工程

1）卷材屋面应尽量在雨季前施工，雨水管要提前安好。如时间来不及，应先铺一层防水材料。

2）要尽量避免做水泥砂浆找平层。卷材屋面的基层如为加气混凝土板时，如必须做水泥砂浆找平层时，应预先掌握气象预报避开雨天，必要时找平层可改做沥青砂浆层。

6. 抹灰工程

1）室外抹灰应安排在晴天施工，至少应能预计1~2d的天气变化情况，以免被雨水冲坏；雨天应转入室内作业。

2）室内抹灰尽量在做完屋面后进行，装修必须提前的应先做地面，并灌好板缝、沉降缝，留槎及各种洞口要及时封闭。室内顶棚抹灰应在屋面不渗漏的情况下施工。

7. 管道工程

1）管沟挖好后，在混凝土管捻口或钢管焊接部位，可采取搭简易活动雨篷的措施。接口约50cm以外部位，在验收前可至少先还土50cm厚的土层。

2）钢管与零件应涂油防锈，接管所用水泥、焊条等材料必须加盖防雨布，保温层抹好后应立即盖好，防止被雨水冲刷。

学 习 鉴 定

思维导图

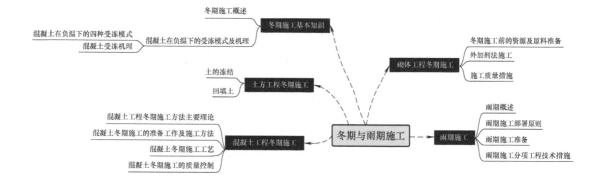

一、名词解释

1. 初凝受冻。

2. 幼龄受冻。

3. 龄期受冻。

4. 早期受冻。

5. 临界龄期。

6. 临界强度。

二、填空题

1. 取连续____d气温稳定低于5℃的第一天作为冬期施工的初始日。

2. 为确保混凝土的搅拌质量，冬期施工时除合理选择搅拌机型号外，还要确定_____、_____和_____等。

3. 蓄热法施工前应进行热工计算，确定其_____。

4. 由基槽开挖到下一工序，施工要搭接紧凑，可采取_____、_____、_____的办法。

5. 雨季期间一般采取_____、_____的施工方法。

6. 雨季室内抹灰尽量在做完_____后进行。

三、问答题

1. 冬期施工常用方法有哪些？

2. 混凝土的冻结和冻害有什么区别？

3. 冬期施工如何做好混凝土的养护？

4. 冬期施工时，在钢筋混凝土结构中随意掺用氯盐类的防冻剂有什么危害？

5. 雨期施工有哪些准备工作？

大模板施工

素养目标：

　　培养学生以人为本、实事求是、不怕繁琐、精益求精的工匠精神，使学生具备独立思考的自主学习能力，使学生树立正确的世界观、人生观、价值观。

教学目标：

　　1. 熟悉大模板的组成。
　　2. 掌握大模板的施工工艺。

问题引入：

　　通过对模板工程的学习，我们对模板的种类及用途已有所了解，本项目所介绍的大模板是采用专业化设计和工业化生产加工、制作的，用于浇筑现浇混凝土墙体。在学习大模板施工前，先思考以下问题：
　　1. 大模板有哪些优点？
　　2. 大模板由哪些部件组成？
　　3. 大模板有哪些种类？
　　4. 大模板的施工工艺是什么？

12.1　大模板基本知识

12.1.1　大模板简介及施工工艺特点

1. 大模板简介

　　大模板是大型模板或大块模板的简称，属于工具式模板，是针对工程结构体的特点研制开发的一种可以持续周转使用的专用模板。大模板单块模板面积大，区别于组合钢模板和钢框胶合板模板，通常一面现浇墙使用一块模板。

　　大模板是采用专业设计和工业化加工制作而成的，与支架连为一体，自重很大，施工时需配以相应的吊装和运输机械，用于浇筑现浇混凝土墙体。其具有安装和拆除简便、尺寸准确、板面平整、周转使用次数多等特点。

大模板是由普通小开间剪力墙工程发展起来的，现在已用于大开间剪力墙工程，并普遍应用于框架剪力墙工程和箱形基础工程。

大模板工程的结构类型包括内外墙均为现浇混凝土的全现浇结构，以及内墙为现浇混凝土、外墙为砖砌体的内浇外砖结构。

2. 大模板的施工工艺特点

大模板的施工工艺是采用各类大模板施工混凝土墙体结构的模板工艺，其工艺取决于结构类型、施工要求，以及大模板及其侧支撑、操作台的设置与构造。

大模板施工以建筑物的开间、进深、层高为基础进行大模板的设计、制作，以大模板为主要施工手段，以现浇钢筋混凝土墙体为主导工序，组织有节奏的均衡施工，具有施工工艺简单、施工速度快、工程质量好、结构整体性强、抗震能力好等优点；而且混凝土表面平整光滑，可以减少抹灰等湿作业，并且工业化、机械化施工程度高，综合技术、经济效益好，因而受到普遍应用。

12.1.2 大模板分类

大模板按应用工程分类，可分为墙壁大模板、电梯井大模板、筒仓大模板、坝体大模板和渠道大模板等；按模板的配置设计分类，可分为整间大模板和组合大模板；按模板的材料分类，可分为钢大模板和铝合金大模板；依其构造和组拼方式分类，可以分为整体式大模板、组合式大模板、拼装式大模板和筒形大模板，以及用于外墙面施工的外墙大模板。

1. 整体式（平行架式）大模板

整体式大模板的结构构造如下：按照所浇筑墙体的尺寸，将板面结构、支撑系统和操作平台等部件组拼焊接成整体；竖向龙骨间距 1m 左右，承受由对拉螺栓传来的压力；支撑架与竖向龙骨连接，用来调节大模板的竖向稳定性和垂直度；上部铺设脚手板，作为操作平台；施工时需配备角模板以解决纵、横墙模板之间的连接问题。整体式大模板构造示意如图 12-1、图 12-2 所示。

2. 组合式大模板

（1）结构构造　组合式大模板由板面、支撑系统、操作平台及连接件等部分组成，是目前较常用的大模板形式，如图 12-3、图 12-4 所示。其板面系统由面板、横肋、竖肋以及竖向龙骨和角模板组成。模板中的横肋与竖肋承受面板传来的荷载，两端焊接角钢作边框，使板面结构

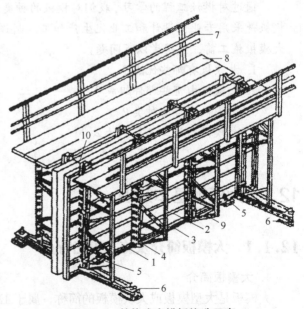

图 12-1　整体式大模板构造示意
1—面板　2—水平肋　3—支撑架　4—竖肋　5—水平调整装置
6—垂直调整装置　7—栏杆　8—脚手架　9—穿墙螺栓
10—上口固定卡具

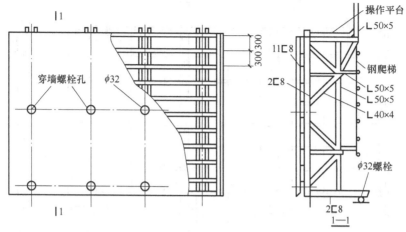

图 12-2 整体式大模板板面构造示意

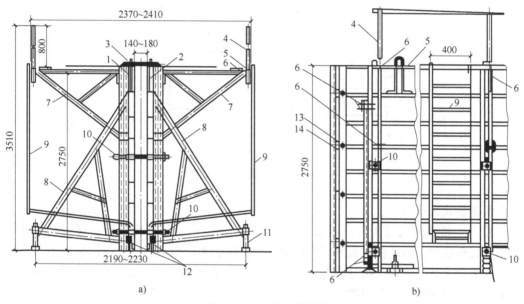

a)   b)

图 12-3 组合大模板构造

1—反向模板 2—正向模板 3—上口卡板 4—活动护身栏 5—爬梯横担 6—螺栓连接 7—操作平台斜撑
8—支撑架 9—爬梯 10—穿墙螺栓 11—地脚螺栓 12—地脚 13—反活动角模板 14—正活动角模板

形成封闭骨架并形成小型角模板,解决了纵、横墙模板之间的连接问题。

（2）特点 组合式大模板通过固定于大模板上的角模板,把纵、横墙模板组装在一起,可同时浇筑纵、横墙混凝土,并可利用模数条模板调整大模板的尺寸,以适应不同开间、进深尺寸的变化。

3. 拼装式大模板

（1）结构构造 拼装式大模板由板面结构、支撑系统及操作平台等组成,各部件之间是采用螺栓或销钉连接固定组装的。这种大模板比组合式大模板拆改方便,也可减少因焊接而产生的模板变形问题。按板面结构不同,拼装式大模板分为钢板面拼装式大模板和钢（木）

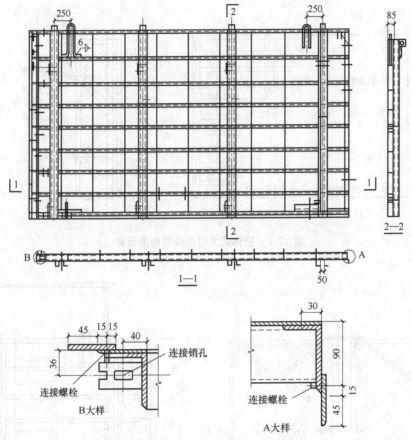

图 12-4　组合大模板板面构造示意

框胶合板面拼装式大模板。

（2）特点　拼装式大模板的特点表现在可以利用施工现场的常用模板、管架及少量的型钢制作；装拆容易，可以在较短的时间内组装和拆除；可以根据房间大小拼装成不同规格的大模板，适合于开间、轴线尺寸有变化的要求；结构施工完毕后，还可将拼装式大模板拆散另作他用，从而减少工程费用的开支。

4. 筒形大模板

（1）结构构造　筒形大模板将四面墙体的模板用角模板和铰链、支架连接成整体，形成筒状。此种形式的模板可以将一个房间的两道、三道或四道现浇混凝土墙体的大模板，通过模板的固定架和铰链、脱模器等连接件组成大模板群体。

筒形大模板按其构造形式分为构架式筒形大模板（图 12-5、图 12-6）和铰接式筒形大模板（图 12-7）。

（2）特点　构架式筒形大模板将一个房间的几个面的现浇墙体模板，通过挂轴悬挂在同一个钢架上，墙角用小形角模板封闭形成一个筒形单元体；钢腿、上横杆、下横杆、斜杆等彼此焊成一个整体，钢架上面铺设操作平台，钢腿下端各设丝杠千斤顶。

筒形大模板适于电梯井筒的施工，其稳定性能好，不易倾覆，还可以减少吊装次数。注意在入模和拆除吊装机构时要注意安全，防止碰坏钢筋和混凝土墙体。

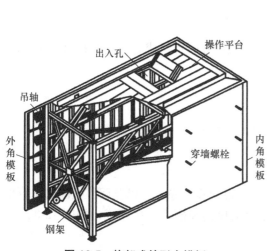

图 12-5 构架式筒形大模板

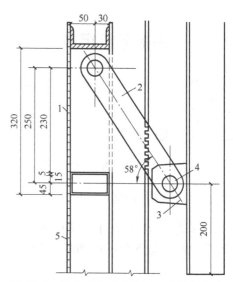

图 12-6 构架式筒形大模板下连接点构造
1、3—固定连接板 2—活动连接板
4—销轴 5—大模板

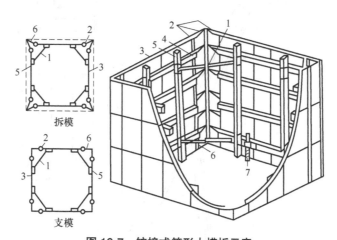

图 12-7 铰接式筒形大模板示意
1—脱模器 2—铰链 3—大模板 4—横肋 5—竖肋 6—角模板 7—支腿

5. 外墙大模板

1）结构构造。每层沿墙高方向采用两块模板水平连接接缝，大模板垂直接缝设计为10mm 宽的可调缝，整个外墙大模板组合成型后如同一个巨大的钢套，实现了节节爬高、连接接缝的设计意图，有效克服了传统大模板外墙混凝土水平接缝漏浆、蜂窝、麻面、露筋、阴（阳）角不顺直等质量通病。

2）特点。外墙大模板由于受支撑条件、作业安全难度等因素影响，是全现浇剪力墙结构模板工程中的关键部位。外墙大模板经优化设计，采用水平连接缝式新型大模板体系，具有施工工艺优化、简捷，设计合理，构造简单，接缝严密，浇筑质量好，机械化程度高，劳动强度低，施工速度快，施工安全可靠，模板周转价值较高等特点。

12.2　大模板系统组成

大模板主要由板面系统、支撑系统、操作平台系统及附件组成。大模板的侧支撑架和操作平台与模板可以采用焊接成整体或进行组装设计。

12.2.1　板面系统

板面系统由面板、横肋竖肋以及竖向（或横向）背楞（龙骨）组成。

12.2.2　支撑系统

支撑系统的功能在于支持板面结构，保持大模板的竖向稳定，以及调节板面的垂直度。支撑系统由三角支架和地脚螺栓组成，三角支架用角钢和槽钢焊接而成，如图 12-8 所示。

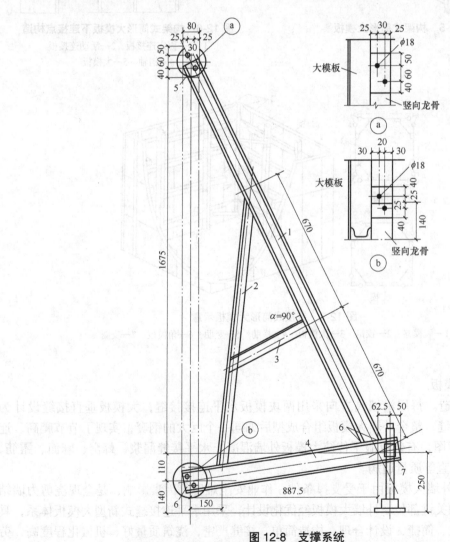

图 12-8　支撑系统

1—槽钢　2、3—角钢　4—下部横杆槽钢　5—上加强板　6—下加强板　7—地脚螺栓一块大模板由两个三角支架，通过上、下两个螺栓与大模板的竖向龙骨连接。三角支架下端横向槽钢的端部设置一个地脚螺栓来调整模板的垂直度，并保证模板的竖向稳定。支撑系统一般用型钢制作，地脚螺栓如图 12-9 所示。

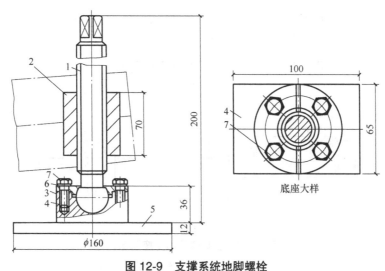

图 12-9　支撑系统地脚螺栓
1—螺杆　2—螺母　3—盖板　4—底座　5—底盘　6—弹簧垫圈　7—螺栓

12.2.3　操作平台系统

操作平台系统由操作平台、护身栏、铁爬梯等部分组成。操作平台系统设置于模板上部，用三脚架插入竖向龙骨的套管内，三脚架上铺满脚手板。三脚架外端焊有钢管，以插放护身栏的立杆。铁爬梯供操作人员上下平台使用，附设于大模板表面，随大模板起吊。

12.2.4　附件

（1）穿墙螺栓　穿墙螺栓是承受混凝土侧压力、加强板面结构的刚度、控制模板间距的重要配件，它把墙体两侧大模板连接为一体，如图 12-10 所示。

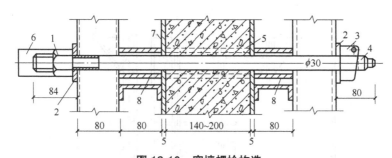

图 12-10　穿墙螺栓构造
1—螺母　2—垫板　3—板销　4—螺杆　5—塑料套管
6—螺扣保护套　7—模板　8—加强管

（2）上口卡子　上口卡子设置于模板顶端，与穿墙螺栓相同。依据墙厚不同，在卡子端部制出不同距离的凹槽，以便与卡子支座连接。卡子支座用槽钢或钢板焊接而成，焊于模板顶端，支好模板后将上口卡子放入支座内，如图 12-11 所示。

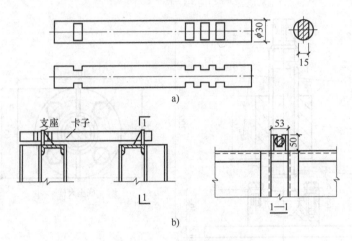

图 12-11　上口卡子与支座示意

a）卡子大样　b）支座大样

12.3　拼装式大模板

12.3.1　钢（木）板面拼装式大模板

钢（木）板面拼装式大模板的面板采用钢板或胶合板制作，面板与横肋用螺栓连接，螺栓间距 350mm。面板在高度方向的拼缝设在横肋上，在长度方向拼缝处的背面通常需加一道木龙骨，各道横肋及周边框架用螺栓连成骨架。

为防止胶合板四周受损，四周边框设计比中间横肋大一个面板厚度。钢板面板的边框四角焊以 8mm 厚钢板，竖肋与横肋用螺栓连接，如图 12-12 所示。

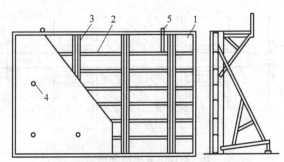

图 12-12　钢（木）板面拼装式大模板示意

1—面板　2—横肋　3—竖肋　4—螺栓　5—吊环

12.3.2　组合钢模板面拼装式大模板

组合钢模板面拼装式大模板的面板采用定型组合钢模板，横肋设上、中、下3道，其间用8mm厚钢板连接；竖肋采用钢管制作，每组两根成对放置；竖肋与面板用钩头螺栓与面板的肋孔连接，底部用螺栓与组合钢模板连接；大模板背面用钢管作支架和操作平台，其间连接可采用钢管扣件，如图12-13所示。

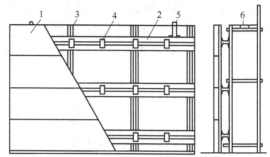

图 12-13　组合钢模板面拼装式大模板示意
1—组合钢模板　2—横肋　3—竖肋　4—连接钢板
5—吊环　6—操作平台

12.3.3　钢框胶合板面拼装式大模板

钢框胶合板面拼装式大模板的面板采用定型钢框胶合板，横肋与面板采用螺栓连接，大模板的上端用角钢封顶，下端用槽钢封底；大模板的支撑架采用门形架，门形架前立柱为槽钢，用钩头螺栓与横肋连接，后立柱下端设地脚螺栓，上端铺脚手架，形成操作平台；钢框胶合板与横肋连接，可采用插板螺栓穿过横肋之间的空隙，再用螺栓拴牢于钢框胶合板的边框，如图12-14、图12-15所示。

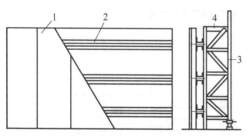

图 12-14　钢框胶合板面拼装式大模板示意
1—钢框胶合板　2—横肋　3—门形架　4—操作平台

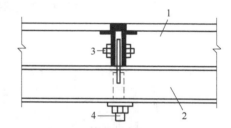

图 12-15　面板与横肋连接示意
1—钢框胶合板　2—横肋　3—螺栓　4—插板螺栓

12.4　常见筒形大模板

12.4.1　组合式铰接筒形大模板

组合式铰接筒形大模板（即三轴铰接筒形大模板）主要由大模板、铰接式角模板、脱模器、横肋、竖肋、悬吊架和紧固件组成，如图12-16、图12-17所示。大模板可用钢框胶合板模板或组合钢模板组装，可以配以木模板条调整尺寸。模板背面的横肋采用方钢管，横肋外侧用同样规格的方钢管作竖肋，大模板的两端与角模板连接，形成筒状整体。

铰接式角模板是筒形大模板的组成部分，主要用于支模和拆模。支模时，角模板张开，两翼撑好；拆模时，两翼收拢脱离墙体，并通过脱模器牵动相邻的大模板脱离墙体。脱模器固定于筒形大模板的支架上，脱模时转动螺套，使螺杆向内移动，螺杆缩短，牵动两侧大模板向内移动，并带动角模板滑移实现脱模。组合式铰接筒形大模板铰接节点示意图如图 12-18 所示，铰接式内、外角模板示意图如图 12-19 所示。

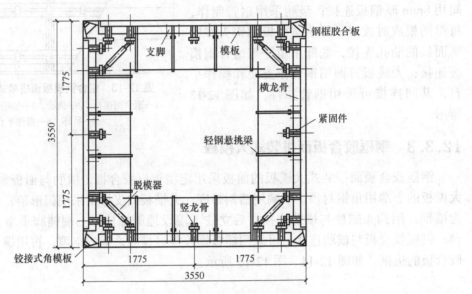

图 12-16　组合式铰接筒形大模板构造平面图

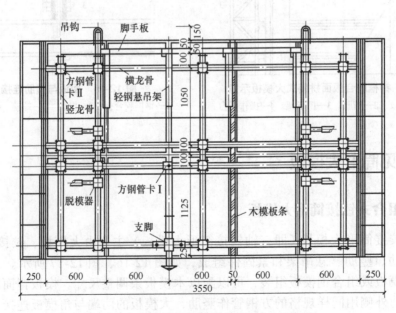

图 12-17　组合式铰接筒形大模板内立面构造

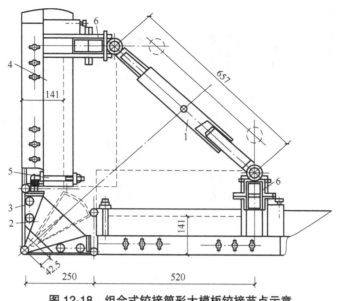

图 12-18 组合式铰接筒形大模板铰接节点示意
1—脱模器 2—角模板 3—内大六角头螺栓 4—模板
5—钩头螺栓 6—脱模器固定支架

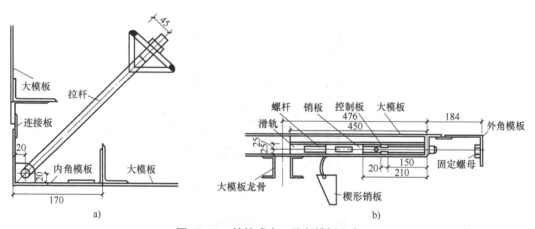

a) b)

图 12-19 铰接式内、外角模板示意
a）内角模板示意 b）外角模板示意

12.4.2 自升式筒形大模板

自升式筒形大模板将筒形大模板和提升机具及支架结合为一体，构造简单，操作方便，适应性强，可用于 2.5m×3m 范围内电梯井筒壁的施工。自升式筒形大模板由大模板、托架和提升架组成。大模板由钢框胶合板模板和铰接式角模板构成，尺寸根据电梯井结构、尺寸设计。自升式筒形大模板在四角及每面钢框胶合板模板的中间安装一个可转动的铰接式角模板，并在中间安装花篮螺栓退模器，供安装和拆除模板时使用，如图 12-20 所示。

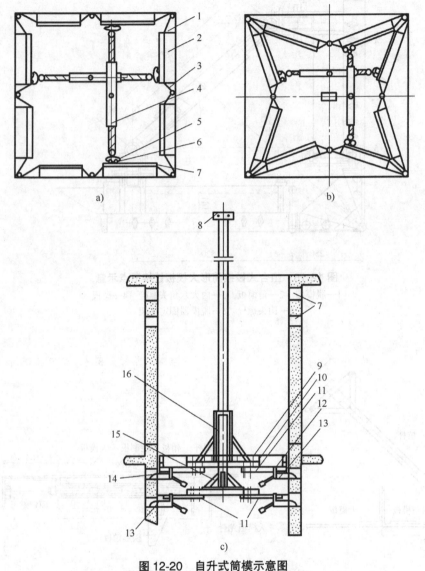

图 12-20　自升式筒模示意图

a）支模　b）拆模　c）提升架

1—角模板　2—模板　3—直角形铰接式角模板　4—退模器
5—"3"形扣件　6—竖龙骨　7—横龙骨　8—吊具　9—脚手板
10—方木　11—托架调节梁　12—调节丝杠　13—支腿　14—支腿洞
15—立柱支架　16—筒形大模板托架

12.4.3　组合式提模板

组合式提模板由模板、定位脱模器和底盘平台组成，将电梯井内侧四面模板固定在一个支撑架上。模板整体安装时将支撑伸长，模板就位；拆模时，吊装支撑架，模板收缩移位脱离混凝土墙体，将筒形大模板连同支撑架同时吊出。底盘平台做成工具式，伸入电梯井筒壁内的支撑杆做成活动式，拆除时将支撑杆缩入套筒内。组合式提模把四面模板及角模板和底盘平台通过定位脱模器连接在一起，三者随着模板整体提升，安装时随着底盘搁脚伸入预留孔内而自动恢复水平状态，施工效率较高，避免了电梯井作业的逐层搭设施工平台操作，且施工安全性高。组合式提模板与工具式底盘平台示意图如图 12-21 所示。

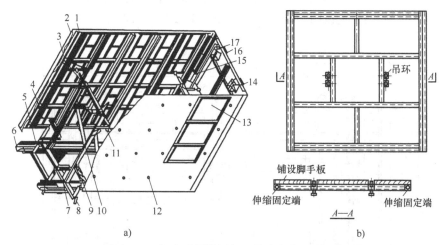

图 12-21　组合式提模板与工具式底盘平台示意

a）组合式提模板　b）工具式支模平台

1—大模板　2—角模板　3—角模板吊架　4—拉杆　5—千斤顶　6—单向角搁脚
7—底盘及钢板网　8—导向条　9—承力小车　10—门形钢支架　11—可调卡具
12—拉杆螺栓杆　13—门洞　14—搁脚顶部留洞位置　15—角模板吊架链　16—定位架
17—定位架压板螺杆

12.5　外墙大模板

12.5.1　保证外墙面平整的方法

外墙大模板的水平接缝采用平接、企口接缝处理，在相邻大模板的接缝处拉开 2~3cm，用梯形橡胶条、硬塑料或角钢堵缝，再用螺栓与两侧大模板连接固定，如图 12-22 所示。为防止接缝处漏浆，相邻开间的外墙面设有过渡带，拆模后可作装饰线条，也可用水泥砂浆抹平。

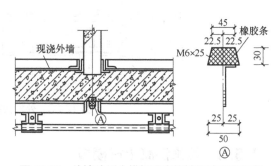

图 12-22　外墙外侧大模板垂直接缝构造处理示意

12.5.2　外墙门窗洞口模板构造与设置方法

外墙大模板需要保证门窗洞口大模板的刚度，使浇筑的门窗洞口阴（阳）角方正，不产生位移和变形，可采取以下方法：

1）取掉门窗洞口部位模板的骨架，按门窗洞口的尺寸在骨架上做边框，并与大模板焊接为一体；同时，在内侧大模板上开设门窗洞口，以便在振捣混凝土时便于观察。

2）保存原有的大模板骨架，将门窗洞口部位的钢面板取掉以制作型钢边框，并采用钢（木）胶合板散支散拆（按门窗洞口尺寸加工好洞口的侧模板和角模板，钻好连接销孔）的板角结合形式（门窗洞口的各侧面模板用钢铰合页固定在大模板的骨架上，各个角部用等肢角钢做成专用角模板，形成门窗洞口模板）或独立式门窗洞口模板（门窗洞口模板采用板角结合形式一次加工成型）支设门窗洞口模板，如图 12-23~ 图 12-27 所示。

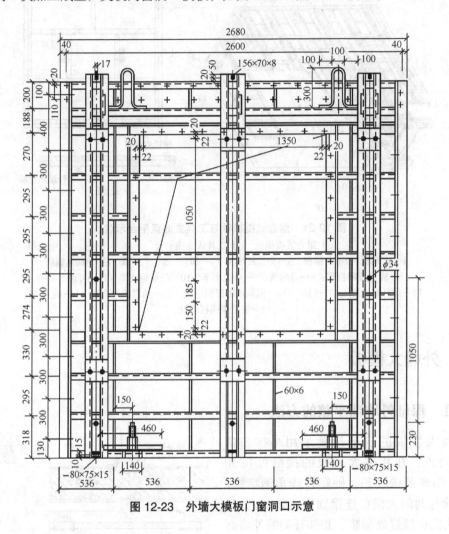

图 12-23　外墙大模板门窗洞口示意

12.5.3　装饰混凝土衬模板

为丰富现浇外墙的质感，在外墙外侧大模板的表面设置带有不同花饰的由聚氨酯、玻璃钢、型钢、塑料、橡胶等材料制成的衬模板，塑造成由混凝土表现的花饰图案，起到装饰效果。衬模板材料一般选用来源丰富，易于加工制作，有良好的力学性能，且耐磨、耐油污、耐碱的材料，以防止变形，提高周转次数。常用的衬模板有薄钢板 - 木板条衬模板、聚氨酯衬模板、角钢衬模板、铸铝衬模板等。薄钢板 - 木板条衬模板如图 12-28 所示。

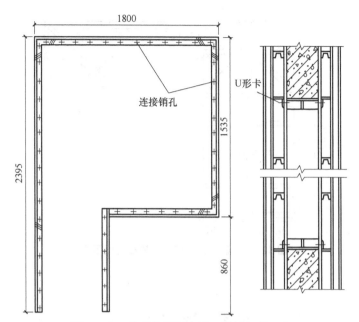

图 12-24　散支散拆门窗洞口模板组装示意

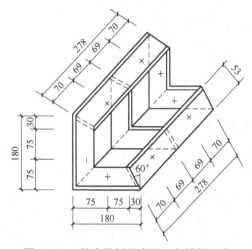

图 12-25　散支散拆门窗洞口角模板示意

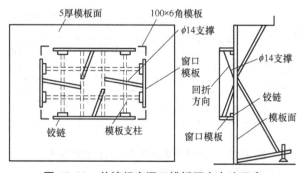

图 12-26　外墙门窗洞口模板固定方法示意

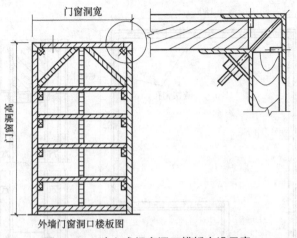

图 12-27　独立式门窗洞口模板支设示意

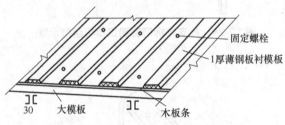

图 12-28　薄钢板 - 木板条衬模板示意

12.5.4　外墙大模板移动装置

外墙大模板底部设置轨枕和移动装置，防止拆模时碰坏装饰图案。移动装置设于外侧模板三脚架的下部，每根轨道上装有顶丝，大模板位置调整后，用顶丝将地脚顶住，防止前后移动。滑动轨道两端滚动轴承位置的下部各设一个轨枕，内装与轨道滚动轴承方向垂直的滚动轴承，轨道坐落在滚动轴承上，可左右移动。滑动轨道与模板地脚连接，通过模板后部支架与模板同时安装或拆除，拆模时注意先水平移动大模板。如图 12-29 所示。

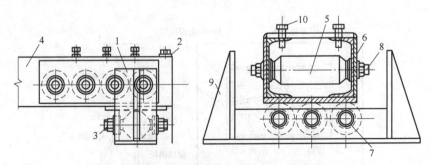

图 12-29　大模板滑动轨道与轨枕滚动轴承

1—支架　2—端板　3、8—滚动轴承　4、9—活动装置骨架　5、7—滚子轴承　6—加强板　10—螺栓顶丝

12.5.5　外墙大模板支设形式

1. 三角挂架支设平台

三角挂架支设平台是安放外墙大模板，进行施工操作和安全防护的重要设施，是承受大模板和施工荷载的部件，必须保证有足够的强度和刚度，安装、拆除应简便。三角挂架支设平台由三角挂架、操作平台、护身栏和安全立网组成，如图12-30所示。外墙大模板在有阳台的部位时，可支设在阳台板上。三角挂架与大模板安装示意图如图12-31所示。

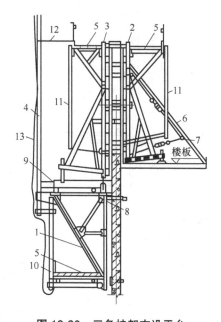

图 12-30　三角挂架支设平台

1—三角挂架　2—外墙内侧大模板　3—外墙外侧大模板
4—护身栏　5—操作平台　6—防侧移撑杆　7—防侧移花
篮螺栓　8—螺栓挂钩　9—模板支撑滑道　10—下层吊笼
吊杆　11—上人爬梯门　12—临时拉结杆　13—安全网

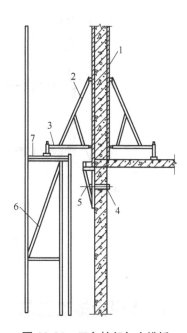

图 12-31　三角挂架与大模板
安装示意

1—大模板　2—大模板支架　3—支腿
4—穿墙螺栓　5—三角挂架
6—导轨式爬架　7—脚手板

2. 导轨式爬架支设大模板

导轨式爬架由爬升装置、桁架、扣件架体及安全防护设施组成，在建筑物的四周布置爬升机械，从安装在剪力墙上的附着装置外侧安装架体。它利用导轮组通过导轨进行安装，导轨上部安装提升用手拉葫芦，架体依靠导轮沿轨道做上下运动，从而实现导轨式爬架的升降。架体由水平承力桁架和竖向主框架以及钢管脚手架搭设而成。导轨式爬架安装立面示意图如图12-32所示。

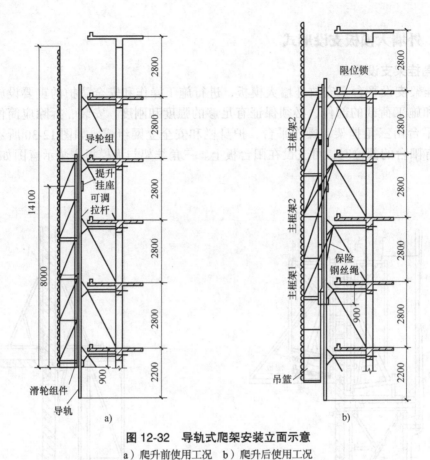

图 12-32　导轨式爬架安装立面示意

a）爬升前使用工况　b）爬升后使用工况

12.6　大模板施工工艺

大模板施工

大模板施工示意图如图 12-33、图 12-34 所示。

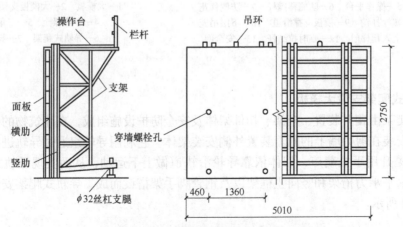

图 12-33　带支架大模板施工示意

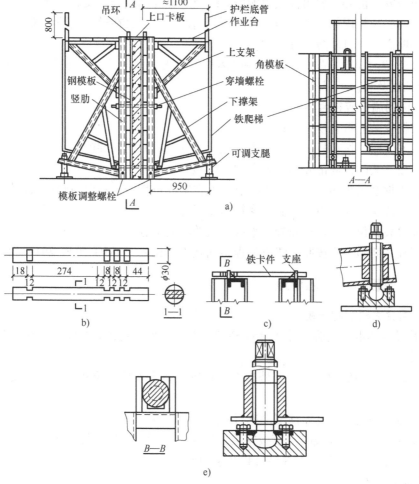

图 12-34　大模板施工示意

a）安装状态　b）上口卡板构造　c）上口卡板安装状态　d）支架的可调支脚构造　e）模板的调平螺栓

12.6.1　大模板施工工艺流程

大模板施工工艺流程如下：

大模板预拼装→定位放线→安装模板的定位装置→安装门窗洞口模板→安装大模板→调整模板，紧固对拉螺栓→验收→分层对称浇筑混凝土→拆模→清理。

12.6.2　大模板施工准备工作及应符合的规定

1. 施工前的准备工作

1）大模板安装前应进行技术交底。

2）模板进场后，应依据模板设计要求清点数量、核对型号、清理表面。

3）组拼式大模板在生产厂或现场预拼装，用醒目字体对模板编号，安装时对号入座。

4）大模板应进行样板间试安装，经验证模板的几何尺寸、接缝处理、零部件准确无误后方可正式安装。

5）大模板安装前必须放出模板内侧控制线及外侧控制线作为安装基准。

6）合模前必须将内部处理干净，并涂刷隔离剂，必要时在模板底部可留置清扫口。

7）合模前必须通过隐蔽工程验收。

8）模板就位前应涂刷隔离剂，刷好隔离剂的模板遇雨淋后必须补刷，使用的隔离剂不得影响结构工程及装修工程质量。

2. 大模板的施工应符合下列规定

1）大校板安装应符合模板设计要求。

2）模板安装时，按模板编号遵循先内侧、后外侧的原则安装就位。

3）大模板安装时，底部和顶部要有固定措施。

4）模板支撑必须牢固、稳定，支撑点应设在坚固可靠处，不得与脚手架拉结。

5）混凝土浇筑前应在模板上做出浇筑高度标志。

6）模板安装就位后，对缝隙处应采取有效的堵缝措施。

7）大模板冬期施工应按照《建筑工程冬期施工规程》（JGJ/T 104—2011）的规定执行。

12.6.3 大模板施工工艺要点

1. 墙体组合大模板的安装

1）在下层墙体混凝土强度不低于 7.5MPa 时，开始安装上层模板，可利用下一层外墙螺栓孔眼安装挂架。

2）先安装外墙内侧模板，按照楼板上的位置线将大模板就位找正，然后安装门窗洞口模板。

3）合模前对钢筋、水电等预埋件进行隐蔽工程验收。

4）安装外墙外侧大模板时，模板安装在挂架上，紧固穿墙螺栓，施工过程中要保证模板上下连接处严密可靠，防止出现错台和漏浆现象。

2. 大模板的拆除

1）在常温下，模板应在混凝土强度能够保证结构不变形、棱角完整时方可拆除；冬期施工时，按照设计要求和冬期施工方案确定拆模时间。

2）模板拆除时首先拆穿墙螺栓，再松开地脚螺栓，使模板向后倾斜与墙体脱开。如果模板与混凝土墙面吸附或黏结而不能分开时，可用撬棍撬动模板下口，不得在墙上口撬模板或用大锤砸模板，应保证拆模时不晃动混凝土墙体，尤其是在拆门窗洞口模板时不得用大锤砸模板。

3）模板拆除后，应清扫模板平台上的杂物，检查模板是否有钩挂的地方，然后将模板吊出。

4）大模板吊至存放地点必须一次放稳，按设计确定的自稳要求存放，并及时进行板面清理，涂刷隔离剂，以防止黏连灰浆。

5）大模板应进行定位检查和维修，以保证使用质量。

12.6.4 大模板安装质量标准

1. 主控项目

1）大模板安装必须保证轴线和截面尺寸准确，垂直度和平整度符合规定要求。

检查数量：全数检查。

检验方法：量测。

2）大模板安装后应保证整体的稳定性，确保施工中模板不变形、不错位、不胀模。

检查数量：全数检查。

检验方法：观察。

2. 一般项目

1）模板的拼缝要平整，堵缝措施要整齐牢固，不得漏浆，模板与混凝土的接触面应清理干净，隔离剂应涂刷均匀。

检查数量：全数检查。

检验方法：观察。

2）大模板安装和预埋件、预留孔洞的允许偏差及检验方法应符合表 12-1 的规定。

表 12-1　大模板安装和预埋件、预留孔洞的允许偏差及检验方法

项　　目		允许偏差 /mm	检 验 方 法
轴线位置		5	尺量检查
截面内部尺寸		±2	尺量检查
层高垂直度	全高 ≤ 5m	3	2m 托线板检查
	全高 >5m	5	
相邻模板板面高低差		2	直尺和尺量检查
平直度		5	上口通长拉直线用尺量检查，下口以模板就位线为基准检查
平整度		3	2m 靠尺检查
预埋钢板中心线位置		3	拉线和尺量检查
预埋螺栓	中心线位置	10	拉线和尺量检查
	外露位置	+10 0	尺量检查
预留孔洞	中心线位置	10	拉线和尺量检查
	截面内部尺寸	+10 0	尺量检查
电梯井	井筒长、宽对定位中心线偏差	+25 0	拉线和尺量检查
	井筒全高垂直度	$H/1000$ 且 ≤ 30	吊线和尺量检查

注：H 为井筒全高。

12.6.5 成品保护

1）模板拆除应在混凝土强度能保证其表面及棱角不因拆模而受损时进行。

2）在任何情况下，操作人员不得站在墙顶采用晃动、撬动模板或用大锤砸模板的方法拆除模板，以保护成品。

3）拆除模板时应先拆除模板之间的对拉螺栓及连接件，松动斜撑的调节丝杠，使模板后倾与墙体脱开，在检查确认无误后方可起吊大模板。

4）当混凝土已达到拆除强度而不能及时拆模时，为防止混凝土黏模板，可在未拆模之前将对拉螺栓松开。

5）混凝土结构拆模后应及时采取养护措施。冬期施工阶段除混凝土结构采取防冻措施外，大模板应采取相应的保湿措施。

6）大模板及配件拆除后，应及时清理干净，对变形及损坏的部位及时进行维修，斜撑调节丝杠、对拉螺栓扣等应涂油保护。

12.6.6 安全措施

1）大模板施工应执行相关安全和环保措施。

2）模板起吊要平稳，不得偏斜和大幅度摆动，操作人员必须站在安全可靠处，严禁人员随同大模板一同起吊。

3）吊运大模板必须采用卡环吊钩，当风力超过5级时应停止吊运作业。

4）拆除模板时，在模板与墙体脱离后，经检查确认无误后方可起吊大模板。

5）拆除无固定支架的大模板时，应对模板采取临时固定措施。

6）模板现场堆放区应在起重机的有效工作范围之内，堆放场地必须坚实平整，不得堆放在松土或凹凸不平的场地上。

7）大模板停放时，必须满足自稳要求，对自稳不足的模板必须另外拉结固定；没有支撑架的大模板应存放在专用的插放支架上；叠层平放时，叠放高度不应超过2m（10层），底部及层间应加垫木，且上下对齐。

8）模板在地面临时周转停放时，两块大模板应板面相向放置，中间留置操作间距；当长时间停放时，应将模板连接成整体。

9）大模板不得长时间停放在施工楼层上，当大模板在施工楼层上临时周转停放时，必须有可靠的防倾倒措施。

10）大模板运输根据模板的长度、质量选用车辆；大模板在运输车辆上的支点、伸出的长度及绑扎方法均应保证其不发生变形，并不得损伤涂层。

11）运输模板附件时，应注意码放整齐，避免相互发生碰撞；保证模板附件的重要连接部位不受破坏，确保产品质量，小型模板附件应装箱、装袋或捆扎运输。

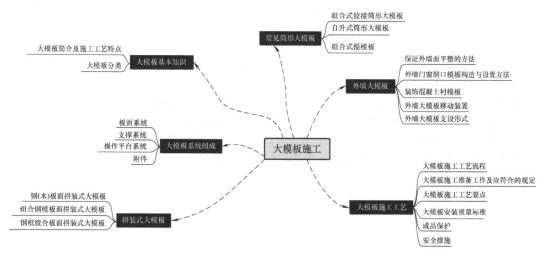

学习鉴定

思维导图

一、填空题

1. 大模板工程的结构类型包括内外墙均为现浇混凝土的_____结构，以及内墙为_____、外墙为_____的内浇外砖结构。

2. 大模板由_____、_____、_____及_____组成。

3. 大模板的拆除顺序是：先拆_____，再松开_____，使模板向后倾斜与_____脱开后才准许吊离。

4. 当风力超过_____级时，应停止外吊运作业。

5. 大模板施工工艺流程：大模板预拼装→_____→安装模板的定位装置→_____→_____→调整模板，紧固对拉螺栓→验收→_____→拆模→_____。

6. 大模板依其构造和组拼方式分类，可以分为_____、_____、筒形模板和_____。

二、问答题

1. 简述大模板的施工工艺流程。

2. 大模板的安装应符合哪些规定？

3. 大模板依其构造和组拼方式分为哪几类？各有什么特点？

参考文献

[1] 郑伟. 建筑施工技术 [M].3 版. 长沙：中南大学出版社，2018.

[2] 徐淳. 建筑施工技术 [M]. 北京：北京大学出版社，2018.

[3] 刘豫黔，黄喜华. 建筑施工技术：上册 [M]. 武汉：华中科技大学出版社，2017.

[4] 马海龙，梁发云. 基坑工程 [M]. 北京：清华大学出版社，2018.

[5] 钱大行. 建筑施工技术 [M].3 版. 大连：大连理工大学出版社，2017.

[6] 孙翠兰. 建筑工程施工技术 [M]. 北京：机械工业出版社，2015.